CFD-Modellierung

Rüdiger Schwarze

CFD-Modellierung

Grundlagen und Anwendungen bei Strömungsprozessen

Springer Vieweg

Rüdiger Schwarze
Technische Universität Bergakademie Freiberg
Freiberg
Deutschland

Zusätzliches Material zum Buch finden Sie unter
http://extras.springer.com/2013/978-3-642-24377-6
Password: 978-3-642-24377-6

ISBN 978-3-642-24377-6   ISBN 978-3-642-24378-3 (eBook)
DOI 10.1007/978-3-642-24378-3

Die Deutsche Nationalbibliothek verzeichnet diese Publikation in der Deutschen Nationalbibliografie; detaillierte bibliografische Daten sind im Internet über http://dnb.d-nb.de abrufbar.

Springer Vieweg

Springer Vieweg ist eine Marke von Springer DE. Springer DE ist Teil der Fachverlagsgruppe Springer Science+Business Media
www.springer-vieweg.de

Vorwort

Die Vorhersage von Strömungen mit Hilfe von numerischen Simulationen auf Computern ist eine Untersuchungsmethode, die in immer mehr Wissenschaftsdisziplinen genutzt wird. Die Anwender können heute sehr komfortable und leistungsfähige Programme für die numerische Strömungsmechanik nutzen. Die aktuell zur Verfügung stehenden Einzelplatzrechner sind so leistungsstark, dass die Berechnung komplexer Strömungsprobleme auf ihnen möglich ist. Um die Qualität und Güte der Berechnungsergebnisse richtig bewerten zu können, muss der Anwender sich der Stärken, aber auch der Schwächen der numerischen Strömungsmechanik bewusst sein. Dazu sind in jedem Fall fundierte Kenntnisse über die eingesetzten Methoden notwendig.

Das vorliegende Buch führt in die wesentlichen Elemente der numerischen Strömungsmechanik ein. Dazu gehört eine komprimierte Darstellung der wichtigsten numerischen Methoden, die in Strömungssimulationen genutzt werden. Hier wird vor allem auf die sogenannte Finite-Volumen-Methode eingegangen. Außerdem werden wesentliche Modellansätze für die Simulation von inkompressiblen Strömungen und Turbulenz besprochen.

Um den Umgang mit diesen Verfahren und Modellen zu lernen, werden an verschiedenen Stellen praktische Übungen durchgeführt. Die Bearbeitung der Übungen mit zwei gängigen Programmen der numerischen Strömungsmechanik wird ausführlich besprochen. Anhand der erzielten Simulationsergebnisse wird gezeigt, wie genau und wie gut die jeweiligen Strömungsprobleme mit numerischen Simulationen auf Basis der hier vorgestellten Methoden gelöst werden können.

Das Buch basiert im Wesentlichen auf dem Inhalt der Vorlesungen *Numerische Methoden der Thermofluiddynamik 2 und 3*, die ich an der TU Bergakademie Freiberg halte. Es wendet sich an Studierende der Ingenieurwissenschaften, insbesondere des Maschinenbaus und der Verfahrenstechnik sowie verwandter Studienrichtungen wie Physik und angewandte Mathematik, außerdem an Ingenieure und Naturwissenschaftler, die CFD-Simulationen in ihrer Arbeit einsetzen wollen.

Bedanken möchte ich mich bei allen Personen, die mich bei der Abfassung des Buchs unterstützt haben. Herr Dipl.-Ing. Martin Heinrich, Herr Dipl.-Ing. Jens Klostermann, Frau Dipl.-Ing. Anja Maiwald und Herr Dipl.-Ing. Willy Mattheus haben an der Gestaltung von Kap. 7 mitgewirkt. Frau Maiwald und Herr Heinrich haben gemeinsam mit Frau B.Sc. Franziska Bothe, Frau B.Sc. Elisabeth Graetz und Frau B.Sc. Friederike Lindner auch zahlreiche Verbesserungsvorschläge zum Text gemacht, für die ich mich besonders bedanken möchte.

Mein Dank gilt schließlich dem Springer-Verlag und der le-tex publishing services GmbH für die angenehme Zusammenarbeit.

Zusätzliches Material zum Buch finden Sie unter http://extras.springer.com/2013/ 978-3-642-24377-6 (Password: 978-3-642-24377-6).

Freiberg, Mai 2012   *Rüdiger Schwarze*

Inhaltsverzeichnis

Wichtige Abkürzungen

CDS	Central Differencing Scheme
CFD	Computational Fluid Dynamics
DNS	Direkte Numerische Simulation
FDM	Finite-Differenzen-Methode
FEM	Finite-Elemente-Methode
FVM	Finite-Volumen-Methode
GCI	Gitterkonvergenz-Index
KV	Kontrollvolumen
LES	Large Eddy Simulation
LUDS	Linear Upwind Differencing Scheme
PISO	Pressure Implicit with Splitting of Operators
QUICK	Quadratic Upwind Interpolation for Convective Kinematics
RANS	Reynolds-averaged Navier-Stokes Equation
RLZ	Realizable
RNG	Re-Normalisation Group
SIMPLE	Semi-Implicit Method for Pressure-Linked Equations
SIMPLEC	SIMPLE-Consistent
TVD	Total Variation Diminishing
UDS	Upwind Differencing Scheme

Teil I
Grundlagen

Computational Fluid Dynamics

1

Strömungen sind häufig komplexe Vorgänge. Um sie verstehen zu können, müssen raffinierte Untersuchungsmethoden eingesetzt werden. Die Computational Fluid Dynamics zählt zu diesen Methoden. Dieses Kapitel gibt eine Übersicht über die wesentlichen Elemente, Begriffe und Eigenschaften der Methode.

1.1 Einige Vorbemerkungen zur CFD

Was ist CFD? Computational Fluid Dynamics, kurz CFD, steht als Synonym für die numerische Untersuchung von Strömungen. Diese werden wie alle Probleme der klassischen Mechanik durch die Erhaltungssätze für Masse, Impuls und Energie beschrieben, die in mathematischer Form durch partielle, nichtlineare Differentialgleichungen darstellbar sind. Durch CFD werden die Grundgleichungen mit Methoden der numerischen Mathematik üblicherweise in speziellen Computerprogrammen (CFD-Programmen) gelöst. Das bedeutet, dass für ein festgelegtes Gebiet mit bekannten Bedingungen an den Rändern das Strömungsfeld in diskreten Punkten im Gebiet bestimmt wird. Neben dem Begriff Computational Fluid Dynamics ist auch die Bezeichnung „numerische Strömungsmechanik" und die Bezeichnung „numerische Thermofluiddynamik" üblich.

Wieso CFD? CFD ist aus einer Vielzahl von Gründen eine interessante Untersuchungsmethode. Folgendes spricht insbesondere dafür:

1. Analytische Lösungen von Strömungsproblemen sind nur möglich, wenn das Problem stark idealisiert ist, zum Beispiel rotationsfrei (Potenzialströmung) oder eindimensional (Stromfadentheorie). Die analytische Lösung komplexerer Probleme, beispielsweise turbulenter oder mehrphasiger Strömungen, ist im Allgemeinen nicht möglich.
2. Empirische Relationen, wie etwa der gut dokumentierte Zusammenhang $\lambda = f(Re)$ zwischen dem Rohrreibungsverlustbeiwert λ und der Reynolds-Zahl Re der Rohrströ-

R. Schwarze, *CFD-Modellierung*, DOI 10.1007/978-3-642-24378-3_1, © Springer-Verlag Berlin Heidelberg 2013

mung, lassen sich nur anwenden, wenn ähnliche Probleme bereits untersucht worden sind.

3. Die experimentelle Untersuchung ist nicht bei allen Strömungen möglich:
   - Heiße oder chemisch aggressive Fluide können Strömungssensoren wie Hitzdrähte oder Staurohre zerstören.
   - Strömungssensoren können die Messergebnisse entscheidend verfälschen. Das ist inbesondere dann der Fall, wenn die Sensoren nicht wesentlich kleiner als die zu untersuchenden Strömungsphänomene sind.
   - Berührungslose Strömungsmesstechniken können nur dann eingesetzt werden, wenn die Strömungen für diese Verfahren auch zugänglich sind. Bei der Laser-Doppler-Anemometrie muss ein strömendes Fluid beispielsweise optisch durchlässig sein.

4. Die Kosten für eine numerische Studie sind häufig deutlich geringer als für eine experimentelle Untersuchung. Dies ist vor allem darauf zurückzuführen, dass die Kosten für die erforderlichen Rechnerkapazitäten in den letzten Jahren und Jahrzehnten kontinuierlich gesunken sind, während die Kosten für Strömungsmesstechnik in etwa ein konstantes Niveau gehalten haben.

5. Numerische Variantenstudien lassen sich in der Regel schneller als entsprechende experimentelle Analysen durchführen. Dies ist ebenfalls durch die Entwicklung der Rechnertechnik begründet.

CFD hat sich in den vergangenen 40 Jahren zu einer wichtigen Alternative zu den traditionellen experimentellen und mathematischen Verfahren der Strömungsmechanik entwickelt. Im Rahmen dieses Buchs ist es aber nicht möglich, den erreichten Stand von CFD und aktuelle Forschungstrends in allen Aspekten eingehend vorzustellen. Der interessierte Leser muss daher an dieser Stelle auf die Literatur verwiesen werden, in der in den letzten Jahren viele Übersichtsbeiträge zum Entwicklungsprozess von CFD erschienen sind. Eine sehr lesenswerte Darstellung gibt zum Beispiel der vor kurzem erschienene 100. Band der „Notes on Numerical Fluid Mechanics" [24]. Neben der strömungsphysikalischen Grundlagenforschung haben vor allem technische Fachdisziplinen wie die Luft- und Raumfahrttechnik oder die Automobilindustrie, bei denen die Strömungsmechanik eine zentrale Rolle spielt, immer wieder wichtige Impulse für die Weiterentwicklung von CFD gegeben.

Was ergibt CFD? Mit CFD kann eine numerische Lösung der Grundgleichungen des strömungsmechanischen Problems erzielt werden, die eine Annäherung an die exakte Lösung darstellt. Da die exakte Lösung wie oben erwähnt häufig nicht bekannt ist, muss die Genauigkeit der CFD-Lösung überprüft und kritisch beurteilt werden.

Bei der Überprüfung ist insbesondere zu berücksichtigen, dass verschiedene Schritte innerhalb der CFD dazu führen, dass die numerische von der exakten Lösung abweichen kann:

1. Durch *Modellierung*, zum Beispiel die Einführung semi-empirischer Modelle zur Reduktion der Komplexität des Problems. Ein Beispiel sind semi-empirische Turbulenzmodelle, die die Wirkungen der Turbulenz auf die mittlere Strömung approximieren sollen.
2. Durch *Diskretisierung*, d. h. den Übergang von Differential- zu Differenzengleichungen.
3. Durch *Iteration*, das ist die schrittweise Annäherung an die endgültige CFD-Lösung durch wiederholte Anwendung von Berechnungsabläufen zur Lösung der Differenzengleichungen.

Diese Schritte werden später im Buch genauer diskutiert, in diesem Zusammenhang werden auch Möglichkeiten vorgestellt, wie die Qualität von CFD-Ergebnissen bewertet werden kann.

Wo wird CFD angewendet? CFD-Modelle werden heute in vielen Bereichen der Natur- und Ingenieurwissenschaften zur Untersuchung von Strömungen eingesetzt. Nachfolgend einige Beispiele:

1. Umströmungen von KFZ, Flugzeugen, Schiffen, Zügen, Rotorblättern etc. Hier interessieren vor allem die Auftriebs- bzw. Widerstandsbeiwerte der umströmten Körper. In diesem Zusammenhang wird z. B. untersucht, wie sich Änderungen der Körpergeometrie auf die relevanten Beiwerte auswirken.
2. Innenströmungen von Gebäuden, KFZ, Motoren, etc. Hier wird unter anderem untersucht, wie sich Wärme oder Schadstoffe in den durchströmten Räumen ausbreiten. Auf diese Weise können zum Beispiel Installationen der Heizungs- und Klimatechnik anhand einer numerischen Simulation erprobt werden.
3. Strömungen in der Umwelt, zum Beispiel in Gewässern, der Atmosphäre, aber auch in Organismen (Atmung, Blutkreislauf). Eine allgemein bekannte Anwendung von CFD ist die Wettervorhersage anhand von numerischen Strömungssimulationen auf der Basis von Klimamodellen.
4. Strömungen in technologischen Prozessen, etwa in der Aufbereitungstechnik, der Halbleiterherstellung oder der Metallurgie. Hier werden CFD-Modelle häufig genutzt, um die in den jeweiligen Apparaten und Anlagen ablaufenden Prozesse besser zu verstehen. Sind sie hinreichend gut verstanden, können dann auch Maßnahmen zur Prozessoptimierung mit Hilfe der numerischen Simulation erprobt werden.
5. Auch viele astrophysikalische Prozesse können mit erweiterten CFD-Modellen untersucht werden. Da in diesen Prozessen häufig strömende Plasmen vorliegen, die stark mit astrophysikalischen Magnetfeldern wechselwirken, müssen die strömungsmechanischen Erhaltungssätze gemeinsamen mit den Grundgleichungen elektromagnetischer Felder gelöst werden. Dieses Spezialgebiet der Strömungsmechanik wird Magnetohydrodynamik genannt.

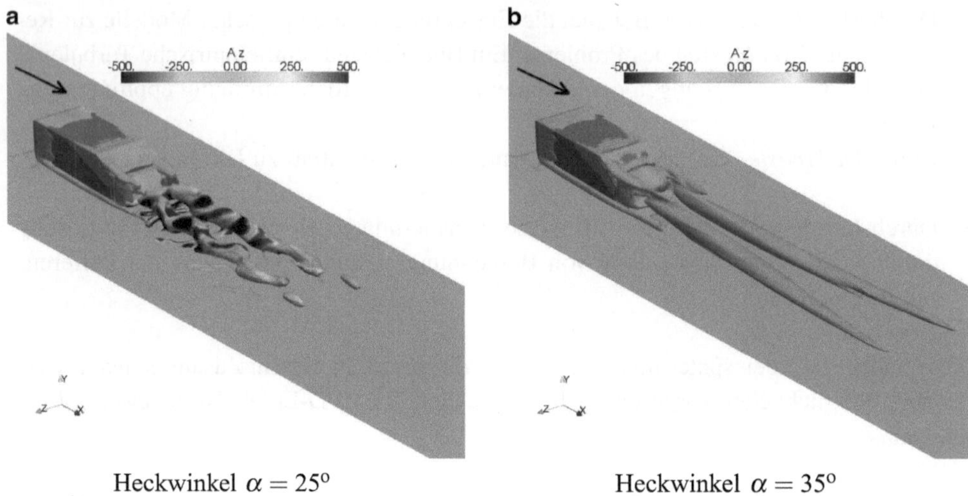

Heckwinkel $\alpha = 25°$ Heckwinkel $\alpha = 35°$

Abb. 1.1 Umströmung eines PKW-Referenzkörpers (Ahmed-Körper) [5]

Wie diese kleine Liste zeigt, ist das Anwendungsspektrum von CFD heute sehr breit. Dies liegt zum einen an den immer leistungsfähigeren Computern, auf denen CFD ausgeführt wird, zum anderen sind für viele neue Anwendungsfälle problemspezifische CFD-Modelle formuliert und erfolgreich erprobt worden. Dieser Trend wird sich sicherlich auch in den nächsten Jahren fortsetzen. An zwei Anwendungsbeispielen soll jetzt gezeigt werden, welche Ergebnisse CFD liefert und wie diese Ergebnisse zur Analyse von Strömungsproblemen genutzt werden können.

Beispiel 1: Autoumströmung – Ahmed Body

Das erste Beispiel kommt aus dem Bereich Automotive, konkret geht es um die Umströmung von PKW-Körpern. Um wesentliche Merkmale dieser Strömungen zu untersuchen, wird häufig der sogenannte Ahmed-Körper genutzt. Der Ahmed-Körper repräsentiert in prototypischer Form wesentliche Elemente der Form eines PKW: eine kubische Grundform des Körpers mit Kantenlängenverhältnissen entsprechend typischer moderner PKW, dazu kommt ein stumpfer Frontbereich mit abgerundeten Kanten sowie ein abgeschrägter Heckbereich.

Anhand des Ahmed-Körpers lassen sich unter anderem folgende Fragen eingehender untersuchen, die für den Luftwiderstand von PKW von großer Bedeutung sind [26]:

- Wie ist die generelle Struktur der Strömung in der Nähe des Ahmed-Körpers, insbesondere im Heckbereich und stromab des Hecks?
- Liegt eine im zeitlichen Mittel stabile Strömung vor oder gibt es neben der stochastischen Strömungsturbulenz auch größere, regelmäßig oszillierende Strömungsstrukturen?

- Welchen Einfluss hat der Strömungsabriss am Heck des Körpers auf den Strömungswiderstand des Körpers? Welchen Einfluss hat die Heckgeometrie, speziell der Winkel der Heckschräge, auf den Strömungswiderstand?
- Wie ist die Druckverteilung zwischen der Ober- und der Unterseite des Körpers, welcher Andruck liegt bei einer bestimmten Körpergeometrie vor?

In Abb. 1.1 sind Ergebnisse von CFD-Simulationen dargestellt, in denen speziell die Stabilität der Strömung stromab des Ahmed-Körpers untersucht wird [5]. In der Strömung sind große Wirbel zu erkennen, die sich wie Zöpfe hinter dem Ahmed-Körper ausbilden. Die beiden Ahmed-Körper im linken und rechten Bild unterscheiden sich dabei nur durch den Winkel der Heckschräge, links fällt das Heck flacher, rechts steiler ab.

Die Unterschiede in den Strömungen sind trotzdem groß. Hinter dem Ahmed-Körper mit dem flacheren Heck, Abb. 1.1a, wechselwirken beide Wirbelzöpfe stark miteinander. Die Stärke der Wechselwirkung ist in der Abbildung durch die verschiedenen Graustufen kenntlich gemacht. Die Struktur der Nachlaufströmung hat wesentliche Auswirkungen auf den PKW-Körper, sein Strömungswiderstand ist vergleichsweise hoch. Hinter dem Ahmed-Körper mit dem etwas steilerem Heck, Abb. 1.1b, sind dagegen keine Wechselwirkungen der Wirbelzöpfe zu erkennen. Das macht sich auch positiv am PKW-Körper bemerkbar, er hat einen niedrigen Strömungswiderstand. Die Unterschiede im dynamischen Verhalten der Umströmungen von PKW sind allerdings bis heute nicht komplett erklärt. Deshalb werden sie weiter intensiv in experimentellen und numerischen Studien erforscht [27].

Beispiel 2: Strömungsmaschinen – Turboverdichter

Im zweiten Beispiel wird eine Strömungsmaschine untersucht, speziell geht es um die Analyse der Strömungen in Turboverdichtern. In diesen Maschinen wird mechanische Energie auf ein Gas übertragen, das dabei auch komprimiert wird. Die CFD-Untersuchungen sollen möglichst viele Details dieses Energiewandlungsprozesses wiedergeben.

Unter anderem werden folgende Fragen mit CFD-Simulationen untersucht:

- Wie verläuft die Energiewandlung entlang einer Stromlinie im Laufrad und Diffusor? Wieviel Energie wird vom Laufrad effektiv an das Gas übertragen, wieviel Energie wird durch andere Prozesse dissipiert? Wie hoch ist der entsprechende Gesamtwirkungsgrad der Maschine?
- Wie sieht die Druck- und Temperaturbelastung speziell der Laufradkontur aus? Welche Anforderungen ergeben sich daraus für die Mechanik der Maschinenbauteile, welche Werkstoffe können eingesetzt werden, wie dick müssen die Wandstärken beispielsweise der Laufradschaufeln sein?

In Abb. 1.2 sind beispielhafte CFD-Ergebnisse für die Strömung in einem Turboverdichter dargestellt. Abbildung 1.2a zeigt die Struktur der Strömung in der gesamten

Abb. 1.2 CFD-Analyse der
Strömung in einem Turboverdichter

a

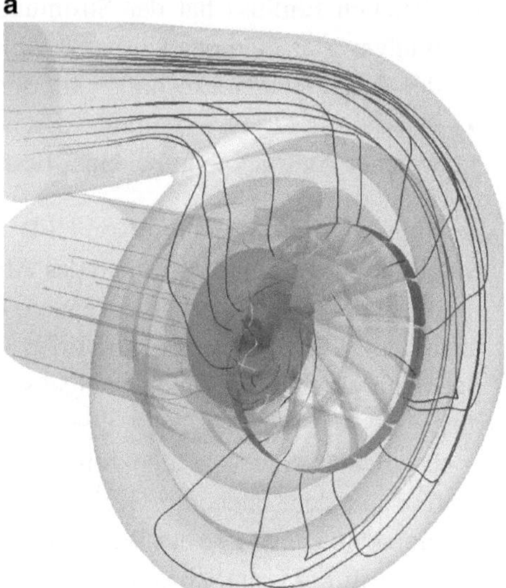

Gesamte Maschine

b

Laufrad (Prototyp)

c

Druckverteilung auf Laufrad

Maschine anhand von Stromlinien: Sie starten in der axialen Saugleitung des Verdichters, von dort laufen sie axial in das Laufrad ein. Sie verlassen das Laufrad in radialer Richtung, werden im Spiralgehäuse gesammelt und laufen schließlich in die Druckleitung aus.

Abbildung 1.2b zeigt den Prototypen eines Verdichterlaufrades, das in modernen Abgasturboladern eingesetzt wird. Die Strömungen in diesen Maschinen lassen sich aufgrund der extremen Bedingungen (die Laufräder drehen mit teilweise mehreren tausend Umdrehungen pro Sekunde) zurzeit nur mit CFD-Simulationen untersuchen. Die in einer entsprechenden CFD-Simulation ermittelte Druckverteilung auf der Laufradkontur ist in Abb. 1.2c zu sehen. Zu erkennen ist, wie der Druck beginnend von der Vorderkante der Laufradschaufel entlang des Strömungsweges ansteigt. Diese Informationen sind zum Beispiel für die Auslegung und Optimierung der Laufradschaufel wichtig, sie geben Hinweise darauf, wie die Wirkungsgrade solcher Maschinen eventuell noch verbessert werden können.

1.2   Inhalte des Buchs

Das vorliegende Buch soll den Leser in die Methodik der CFD einführen. Es wird deshalb erläutert, welche Schritte für eine erfolgreiche CFD-Simulation durchzuführen sind. Die einzelnen Schritte werden dann in den verschiedenen Kapiteln des Buches weiter besprochen.

Numerische Methoden   Ein Kernelement jeder erfolgreichen CFD-Simulation ist die Auswahl geeigneter numerischer Verfahren. Das Buch erläutert häufig genutzte numerische Methoden, allerdings werden keine detaillierten Herleitungen gezeigt. Es gibt andere Monografien, die diese Informationen in hervorragender Weise zur Verfügung stellen, zum Beispiel [11, 15, 23, 69]. Der Leser wird deswegen an verschiedenen Stellen auf diese weiterführende Literatur verwiesen. Stattdessen wird in diesem Buch anhand von Beispielen gezeigt, wie moderne CFD-Programme numerische Verfahren nutzen und welche Möglichkeiten der Anwender hat, um den Einfluss der numerischen Methoden auf das Ergebnis einer CFD-Simulation abzuschätzen. In diesem Zusammenhang werden auch Bewertungskriterien für die Genauigkeit und Güte der Simulationsergebnisse vorgestellt.

Physikalische Modelle   Ähnliches gilt für einen weiteren, sehr wesentlichen Punkt einer CFD-Simulation, die adäquate Auswahl von physikalischen Modellen, die die Komplexität der ursprünglichen Strömung reduzieren. Von herausragender Bedeutung ist dabei die Auswahl geeigneter physikalische Modelle für die Strömungsturbulenz. Im Buch werden wichtige Modellansätze für die Turbulenz vorgestellt, die häufig in CFD-Simulationen angewandter Strömungen genutzt werden. Details zur Herleitung dieser Modelle können ebenfalls in der Literatur nachvollzogen werden, zum Beispiel in [51, 71]. Dieses Buch konzentriert sich dagegen auf die Anwendung der Modellansätze auf prototypische

Problemstellungen. Auch hier wird anhand von Beispielen gezeigt, wie moderne CFD-Programme Turbulenzmodelle nutzen und wie der Anwender erkennen kann, von welcher Qualität die Ergebnisse einer CFD-Simulation sind.

Anwendungsbeispiele Die erwähnten Beispiele werden im Buch mit den CFD-Programmen ANSYS® FLUENT® [2] und OpenFOAM® [45] bearbeitet. Dabei wird vorausgesetzt, dass der Leser bereits erste Erfahrungen im Umgang mit einem dieser Software-Pakete hat. Sowohl bei ANSYS® FLUENT® als auch in OpenFOAM® werden dem Anwender Tutorials zur Verfügung gestellt, mit deren Hilfe er den Umgang mit der jeweiligen Software üben kann. In diesem Buch wird davon ausgegangen, dass der Leser sich auf diese Weise mit einer CFD-Software vertraut gemacht hat. In den CFD-Praktika, die später im Buch bearbeitet werden sollen, werden deshalb entsprechende Grundkenntnisse über die jeweilige CFD-Software vorausgesetzt.

Für die Bearbeitung der CFD-Praktika mit OpenFOAM® werden außerdem Grundkenntnisse in Linux vorausgesetzt, etwa was ist eine Shell, wie ruft man Befehle in einer Shell auf und wie erzeugt und editiert man Dateien unter Linux. Größere CFD-Simulationen werden heute zum überwiegenden Teil auf großen Linux-Rechnern, den sogenannten High-Performance-Computing-Clustern, durchgeführt, deswegen empfiehlt sich auf jeden Fall ein Einstieg in dieses Betriebssystem.

1.3 Definitionen

In diesem Buch werden einige Begriffe häufig verwendet, für die an dieser Stelle eine klärende Begriffserklärung gegeben wird:

CFD-Modell Das CFD-Modell einer Strömung ist die mathematische Beschreibung der Strömung in diskreten Punkten innerhalb des Strömungsgebietes. Es besteht im Detail aus folgenden Angaben:

- Die Geometrie des Strömungsgebietes einschließlich einer Liste aller Punkte (Stützstellen), in denen die Strömung darzustellen ist. Abkürzend wird dies als **Rechengitter**, **Gitter** oder **Netz** bezeichnet.
- Die Grundgleichungen der in der Strömung ablaufenden Prozesse, die auch als das **mathematische Modell der Strömung** bezeichnet werden. Neben den strömungsphysikalischen Grundgleichungen, den Erhaltungssätzen für Masse, Impuls und Energie für ein Fluid, können weitere Modellgleichungen zum Beispiel für die Turbulenz oder für die Vermischung mehrerer Phasen in der Strömung hinzukommen. Außerdem zählen die thermische und kalorische Zustandsgleichung sowie Materialgesetze[1] zum mathe-

---

[1] Ein sehr häufig eingesetztes Materialgesetz ist das Fließgesetz $\tau_{ij} = \eta\, \partial u_i/\partial x_j$ für ein newtonsches Fluid.

matischen Modell. In diesen Gleichungen finden sich die zu berechnenden Größen ϕ der Strömung wie etwa die Strömungsgeschwindigkeit $\underline{u}$ des Fluids oder der Druck p.

- Die Angabe aller weiteren **Parameter eines CFD-Modells**, zum Beispiel Stoffwerte wie Dichte, Viskosität oder Wärmeleitfähigkeit für das strömende Fluid.
- Die **Randbedingungen** für die zu beschreibende Strömung an den Grenzen des Strömungsgebietes.
- Die Festlegung der einzusetzenden **numerischen Verfahren und Algorithmen** einschließlich der darin zu verwendenden Parameter. Mit diesen numerischen Methoden werden die Differentialgleichungen des CFD-Modells in Differenzengleichungen überführt, die in den durch das Gitter definierten Stützstellen gelöst werden müssen. Dieser Vorgang heißt Diskretisierung. Aus den Differentialgleichungen wird so ein großes System algebraischer Gleichungen, das in der Regel iterativ gelöst werden kann. Die Angabe des iterativen Lösungsverfahrens schließt das numerische Modell ab.

Eigenschaften eines CFD-Modells

Ein CFD-Modell soll folgende Eigenschaften besitzen, damit CFD-Simulationen mit dem Modell zu Ergebnissen in guter Qualität führen:

- E1 – Beschränktheit: Jede mit dem Modell berechnete Größe ϕ liegt in jedem Punkt des Strömungsgebiets innerhalb eines physikalisch sinnvollen Werteintervalls.
- E2 – Konservativität: Die Gleichungen des CFD-Modells werden so formuliert und diskretisiert, dass eine in den Gleichungen betrachtete Erhaltungsgröße, etwa die Masse in der Kontinuitätsgleichung, im Strömungsgebiet wirklich erhalten wird.
- E3 – Konsistenz: Die durch die Diskretisierung entstandenen algebraischen Gleichungen gehen wieder in die Differentialgleichungen des mathematischen Modells über, wenn der Abstand der Punkte im Gitter gegen Null strebt.
- E4 – Konvergenz: Das Ergebnis des CFD-Modells strebt gegen die exakte Lösung des mathematischen Modells, wenn der Abstand der Punkte im Gitter gegen Null geht.
- E5 – Stabilität: Die Fehler im CFD-Modell wachsen während der CFD-Simulation nicht an.
- E6 – Transporteigenschaft: Bei der Diskretisierung wird berücksichtigt, dass der konvektive Transport einer Größe ϕ entlang der Bahnlinien in der Strömung erfolgt.

Die Eigenschaften sind hier in alphabetischer Reihenfolge angegeben, so dass in der Auflistung keine Wertung nach „wichtigeren" oder „unwichtigeren" Kriterien vorgegeben ist.

Verifikation und Validierung eines CFD-Modells

Zur Entwicklung von CFD-Modellen gehören auch die Verifikation und die Validierung. Beide Begriffe stehen für die Überprüfung eines Modells, allerdings im Hinblick auf unterschiedliche Aspekte:

- Verifikation: Bei der Verifikation wird überprüft, ob die im implementierten CFD-Modell getroffenen Spezifizierungen den bei der Konzeption des Modells formulierten Anforderungen genügen. Speziell wird bei der Verifizierung zum Beispiel nach Implementierungsfehlern gesucht oder die numerische Ungenauigkeit bei der Übersetzung einer Differential- in eine Differenzengleichung abgeschätzt.
- Validierung: Bei der Validierung wird analysiert, ob das CFD-Modell eine hinreichend genaue Darstellung der zu untersuchenden realen Strömung ermöglicht. Die Validierung erfolgt üblicherweise in einem Vergleich der CFD-Resultate mit entsprechenden experimentell bestimmten Daten.

CFD-Simulation Die CFD-Simulation einer Strömung umfasst die Formulierung eines CFD-Modells, die computergestützte Berechnung des Strömungsfeldes mit dem CFD-Modell sowie die Auswertung und Darstellung der Ergebnisse.

Richardson's Prognose-Fabrik

CFD wurde interessanterweise noch vor dem Computer „erfunden". L.F. Richardson [55] hat 1922, also knapp 20 Jahre vor dem Bau des ersten programmierbaren Computers, in einem Buch dargelegt, wie eine Wettervorhersage in einer „Prognose-Fabrik" auf Basis von numerischen Strömungssimulationen durchgeführt werden kann. In der Prognose-Fabrik waren Menschen die einzelnen Rechner (im Buch bereits „Computer" genannt), die im Zusammenspiel miteinander die für die Wetterprognose erforderlichen Daten ermitteln sollten. Die Organisation dieser Fabrik entspricht dabei durchaus in groben Zügen der Konfiguration heutiger Hochleistungsrechner.

1.4 CFD-Software

Allgemeines

Zur CFD-Software zählen Programme bzw. Programmmodule, mit denen CFD-Modelle entwickelt und CFD-Simulationen ausgeführt werden können. Im Einzelnen werden dazu Programme mit folgenden Funktionen benötigt:

- Präprozessor (Vorbereitung): Im Präprozessor werden alle Teilschritte bei der Formulierung und Implementierung eines CFD-Modells ausgeführt. Für die Teilaufgabe Gittergenerierung, also die Definition und Vernetzung des Strömungsgebiets, stehen üblicherweise CAD-ähnliche Funktionalitäten zur Verfügung. In der Regel werden in einem Präprozessor auch Schnittstellen für den Import externer Geometriedaten zum Beispiel aus CAD-Programmen angeboten. Ist die Geometrie des Strömungsgebiets festgelegt, wird im nächsten Schritt das Rechennetz erzeugt, auf dem später die CFD-Simulation ausgeführt wird. Die weiteren Schritte bei der Implementierung des CFD-Modells, das heißt die Konzeption des mathematischen Modells, die Festlegung aller notwendigen Methoden und Parameter usw., werden ebenfalls mit dem Präprozessor ausgeführt.
- Strömungslöser: Wenn das CFD-Modell implementiert ist, werden mit dem Strömungslöser die CFD-Simulationen ausgeführt. Der Strömungslöser stellt dem Nutzer typischerweise eine Reihe von Informationen zur Verfügung, anhand derer der Verlauf des Lösungsprozesses beurteilt werden kann. Üblicherweise stoppt der Strömunglöser den Lösungsprozess anhand eines vom Nutzer vorgegebenen Kriteriums.
- Postprozesser (Auswertung, Visualisierung): Mit Postprocessing-Software werden schließlich die Ergebnisse einer CFD-Simulation ausgewertet und visualisiert. Dabei können die Ergebnisse in unterschiedlicher Form, beispielsweise in Form eines Vektorfelds, als Isoliniendarstellung oder als Bahn- oder Stromlinienbild grafisch dargestellt werden. Die Ergebnisse lassen sich auch alphanumerisch auswerten, um beispielsweise Mittelwerte von Strömungsgrößen zu ermitteln. Schließlich werden mit Postprocessing-Software auch verschiedene Datei-Ausgaben erzeugt, etwa Grafikdateien der visualisierten Strömungsergebnisse oder Wertetabellen der alphanumerischen Auswertung.

Es gibt eine große Auswahl an CFD-Programmen. Einige werden kommerziell vertrieben, für ihre Nutzung sind Lizenzen entweder zu kaufen oder jährlich gegen eine Gebühr zu erneuern. Andere sind frei erhältlich, für sie sind keine Lizenzen zu bezahlen. Eine umfangreiche Auflistung kommerzieller und freier CFD-Software findet sich im Internet bei CFD-Online [6].

1.4.1 In diesem Buch genutzte Software

In diesem Buch werden an verschiedene Stellen folgende Programme genutzt, um CFD-Modelle zu entwickeln und CFD-Simulationen mit ihnen durchzuführen:

- ANSYS® ICEM CFD™ (kommerziell) [2] für
    - Gittergenerierung
- ANSYS® FLUENT® (kommerziell) [2] für
    - weitere Implementierung von CFD-Modellen
    - CFD-Simulation
    - alphanumerisches und grafisches Postprocessing
- OpenFOAM® (frei) [45] für
    - Gittergenerierung und Implementierung von CFD-Modellen
    - CFD-Simulation
    - alphanumerisches Postprocessing
- Gnuplot (frei) [19, 29] für
    - alphanumerisches und grafisches Postprocessing
- paraFoam (frei), eine spezielle Version von ParaView [47] in OpenFOAM [45] für
    - alphanumerisches und grafisches Postprocessing

Für die Bearbeitung der im Buch gegebenen CFD-Beispielaufgaben, entweder mit ANSYS® ICEM CFD™ und ANSYS® FLUENT® oder mit Programmen aus der OpenFOAM®-Bibliothek, werden wie bereits oben erwähnt grundlegende Kenntnisse und erste praktische Erfahrungen vorausgesetzt. Diese lassen sich gut durch das Studium der Handbücher und die Bearbeitung einführender Tutorials zu diesen Programmen gewinnen. Die im Buch gezeigten Lösungen der Beispielaufgaben wurden mit den Software-Versionen ANSYS® FLUENT® 13.0 und OpenFOAM® 2.0.x ermittelt.

Die nachfolgend beschriebenen wesentlichen Eigenschaften dieser Programme dienen nur zur groben Orientierung und ersetzen nicht die selbständige Einarbeitung in die Software.

1.4.2 ANSYS® ICEM CFD™

In ANSYS® ICEM CFD™ wird die Geometriemodellierung, die Gittergenerierung und der Gitterexport über eine grafische Benutzeroberfläche gesteuert. Die Oberfläche mit den wesentlichen Interaktionselementen ist in Abb. 1.3 dargestellt. Die vier markierten Berei-

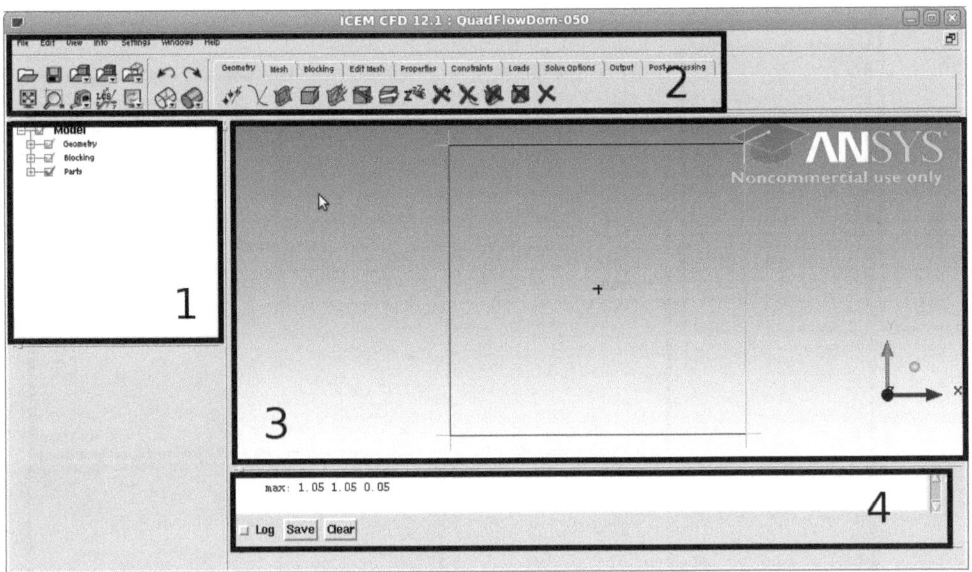

Abb. 1.3 ANSYS® ICEM CFD™: Grafische Benutzeroberfläche

che dienen der Navigation (Bereich 1), der Menü-Auswahl (Bereich 2), der Visualisierung im Grafikfenster (Bereich 3) und Überwachung und Analyse in der Konsole (Bereich 4).

Die Navigation im Bereich 1 erfolgt dabei in den Kategorien des Verzeichnisbaums eines Projekts in ANSYS® ICEM CFD™. Beispielsweise finden sich in der Kategorie Geometry die einzelnen Elemente der Geometrie des Strömungsgebiets, also Punkte, Linien und die höheren geometrischen Objekte. Für jede Kategorie sind dann in Bereich 2 der Oberfläche spezielle Menüs vorhanden, mit denen die Elemente der Kategorie, etwa die Punkte in Kategorie Geometry, erzeugt, geändert oder gelöscht werden können. Außerdem gibt es in Bereich 2 allgemeine Menüs, die aus allen Kategorien heraus angewählt werden können, beispielsweise die Menüs zur Speicherung des Projektstatus. Der Fortschritt im Projekt kann im Grafikfenster, Bereich 3, verfolgt werden. Hier kann die modellierte Geometrie oder das Netz betrachtet werden, außerdem lassen sich im Grafikfenster verschiedene Projektelemente, etwa einzelne Punkte, zur weiteren Bearbeitung anwählen. Über die Konsole, Bereich 4 lassen sich schließlich auch verschiedene quantitative Informationen, zum Beispiel die Ausmaße des modellierten Strömunggebiets, ausgeben.

1.4.3 ANSYS® FLUENT®

ANSYS® FLUENT® ist eine moderne CFD-Software, die vielseitig für CFD-Simulationen eingesetzt werden kann. Für die Strömungssimulation wird dabei die Finite-

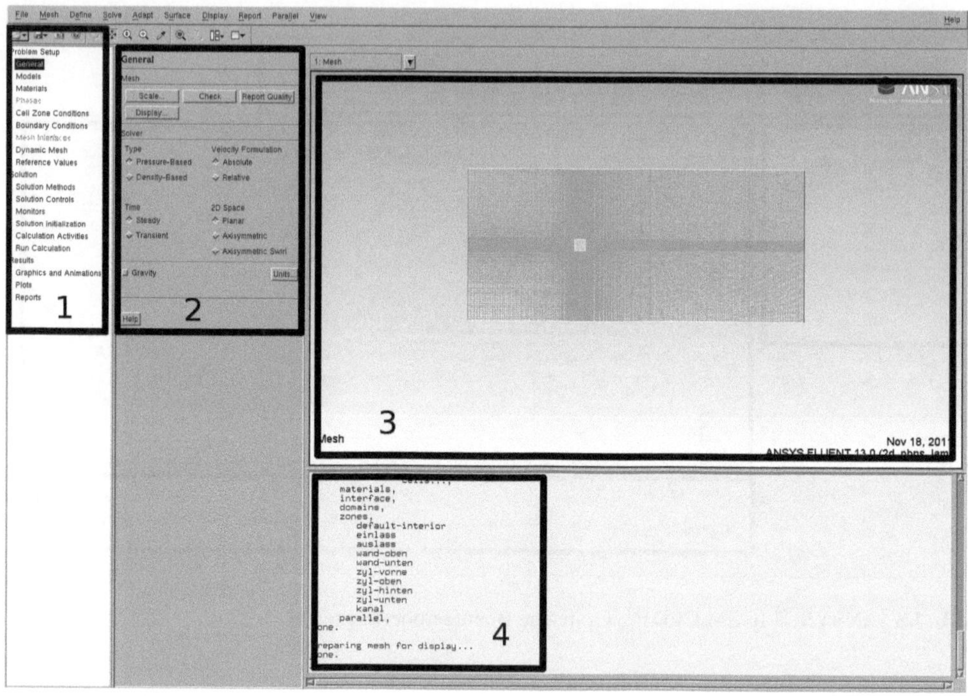

Abb. 1.4 ANSYS® FLUENT®: Grafische Benutzeroberfläche

Volumen-Methode genutzt. Mit ANSYS® FLUENT® lassen sich unter anderem folgende Strömungstypen berechnen:

- laminare und turbulente Strömungen inkompressibler und kompressibler Fluide
- stationäre und instationäre Strömungen auf starren oder bewegten Gittern
- Strömungen nicht-Newtonscher Fluide
- Mehrphasenströmungen (Fluid-Fluid, Fluid-Solid), freie Oberflächen, Phasenwechsel, chemische Reaktionen oder Verbrennungsprozesse

Eine detaillierte Beschreibung aller Modellierungsmöglichkeiten mit ANSYS® FLUENT® sowie Tutorial-Beispiele sind in der Programm-Dokumentation zu finden. ANSYS® FLUENT® wird entweder über eine grafische Benutzeroberfläche, Abb. 1.4, oder über Eingaben in der Konsole gesteuert. Die vier markierten Bereiche der grafischen Benutzeroberfläche dienen der Navigation (Bereich 1), der Menü-Bearbeitung (Bereich 2), der Visualisierung im Grafikfenster (Bereich 3) und der Ein- und Ausgabe in der Konsole (Bereich 4).

Die Navigation erfolgt dabei in den drei Bereichen Modellformulierung (Problem Setup), Berechnung (Solution) und Auswertung (Results). Für jeden dieser Bereiche gibt es auch hier spezielle Menüs, etwa für die Auswahl von physikalischen Modellen. Ab-

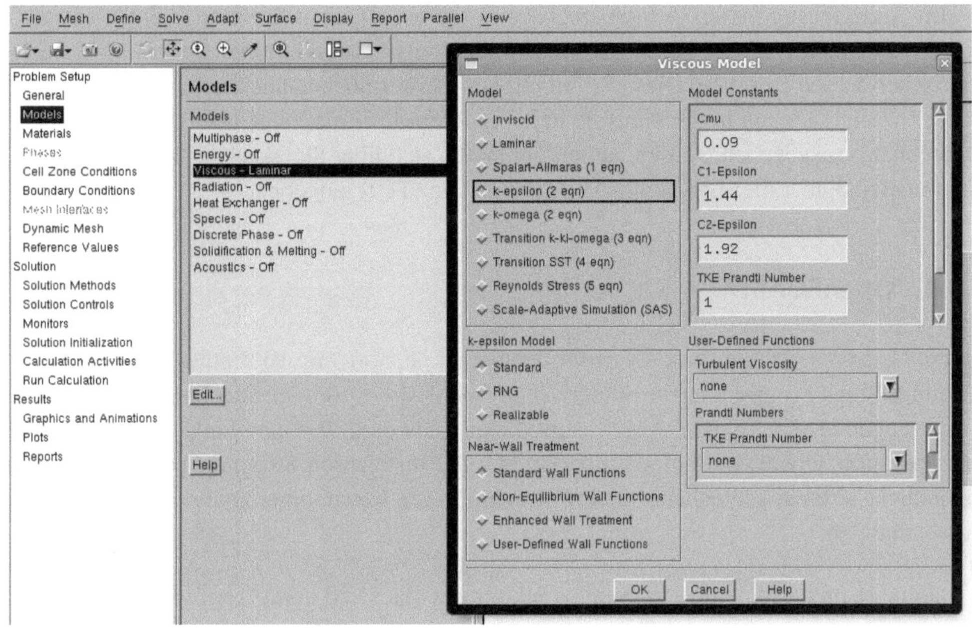

Abb. 1.5 ANSYS® FLUENT®: Menü zur Auswahl von Modellen für viskose Strömungen

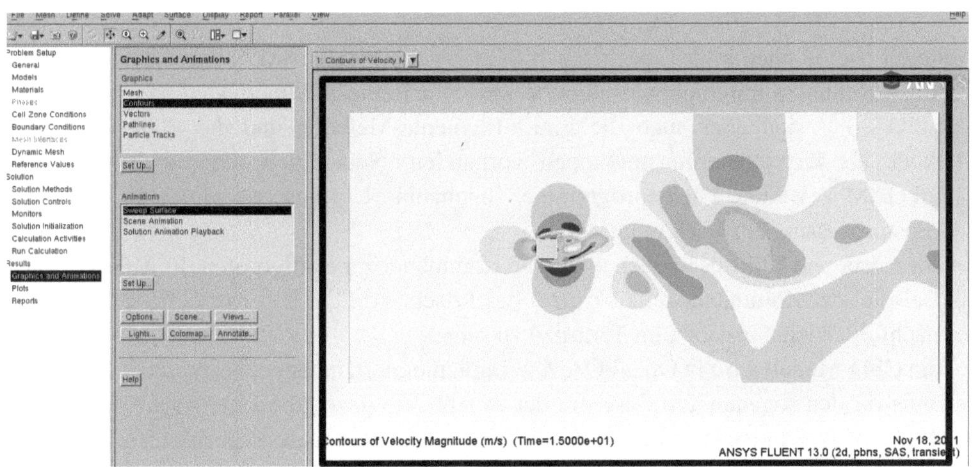

Abb. 1.6 ANSYS® FLUENT®: Grafische Ausgabe

bildung 1.5 zeigt als Beispiel das Menü zur Auswahl von Modellen für laminare oder turbulente Strömungen. Für die CFD-Simulation von turbulenten Strömungen können verschiedene Turbulenzmodelle ausgewählt werden.

Im Grafikfenster lassen sich beispielsweise die berechneten Strömungsfelder darstellen. Im Beispiel in Abb. 1.6 ist das Geschwindigkeitsfeld hinter einer umströmten, quadratischen Strebe zu sehen. Diese Strömung wird später noch genauer untersucht.

Schließlich können in der Konsole unter anderem Informationen über die numerische Berechnung ausgegeben werden, außerdem lassen sich über die Konsole auch bestimmte Steuerbefehle über die sogenannte Textschnittstelle (TUI) eingeben.

1.4.4   OpenFOAM®

OpenFOAM®[2] ist eine in C++ geschriebene, freie Software-Bibliothek, mit der sich leistungsfähige Programme zur numerischen Simulation strömungsmechanischer Probleme erzeugen lassen. OpenFOAM® steht dabei abkürzend für Open Field Operation and Manipulation. OpenFOAM® stellt bereits mit der Installation Strömungslöser für unterschiedliche strömungsmechanische Problemstellungen bereit, unter anderem für folgende Anwendungen:

- laminare und turbulente Strömungen inkompressibler und kompressibler Fluide
- stationäre und instationäre Strömungen auf starren oder bewegten Gittern
- Mehrphasenströmungen, Strömungen mit freien Oberflächen
- Strömungen nicht-newtonscher Fluide

Weitere Löser können in der spezifischen Syntax von OpenFOAM® entwickelt werden. Für die Strömungssimulation wird üblicherweise die Finite-Volumen-Methode genutzt, in OpenFOAM® sind aber auch die Finite-Elemente-Methode und die Finite-Flächen-Methode als Diskretisierungsmethoden vorhanden. Neben den Standardlösern stellt OpenFOAM® weitere Dienstprogramme, sogenannte Utilities, vor allem für das Prä- und Postprocessing zur Verfügung.

Die Löser und Utilities werden über eine Kommandozeile aufgerufen. In Abb. 1.7 sind als Beispiel der Kommandozeilen-Aufruf des Lösers `scalarTransportFoam` sowie die nachfolgenden Ausgaben im Terminal zu sehen.

Ein CFD-Modell wird in OpenFOAM® implementiert, indem ein entsprechendes Verzeichnis für den sogenannten Case mit der in Abb. 1.8 gezeigten Unterstruktur angelegt wird. Der Verzeichnisbaum, im gezeigten Beispiel für den Case `Konvektion`, enthält mindestens die drei Unterverzeichnisse `0`, `constant` und `system`.

Jedes dieser Verzeichnisse enthält bestimmte Dateien, in denen die notwendigen Informationen über das CFD-Modell und die CFD-Simulation angegeben sind. Die Dateien

---

[2] OpenFOAM® wurde von der Firma OpenCFD® entwickelt und erstmals als open-source CFD-Bibliothek vertrieben, zwischenzeitlich ist OpenCFD® durch Silicon Graphics International Corp. (SGI®) übernommen worden. Für dieses Buch gilt der Haftungsausschluss, dass die gegebenen Erläuterungen und Anwendungen zu OpenFOAM® in keiner Weise durch SGI® oder OpenCFD® bestätigt, unterstützt oder gesponsert werden.

```
schwarze:~/Konvektion$ scalarTransportFoam
/*---------------------------------------------------------------------------*\
| =========                 |                                                 |
| \\      /  F ield         | OpenFOAM: The Open Source CFD Toolbox           |
|  \\    /   O peration     | Version:  2.0.x                                 |
|   \\  /    A nd           | Web:      www.OpenFOAM.org                      |
|    \\/     M anipulation  |                                                 |
\*---------------------------------------------------------------------------*/
Build  : 2.0.x-b0ae306dc2c1
Exec   : scalarTransportFoam
nProcs : 1

// * * * * * * * * * * * * * * * * * * * * * * * * * * * * * * * * * * * * * //
Create time

Create mesh for time = 0

Reading field T

Reading field U

Reading transportProperties

Reading diffusivity D

Reading/calculating face flux field phi

Calculating scalar transport

Courant Number mean: 0.176777 max: 0.176778
Time = 0.00025

DILUPBiCG:  Solving for T, Initial residual = 1, Final residual = 4.96548e-16, No Iterations 1
```

Abb. 1.7 OpenFOAM®: Aufruf eines Lösers, hier `scalarTransportFoam`

Abb. 1.8 OpenFOAM®:
Case-Struktur eines CFD-
Modells, hier für den Case
`Konvektion`

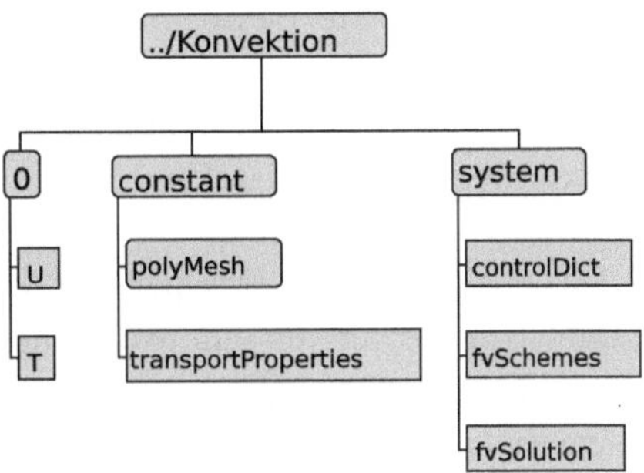

können mit einem Texteditor angelegt bzw. bearbeitet werden, dabei sind in den Dateien ein bestimmter Aufbau und eine bestimmte Syntax einzuhalten, siehe Abb. 1.9.

Rechengitter können mit Hilfe der Utilities `blockMesh` oder `snappyHexMesh` erzeugt werden. Es ist auch möglich, Rechennetze mit anderen Gittergeneratoren zu erstellen und die Netze dann mit Hilfe entsprechender Utilities, zum Beispiel `fluentMeshToFoam`, in OpenFOAM® zu importieren. Für die weitere Implementierung des CFD-Modells werden die verschiedenen Dateien in den Unterverzeichnissen `0`, `constant` und `system` angelegt und editiert. Beispielsweise werden die verschiedenen numerischen Methoden für die Diskretisierung der Modellgleichungen in der Datei `fvSchemes` im Unterverzeichnis `system` spezifiziert.

```
/*--------------------------------------------------------------------------*\
| =======                 |                                                  |
| \\      /  F ield        | OpenFOAM: The Open Source CFD Toolbox            |
| \\     /   O peration    | Version:  1.0                                    |
| \\   /    A nd          | Web:      http://www.openfoam.org               |
| \\/     M anipulation   |                                                  |
\*--------------------------------------------------------------------------*/

FoamFile
{
    version         2.0;
    format          ascii;
    class           dictionary;
    object          controlDict;
}

// * * * * * * * * * * * * * * * * * * * * * * * * * * * * * * * * * * * * * * //

application scalarTransportFoam;

startFrom       startTime;

startTime       0;

...
```

Abb. 1.9 OpenFOAM$^\circledR$: Aufbau und Syntax einer Datei, hier von `controlDict`

Um die CFD-Simulation auszuführen, wird ein geeigneter Strömungslöser, zum Beispiel `scalarTransportFoam` wie in Abb. 1.7, durch einen entsprechenden Befehl in der Kommandozeile aufgerufen. Die Simulation des Problems erfolgt dann entsprechend den zuvor getroffenen Einstellungen und Festlegungen. Während der Simulation werden weitere Unterverzeichnisse angelegt, in denen die berechneten Strömungsgrößen abgelegt werden.

Das Postprocessing der OpenFOAM$^\circledR$-Ergebnisse erfolgt üblicherweise mit dem Programm `paraFoam`, das im Wesentlichen dem freien Programm `ParaView` [47] entspricht. In Abb. 1.10 ist die grafische Benutzeroberfläche von `paraFoam` mit dem Grafikfenster (1) sowie den unterschiedlichen Kontrollmenüs (2) für die Grafikausgabe zu sehen.

Mit `paraFoam` können die berechneten Strömungsfelder dargestellt werden, außerdem lassen sich beispielsweise x-y-Darstellungen der Strömungsgrößen generieren. Aus `paraFoam` heraus können einzelne Datensätze für die weitere Auswertung exportiert werden.

1.4.5 Gnuplot

Gnuplot ist ein freies Plot-Programm für die zwei- und dreidimensionale Darstellung von Datensätzen und Funktionen. Gnuplot wird über Eingaben in einer Kommandozeile gestartet und gesteuert, die Eingaben lassen sich auch in Skriptform zusammenfas-

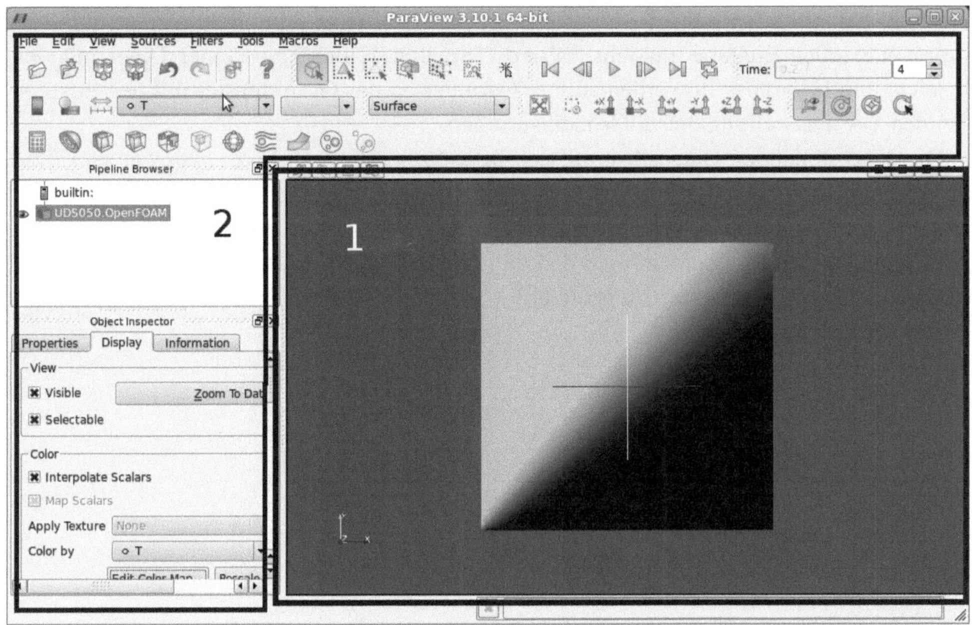

Abb. 1.10 `paraFoam`: Grafische Benutzeroberfläche

Abb. 1.11 Gnuplot:
Kommandozeilen-Eingabe
und Grafikfenster

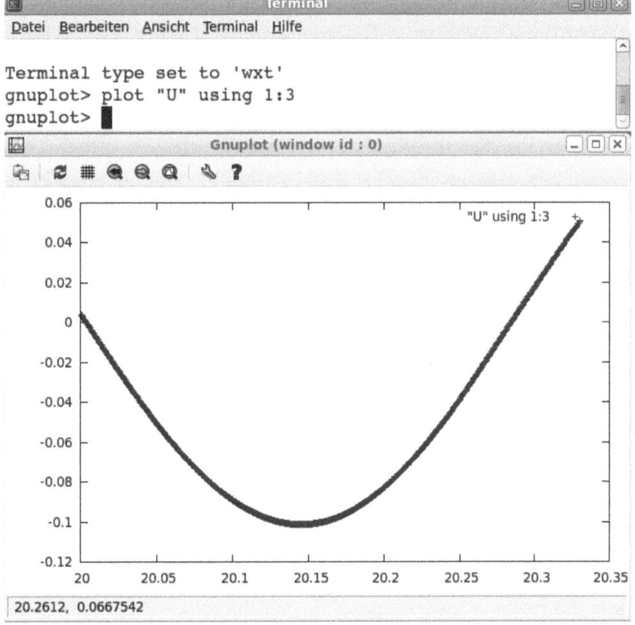

sen und abarbeiten. In Abb. 1.11 wird im oberen Teil der Abbildung gezeigt, wie die Kommandozeilen-Eingabe aussieht, falls die Spalten 1 und 3 aus einer Datei mit der Bezeichnung U dargestellt werden sollen. Darunter ist das Grafikfenster mit der entsprechenden x-y-Darstellung dieser Größen zu sehen.

Die darzustellenden Datensätze müssen in einer bestimmten Form abgelegt sein. Datensätze, die aus ANSYS FLUENT oder OpenFOAM exportiert worden sind, können ebenfalls mit Gnuplot dargestellt werden. Gegebenenfalls müssen diese Datensätze dazu in einem Texteditor bearbeitet werden, um beispielsweise nicht erlaubte Trennzeichen wie Kommata oder Klammern zu ersetzen.

Rechengitter **2**

Bei der CFD-Simulation werden die Strömungsgrößen ϕ in endlich vielen Punkten des Strömungsgebietes bestimmt. Durch das Rechengitter wird festgelegt, wie diese Punkte im Raum und an den Rändern des Gebiets verteilt sind. Deswegen ist die Erzeugung des Rechengitters von großer Bedeutung für den ganzen Modellierungsprozess. Ein Gitter mit schlechter Qualität führt zu großen Fehlern im CFD-Modell, die sogar das Scheitern der CFD-Simulation verursachen können. Dieses Kapitel stellt die wesentlichen Begriffe und Techniken vor, die für die Erstellung und den Umgang mit Rechengittern benötigt werden. Außerdem wird die Vernetzung von Strömungsgebieten anhand verschiedener Beispiele diskutiert.

2.1 Wichtige Begriffe

Durch das **Rechengitter** oder kurz Gitter wird das Strömungsgebiet lückenlos und ohne Überlappung in eine Menge von Gitterzellen oder Kontrollvolumen KV zerteilt. Zu jedem KV gehört außerdem ein charakteristischer Punkt, zum Beispiel der Zellmittelpunkt P, in dem die Strömungsgrößen ϕ gespeichert werden. Anhand der Geometrie der einzelnen KV und der Topologie (den Nachbarschaftsbeziehungen) zwischen den KV werden die Gitter in zwei unterschiedliche Kategorien, die strukturierten und die unstrukturierten Gitter, eingeteilt.

Strukturierte Gitter besitzen eine einheitliche Topologie, die Nachbarschaftsbeziehungen zwischen den KV und ihre Geometrie sind im gesamten Gitter ähnlich. Die KV lassen sich somit in einem regelmäßigen Raster anordnen, mit dem sich die Nachbarzellen eines KV einfach bestimmen lassen. Strukturierte Gitter bestehen üblicherweise aus Vierecken (im zweidimensionalen Raum) bzw. aus Hexaedern (im dreidimensionalen Raum). Der einfachste Fall eines strukturierten Rechengitters ist ein kartesisches Gitter, bei dem alle Kanten der KV gleich lang sind und jeweils im rechten Winkel zueinander stehen. Rechtwinklige Gitter unterteilen das Strömungsgebiet in achsenparallele Berei-

R. Schwarze, *CFD-Modellierung*, DOI 10.1007/978-3-642-24378-3_2,
© Springer-Verlag Berlin Heidelberg 2013

che, in denen die Kanten der KV aber nicht gleich lang sein müssen. Es ist auch möglich, strukturierte Gitter in komplexeren Strömungsgeometrien zu erzeugen. Für diesen Zweck werden körperangepasste Gitter eingesetzt, bei denen einzelne Kanten der KV die Körperkontur nachempfinden.

Unstrukturierte Gitter weisen dagegen keine festgelegte Topologie auf und können KV mit unterschiedlicher Geometrie (im zweidimensionalen Fall häufig Dreiecke und Vierecke, im dreidimensionalen Fall üblicherweise Tetraeder und Hexaeder) besitzen. Bekannt sind auch Gitter mit einer komplexeren Zellgeometrie, die sogenannte Polyedergitter. Unstrukturierte Gitter sind flexibel einsetzbar und lassen sich automatisch generieren. Das macht sie besonders für den Einsatz bei komplexen Strömungsgebieten interessant. Unstrukturierte Gitter benötigen allerdings bei etwa gleicher Auflösung des Strömungsgebiets deutlich mehr Speicher, außerdem ist der Rechenaufwand auf ihnen im Allgemeinen merklich höher.

Blockstrukturierte Gitter haben in einzelnen Bereichen (Blöcken) für sich genommen ein strukturiertes Teilgitter. Insgesamt weist das Gitter jedoch keine strukturierte Topologie auf. **Hybride Gitter** bestehen sowohl aus Bereichen, die für sich genommen strukturiert vernetzt sind, als auch aus Bereichen, die ein unstrukturiertes Teilgitter besitzen.

Als **Gittergenerierung** wird der Prozess bezeichnet, bei denen das Rechengitter für das gegebene Strömungsgebiet erzeugt wird. Bei der Triangulation wird ein Gitter aus Dreiecks- bzw. Tetraederelementen generiert, die Erzeugung eines Gitters aus Vierecks- bzw. Quaderelementen wird als Paving bezeichnet. In adaptiv generierten Gittern werden die KV in bestimmten Bereichen nach vorgegebenen Kriterien an die erwartete oder aus einer vorläufigen CFD-Simulation bekannte Strömungsstruktur angepasst.

2.2   Gittertopologien

Strukturierte Gitter   In Abb. 2.1 ist skizziert, wie die Topologie eines strukturierten Gitters durch eine Indizierung aus dem physikalischen Raum, hier mit den Koordinaten x, y, in eine Matrix (m, n) übertragen wird. Im Gitter müssen also m durchgängige Zeilen und n durchgängige Spalten vorhanden sein. Die Nachbarschaftsbeziehungen zwischen allen Zellen des strukturierten Gitters sind damit eindeutig definiert.

Abb. 2.1 Strukturiertes Gitter, Indizierung $i = 1, \ldots, m$, $j = 1, \ldots, n$

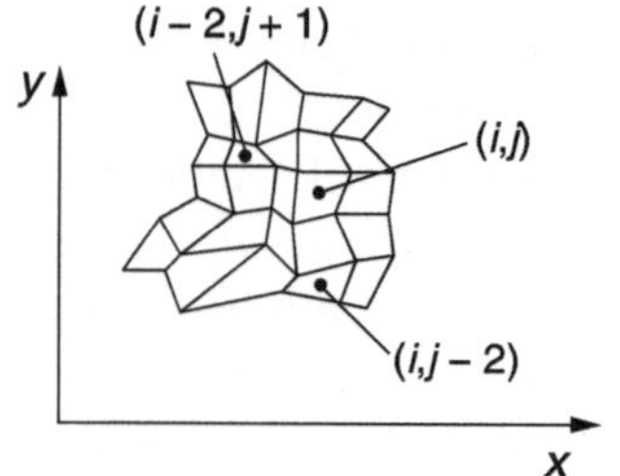

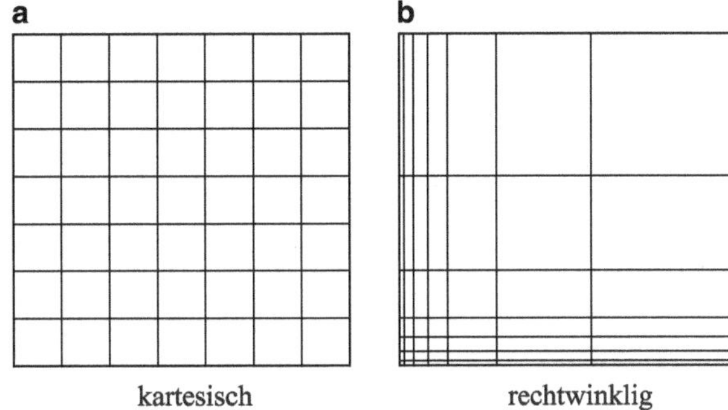

Abb. 2.2 Gittertopologien bei kartesischen bzw. rechtwinkligen Gittern

In Abb. 2.2 sind die Topologien für sehr einfache strukturierte Gitter, ein kartesisches und ein rechtwinkliges Gitter skizziert. Die Abstände der Gitterlinien im rechtwinkligen Gitter können dabei durch Verteilungsfunktionen vorgegeben werden, um bestimmte Bereiche im Strömungsgebiet feiner und andere Bereiche entsprechend gröber aufzulösen.

Kartesische und rechtwinklige Gitter können allerdings nur genutzt werden, wenn das zu diskretisierende Strömungsgebiet eine sehr einfache Geometrie mit geraden Konturen besitzt. Komplexere Geometrien mit gekrümmten Konturen lassen sich nur noch schlecht mit kartesischen oder rechtwinkligen Gittern vernetzen, da die Krümmung durch ein gestuft angeordnetes Gitter approximiert werden muss.

Dann sind körperangepasste, strukturierte Gitter besser geeignet, bei denen die KV die Kontur des Strömungsgebietes nachempfinden. Es werden drei typische Topologien unterschieden: das O-Gitter, das C-Gitter und das H-Gitter, Abb. 2.3. Die drei Typen unterscheiden sich insbesondere durch den Verlauf von Linienzügen, die durch die Aneinanderreihung der einzelnen KV entstehen. Beim O-Gitter werden durch die KV insgesamt geschlossene Linienzüge gebildet, zu denen auch der äußere und der innere Rand zählt. Beim C-Gitter sind Gitterlinien als halb-offene Linienzüge angeordnet, die auf einem äußeren Rand des Gitters enden, beim H-Gitter sind schließlich nur offene Linienzüge im Gitter vorhanden.

Entsprechend ihrer Topologie werden mit O-Gittern hauptsächlich die Umströmungen von stumpfen Körpern, beispielsweise querangeströmten Zylindern, vernetzt, während C-Gitter zur Berechnung von Strömungen um halbschlanke Körper, wie zum Beispiel Tragflächenprofilen, eingesetzt werden. Mit H-Gittern lassen sich dagegen Rechengitter in durchströmten Bauteilen, etwa in einer Düse, erzeugen.

Körperangepasste Gitter sind gut zur Vernetzung von Strömungsgebieten mit geringer geometrischer Komplexität geeignet. Falls die zu vernetzenden Strömungsgebiete eine zu hohe geometrische Komplexität aufweisen, lassen sich strukturierte Gitter nur noch mit einem vergleichsweise großen Aufwand erstellen. Deswegen werden in diesen Fällen entweder unstrukturierte Gitter oder Mischformen genutzt.

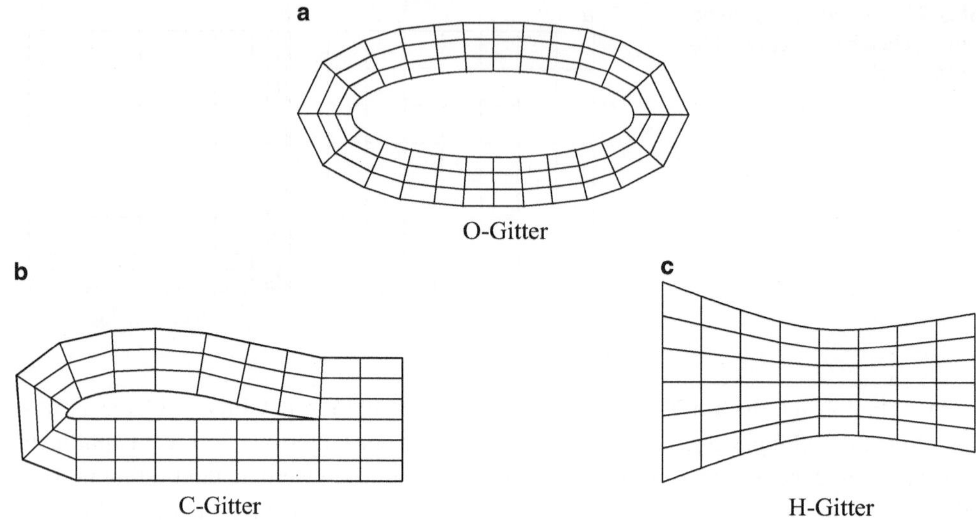

Abb. 2.3 Gittertopologien bei körperangepassten strukturierten Gittern

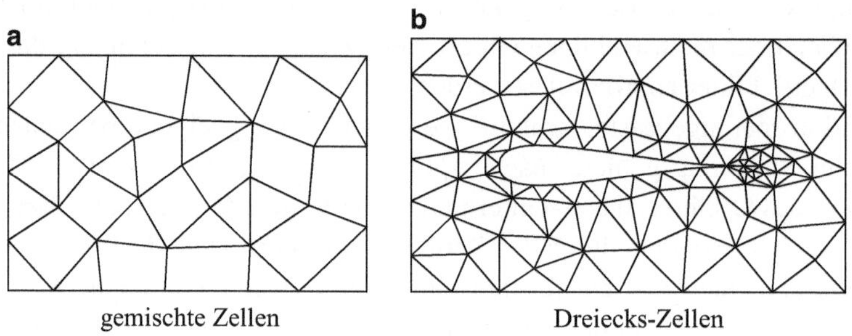

Abb. 2.4 Unstrukturierte Gitter

Unstrukturierte Gitter Bei den unstrukturierten Gittern können die Nachbarschafts-beziehungen für jedes KV unterschiedlich sein. In Abb. 2.4 sind zwei Beispiele für unstrukturierte Gitter dargestellt. Die Verwendung von gemischten Zellen, im Beispiel Dreiecks- und Vierecks-Zellen, ermöglicht eine sehr flexible Gitterstruktur, Abb. 2.4a. Auf diese Weise lassen sich Gitter generieren, die sich einfach an komplexe Geometrien anpassen lassen. In Abb. 2.4b ist das Dreiecks-Gitter um ein tropfenähnliches Profil in einem rechteckigen Kanal dargestellt. Der Übergang von der Außenkontur des Profils zur Innenkontur des Kanals kann durch das Gitter sehr einfach erfasst werden.

Gemischte Gitter Es werden auch Mischformen aus den drei körperangepassten struk-turierten und den unstrukturierten Gittern eingesetzt, um die Vorteile der jeweiligen To-pologie zu nutzen und Nachteile zu vermeiden. Zu den Mischformen zählen die oben

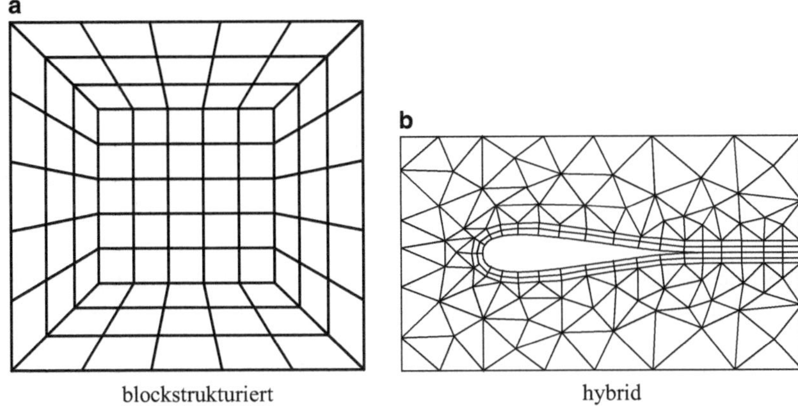

Abb. 2.5 Gemischte Gitter

erklärten blockstrukturierten und die hybriden Gitter. In Abb. 2.5 wird jeweils ein Beispiel gegeben. Das blockstrukturierte Gitter, Abb. 2.5a wird häufig für die Vernetzung von Kanalquerschnitten eingesetzt. Durch das umgebende O-Gitter kann dabei das Profil der Grenzschichtströmung an der Kanalwand erfasst werden, das H-Gitter in der Kanalmitte lässt sich entsprechend an das Profil der Kernströmung anpassen.

Ein ähnliches Ziel wird im zweiten Beispiel, Abb. 2.5b, verfolgt. Das hybride Gitter vernetzt die schon in Abb. 2.4b vorgestellte Geometrie. Durch das strukturierte C-Gitter kann das Geschwindigkeitsprofil der Grenzschichtströmung besser als mit dem reinen Dreiecksgitter aufgelöst werden, während der Übergang zu den Kanalwänden wieder durch ein unstrukturiertes Teilgitter erfasst wird.

2.3 Gittergenerierung

Vom Konzept zum Rechengitter Die Gittergenerierung umfasst üblicherweise folgende Teilschritte:

▶ **Definition der Geometrie des Strömungsgebietes** Ausgehend vom realen Problem wird zuerst das begrenzte Gebiet festgelegt, in dem die Strömung untersucht werden soll. Das Gebiet wird durch eine geschlossene Oberfläche von der Umgebung getrennt, die folgende Typen von Teilflächen enthalten kann:

- feste Wände, zum Beispiel den Konturen angrenzender Festkörper,
- Randflächen, die parallel zu Stromlinien verlaufen,
- Randflächen, durch die das Fluid ins Untersuchungsgebiet einströmt,

- Randflächen, durch die das Fluid aus dem Untersuchungsgebiet hinausströmt und
- Randflächen, an denen die Strömung bestimmte Symmetrien besitzt.

Diese Auflistung gibt die wichtigsten Arten von Randflächen an. Bei der Festlegung der Oberfläche des Strömungsgebiets sollte vermieden werden, dass Ränder durch wichtige Strukturen der Strömung, etwa Rezirkulationsgebiete, hindurchlaufen.

▶ **Modellierung und Zerteilung des Strömungsgebiets** Nach der konzeptionellen Festlegung des Strömungsgebiets erfolgt die Geometriemodellierung mit dem Präprozessor. Moderne Programme bieten hierfür verschiedene Möglichkeiten: Entweder wird die Geometrie ähnlich wie in einem CAD-Programm modelliert, oder es werden Geometrieinformationen aus anderen Programmen oder Informationsquellen übernommen. In den meisten Präprozessoren sind Schnittstellen für den Import von Daten aus gängigen CAD-Programmen vorhanden, oft wird auch die Option angeboten, dass geometrische Informationen über die Oberfläche einer dreidimensionalen Geometrie direkt übernommen werden können (der Austausch dieser Informationen kann beispielsweise durch das STL-Format erfolgen).

Wenn die Geometrie des Strömungsgebiets im Computer modelliert ist, kann das Rechengitter für das Strömungsgebiet aufgebaut werden. Je nach Komplexität des Strömungsgebiets wird dazu einer der in Abschn. 2.2 beschriebenen topologischen Ansätze genutzt. Ein mindestens blockstrukturiertes Gitter sollte verwendet werden, wenn bestimmte Vorstellungen über den lokalen Aufbau des Gitters umgesetzt werden sollen. Alternativ kann das Strömungsgebiet mit einem unstrukturierten Gitter vernetzt werden, wenn das Gitter nur bestimmte globale Kriterien, etwa ein bestimmtes maximales Zellvolumen, erfüllen soll.

▶ **Festlegung von Randbedingungen** Im letzten Schritt werden für die Teilflächen der Oberfläche des Strömungsgebiets Randbedingungen vorgegeben, die dem Charakter des jeweiligen Typs einer Teilfläche entsprechen.

Gebietsdefinition Für die Abgrenzung des Strömungsgebiets von seiner Umgebung sollten Ränder genutzt werden, auf denen Informationen über die Strömungsgrößen $\underline{u}$, p, usw. bekannt sind. In Abb. 2.6 ist das Vorgehen für die Durchströmung und für die Umströmung eines Körpers skizziert.

Bei der Durchströmung eines Körpers können folgende Ränder zur Abgrenzung gegenüber der Umgebung genutzt werden:

- Die Innenkontur des Körpers, die für das Fluid eine undurchlässige, feste Wand bildet, sowie

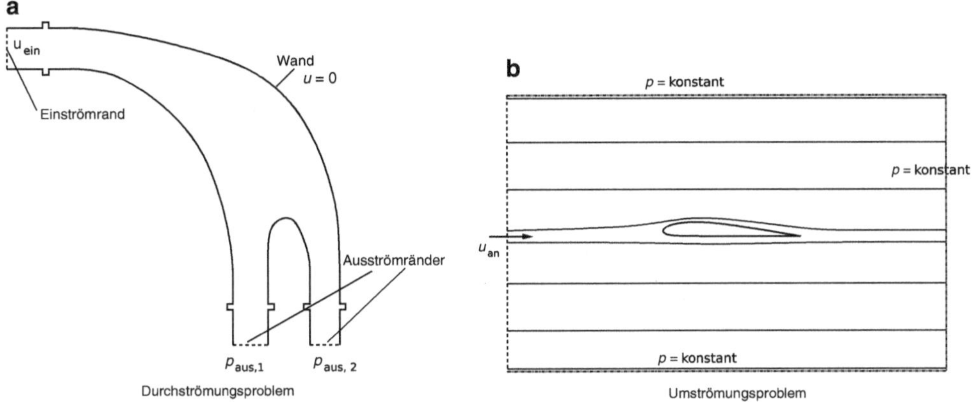

Abb. 2.6 Gebietsdefinition durch Strömungsraumbegrenzung

- die durchströmten Querschnittsflächen, durch die das Fluid in den betrachteten Körper ein- bzw. ausströmt, als Ein- bzw. Ausströmränder.

Als Beispiel wird in Abb. 2.6a die Gebietsfestlegung für die Durchströmung eines Krümmers mit anschließendem Hosenstück skizziert. Geeignete Ränder des Strömungsgebiets sind die Innenkontur beider Bauteile (feste Wand), ein Rohrquerschnitt stromauf des Flanschs vom Krümmer als Einströmrand und die beiden Rohrquerschnitte stromab der Flansche des Hosenstücks als Ausströmränder. Die Haftbedingung für das Fluid an den festen Wänden, ein bekannter Volumenstrom bzw. ein bekannter Druckabfall durch das Bauteil sind Informationen, aus denen später entsprechende Randbedingungen für die CFD-Simulation abgeleitet werden können.

Bei der Umströmung eines Körpers können folgende Ränder zur Abgrenzung genutzt werden:

- Die Außenkontur des umströmten Körpers,
- Flächen, die normal zu den Stromlinien der ungestörten An- sowie der ausgebildeten Nachlaufströmung liegen und
- Flächen, die parallel zu den Stromlinien der ungestörten Außenströmung verlaufen.

Das Beispiel in Abb. 2.6b zeigt die Umströmung einer Tragfläche. Die erwartete Struktur der Strömung wird dabei durch Stromlinien verdeutlicht. Das Strömungsgebiet wird deshalb durch die in der Abbildung gezeigten Flächen parallel bzw. normal zu den Stromlinien von der Umgebung abgegrenzt. Auf den Flächen parallel zu den Stromlinien (ungestörte Außenströmung) und der Fläche stromab des Profils (ausgebildeter Nachlauf) sollte ein konstanter Druck herrschen, auf der Fläche stromauf des Profils kann später die Anströmgeschwindigkeit als Randbedingung vorgegeben werden.

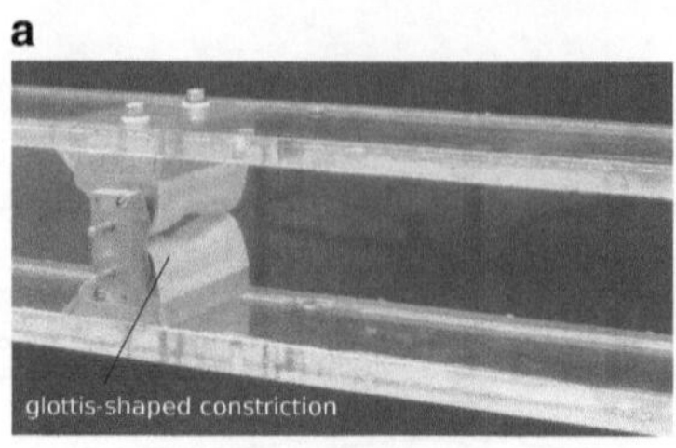

Experimenteller Aufbau

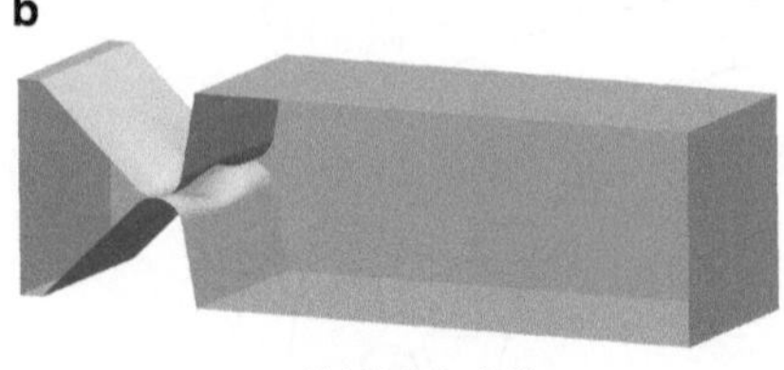

CAD-Modell

Abb. 2.7 Strömungskanal mit komplexer Blende

Modellierung und Zerteilung des Strömungsgebiets Das weitere Vorgehen bei der Gittergenerierung wird hier an einem Beispiel verdeutlicht. Für die CFD-Simulation der Strömung in einem Kanal mit einer komplexen Einschnürung soll ein Gitter generiert werden. Abbildung 2.7a zeigt das Strömungsgebiet im physikalischen Original, einem Wasserkanal mit einer komplex geformten Blende. Die Strömung geht dabei von links nach rechts durch die Blende hindurch. Stromauf der Blende wird eine ungestörte, laminare Anströmung erwartet, in der Blende selbst erfolgt eine starke Beschleunigung mit anschließender Ablösung der Strömung. Schließlich bildet sich stromab der Blende ein Freistrahl aus, der kurz hinter der Blende einen in etwa elliptischen Querschnitt besitzt. Der Freistrahl wird dann aufgrund intensiver Wechselwirkungen mit dem umgebenden Wasser rasch abgebremst und verliert dadurch schnell sein ursprüngliches Aussehen. Diese Wechselwirkungsprozesse sollen mit dem CFD-Modell im Detail untersucht werden.

Es handelt sich also um eine Durchströmung eines Körpers. Die Blendenkontur und die Kanalwände bilden einen Großteil der Begrenzung des Strömungsgebiets. Außerdem müssen an geeigneter Stelle ein Einström- und ein Ausströmrand gesetzt werden. Diese sind so zu legen, dass sie die zu untersuchenden Strömungsphänomene nicht beeinflussen. Da die räumliche Struktur der Strömung stromauf der Blende näherungsweise konstant ist, kann der Einströmrand unmittelbar vor die Blende gelegt werden. Stromab der Blende sind die relevanten Wechselwirkungsprozesse aufzulösen. Diese finden bei der zu untersuchenden Strömung typischerweise im Nahbereich stromab der Düse statt. Deswegen wird der Ausströmrand in einem Abstand von etwa dem zweieinhalbfachen des Kanaldurchmessers gelegt. Das so festgelegte und modellierte Strömungsgebiet ist in Abb. 2.7b dargestellt.

Im nächsten Schritt wird die Geometrie in den Präprozessor übernommen und für die Vernetzung vorbereitet. In Abb. 2.8 wird gezeigt, wie das Ergebnis im Präprozessor ANSYS ICEM CFD aussieht. Das Gitter soll dabei möglichst homogene Kontrollvolumina besitzen, die nur in der Nähe der Blende verfeinert werden.

Um dieses Ziel zu erreichen, wird das Strömungsgebiet durch ein blockstrukturiertes Gitter vernetzt. Abbildung 2.9 zeigt als Beispiel die Blockstruktur des Gitters in der Nähe der Blende. Es ist gut zu erkennen, dass innerhalb der Blende ein körperangepasstes Git-

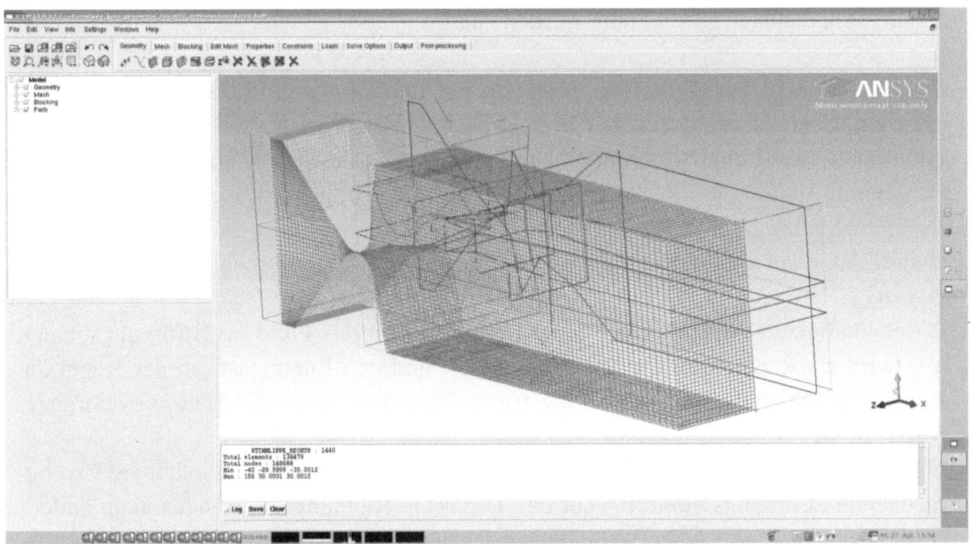

Abb. 2.8 Modellierung der Kanalgeometrie mit ANSYS ICEM CFD

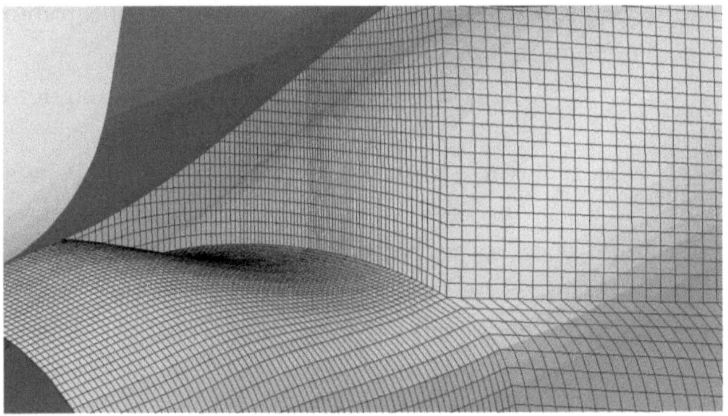

Abb. 2.9 Blockstrukturiertes Gitter in der Nähe der komplexen Blende

ter erzeugt wurde. Stromab der Blende besitzen die einzelnen Gitterblöcke eine in etwa
kartesische Topologie, da die zu erwartenden Prozesse keine Vorzugsrichtung aufweisen
und somit alle Koordinatenrichtungen gleichmäßig aufzulösen sind.

Randbedingungen Auf den Rändern des Strömungsgebiets sind später Randbedingungen für die zu berechnenden Strömungsgrößen ϕ vorzugeben. Bei vielen Präprozessoren
ist es möglich, bereits bei der Gittergenerierung entsprechende Typen für die Ränder des
Rechengitters vorzugeben, um dann später entsprechende Randbedingungen einzusetzen.

Randtypen, die häufig verwendet werden, sind:

- Druck-Auslass: Über diese Ränder strömt das Fluid aus dem Strömungsgebiet, hier wird als Randbedingung für den Impuls- und den Energiesatz der Druck $p = p_{out}$ und üblicherweise die Ausströmtemperatur $T = T_{out}$ des Fluids vorgegeben. Bei der Berechnung inkompressibler Strömungen wird p_{out} üblicherweise relativ zu einem Referenzdruck p_{Ref} angegeben. Alle berechneten Druckwerte im Strömungsgebiet beziehen sich dann ebenfalls auf p_{Ref}. Die absoluten Drücke ergeben sich durch $p_{abs} = p + p_{Ref}$.
- Geschwindigkeits-Einlass: Über diese Ränder strömt das Fluid ins Strömungsgebiet, hier wird als Randbedingung für den Impuls- und den Energiesatz in der Regel die Einströmgeschwindigkeit und -temperatur $\underline{u} = \underline{u}_{in}$ bzw. $T = T_{in}$ des Fluids vorgegeben.
- Nullgradienten-Bedingung: Auf dem Rand wird vorausgesetzt, dass sich jede zu berechnende Strömungsgröße (bis auf den Druck) in Richtung des Randes nicht ändert, so dass der Gradient jeder Strömungsgröße in diese Richtung verschwinden muss, $\nabla_n \phi = 0$.
- Periodischer Rand: Auf periodischen Rändern wird erwartet, dass sich die Strömungsstruktur im Raum periodisch wiederholt, so dass die gesuchten Strömungsgrößen entsprechend $\phi = \phi_{cyc}$ übernommen werden können.
- Symmetrie: Auf diesen Rändern können Symmetrieeigenschaften der Strömung ausgenutzt werden.
- Wand: Auf diesen Rändern wird später im numerischen Modell beispielsweise die Haftbedingung $\underline{u}_W = 0$ für die Geschwindigkeit des Fluids an der Wand als Randbedingung für den Impulssatz vorgegeben, wenn die Strömung eines viskosen Fluids berechnet werden soll. Bei thermischen Strömungen sind hier außerdem geeignete Randbedingungen für den Energiesatz, also beispielsweise die Wandtemperatur T_W, vorzugeben.

Neben den hier vorgestellten Typen bieten viele CFD-Programme weitere, teilweise sehr problemspezifische Randtypen an. Genauere Informationen werden in der Regel in der Dokumentation der Software gegeben. Außerdem muss beachtet werden, dass der Umfang der auf den Rändern vorzugebenden Informationen vom speziellen CFD-Modell und von den genutzten numerischen Verfahren abhängt.

2.4   Präprozessoren

Das Vorgehen bei der Gittergenerierung wird im nächsten Abschnitt in mehreren Praktika mit den Präprozessoren ANSYS ICEM CFD und `blockMesh` geübt. Die mit ANSYS ICEM CFD generierten Rechengitter werden später in CFD-Simulationen mit ANSYS

FLUENT, die Rechengitter aus `blockMesh` in CFD-Simulationen mit OpenFOAM verwendet.

Gitter werden mit ANSYS ICEM CFD folgendermaßen generiert:

1. Zuerst wird die zu vernetzende Geometrie definiert. Das Strömungsgebiet kann mit Hilfe der CAD-Funktionen von ANSYS ICEM CFD entworfen werden. Alternativ ist der Import der Geometriedaten aus externen Quellen möglich.
2. Anschließend wird die Gittertopologie festgelegt und ggf. an die Geometrie des Strömungsgebiets angepasst.
3. Im nächsten Schritt werden die notwendigen Gitterparameter, beispielsweise die Zellteilungen an einzelnen Kanten des Gitters, festgelegt.
4. Danach wird ein vorläufiges Rechengitter, in ANSYS ICEM CFD als Pre-Mesh bezeichnet, für das Strömungsgebiet erzeugt. Die Qualität des vorläufigen Gitters sollte überprüft werden. Falls das vorläufige Gitter nicht die erwarteten oder benötigten Gütekriterien erfüllt, können die Gitterparameter geändert und ein neues Pre-Mesh erzeugt werden.
5. Schließlich wird das vorläufige in das endgültige Gitter umgewandelt, das dann in das adäquate Format für ANSYS FLUENT (die msh-Datei) exportiert wird.

Die Gittergenerierung mit `blockMesh` umfasst folgende Schritte:

1. Im OpenFOAM-Unterverzeichnis `constant/polyMesh` wird die Datei `blockMeshDict` angelegt. Die Datei enthält geometrische Informationen über das Rechengitter, vor allem über seine Blockstruktur. Für jeden Block (Bezeichnung `block`) sind seine Eckpunkte (`vertices`) anzugeben, außerdem müssen die Seitenflächen der Blöcke spezifiziert werden, die die Ränder (`patches`) des Strömungsgebiets bilden. Gegebenenfalls sind auch die Kanten des Blocks zu beschreiben. Für jeden Block wird außerdem die Teilung der einzelnen Kanten durch die Gitterzellen spezifiziert. Weitere Angaben sind möglich, beispielweise eine Skalierung (`convertToMeters`) oder eine ungleichförmige Kantenteilung (`edgeGrading`).
2. Sind alle notwendigen Informationen spezifiziert, kann der Präprozessor durch den Aufruf von `blockMesh` im Fallordner aktiviert werden.
3. Die Qualität des Rechengitters kann mit Hilfe weiterer OpenFOAM-Tools, zum Beispiel `checkMesh`, überprüft werden. Falls das Gitter nicht die erwarteten oder benötigten Gütekriterien erfüllt, können die einzelnen Gitterparameter in der Datei `blockMeshDict` geändert und ein Gitter durch einen erneuten Aufruf von `blockMesh` erzeugt werden. Gibt es keine Fehlermeldungen oder Warnungen, die eine Überarbeitung von `blockMeshDict` erforderlich machen, ist die Gittergenerierung abgeschlossen.

2.5 Praktikum: Ebenes, quadratisches Strömungsgebiet

2.5.1 Problembeschreibung

Generieren Sie das Rechengitter für ein ebenes, quadratisches Strömungsgebiet, Abb. 2.10, mit Kantenlängen von jeweils 1. Die Skalierung auf die physikalischen Längen erfolgt später. Es sollen drei unterschiedliche Gitter mit quadratischen Kontrollvolumen und einer Kantenteilung $\Delta n_x = \Delta n_y = 50, 100, 200$ generiert werden. Die Geometrie des Strömungsgebiets, die Bezeichnung der Geometrieränder und die regelmäßige Struktur des Rechengitters sind in Abb. 2.10a zu sehen, außerdem finden sich in Abb. 2.10b die Nummerierungen der Eckknoten des Rechengebiets.

Anmerkung: Für zweidimensionale CFD-Simulationen mit ANSYS FLUENT muss nur die quadratische Fläche 0123 vernetzt werden. Für CFD-Simulationen mit Open-FOAM werden dagegen immer dreidimensionale Gitterstrukturen benötigt, also muss der Kubus 01234567 vernetzt werden. Für zweidimensionale Rechnungen ist die dritte Raumrichtung (z-Komponente) allerdings physikalisch ohne Bedeutung, sie wird nur aus numerischen Gründen benötigt.

Die Rechengitter für ein ebenes, quadratisches Strömungsgebiet werden später in den beiden CFD-Praktika Konvektion und Nischenströmung genutzt.

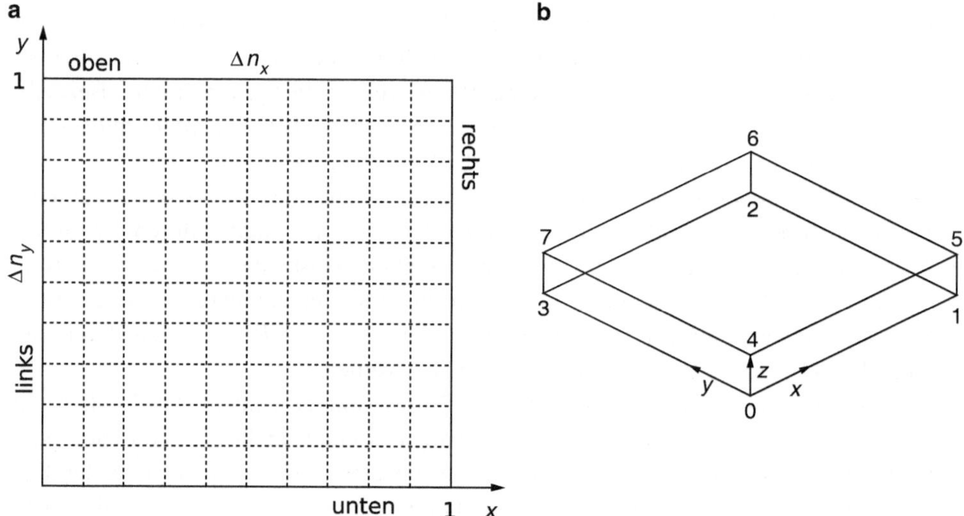

Abb. 2.10 Ebenes, quadratisches Strömungsgebiet

2.5.2   Gittergenerierung mit ANSYS ICEM CFD

Die Aufgabe wird mit ANSYS ICEM CFD in folgenden Teilschritten bearbeitet:

1. Öffnen Sie ein neues Projekt mit dem Namen `QuadFlowDom`.
2. Wählen Sie das Menü `Geometry > Create Point > Explicit Coordinates` und setzen Sie wie in Abb. 2.10b die vier Punkte 0 bis 3, zum Beispiel Punkt 0 mit den Einträgen `X 0`, `Y 0` und `Z 0` oder Punkt 2 mit `X 1`, `Y 1` und `Z 0`. Die Skalierung der Geometrie erfolgt später in ANSYS FLUENT (Abb. 2.11a).
3. Wählen Sie anschließend das Menü `Geometry > Create/Modify Curve > From Points` und definieren Sie die vier Linienzüge 01, 12, 23 und 30 (Abb. 2.11b).
4. Wählen Sie das Menü `Geometry > Create Body > Material Point > Centroid of 2 points` und erzeugen Sie das Volumen des Strömungsgebiets, den sogenannten Body, über die Auswahl der Punkte 0 und 2 (Abb. 2.11c).
5. Teilen Sie den gesamten Rand in vier einzelne Ränder (links, unten, rechts, oben), indem Sie im Menü `Parts > Create Part` die einzelnen Seiten des Strömungsgebiets anwählen und jeweils als Part definieren. Part `GEOM` wird anschließend gelöscht (Abb. 2.12a).
6. Wechseln Sie ins Menü `Blocking > Create Block`, wählen Sie bei `Type 2D Planar` und bestätigen Sie die Auswahl mit `Apply` (Abb. 2.12b).
7. Wechseln Sie in das Menü `Blocking > Associate > Associate Edge to Curve` und ordnen Sie die Blockseiten (`Edges`) den entsprechenden Geometrierändern (`Curves`) zu. Hinweis: Die jeweiligen Edges und Curves liegen übereinander (Abb. 2.12c).
8. Wechseln Sie ins Menü `Mesh > Curve Mesh Setup`, wählen Sie die Kurven links und unten. Geben Sie dort `Maximum Size 0.02` als Gitterparameter vor (dies entspricht der Kantenteilung $\Delta n_x = \Delta n_y = 50$), die anderen Parameter müssen nicht geändert werden (Abb. 2.13a).
9. Im nächsten Schritt generieren Sie das vorläufige Gitter, indem Sie die Option `Pre-Mesh` (Auswahl mit linker Maustaste) anwählen. Bestätigen Sie Ihre Wahl (Abb. 2.13b).
10. Da keine weiteren Änderungen notwendig sind, können Sie das Gitter jetzt zum Export vorbereiten. Wählen Sie dazu die Option `Pre-Mesh > Convert to Unstruct mesh` (Auswahl mit rechter Maustaste) (Abb. 2.14a).
11. Um das Gitter im FLUENT-Format (.msh) zu exportieren, wählen Sie im Menü `Output > Select Solver > Output Solver` die Option `Fluent_V6` (Abb. 2.14b).

Abb. 2.11 Ebenes, quadratisches Strömungsgebiet: Modellierung der Geometrie in ANSYS ICEM CFD

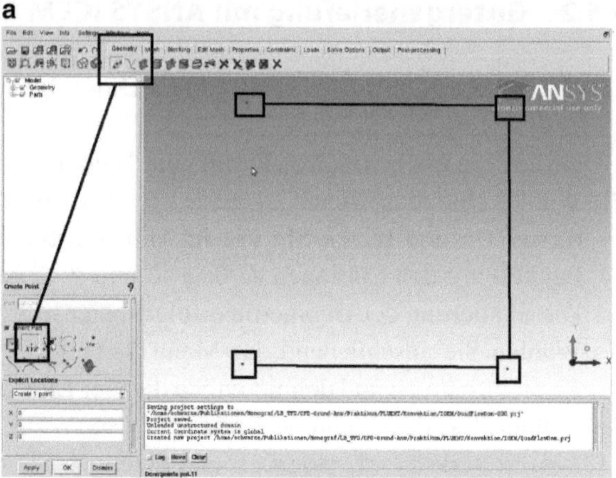

Punkte

Kurven

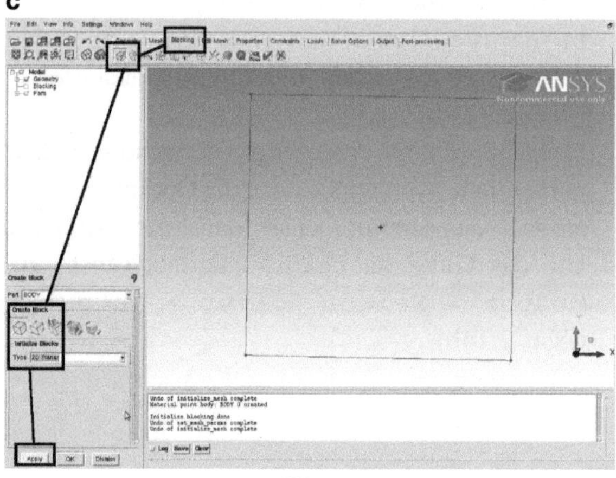

Körper

Abb. 2.12 Ebenes, quadratisches Strömungsgebiet in ANSYS ICEM CFD: Ränder und Block des Gitters

a

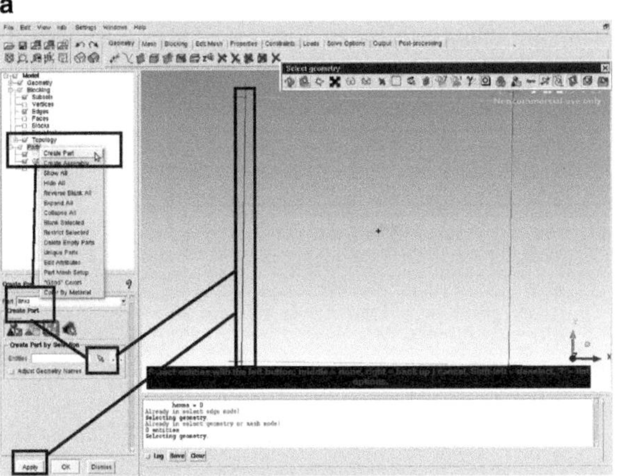

Festlegung der Ränder

b

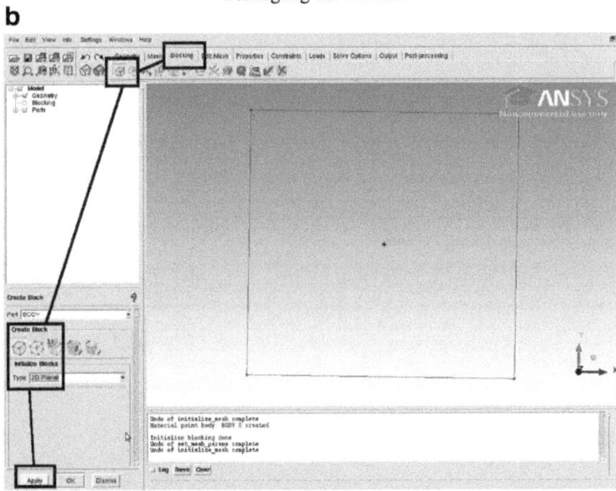

Blockdefinition

c

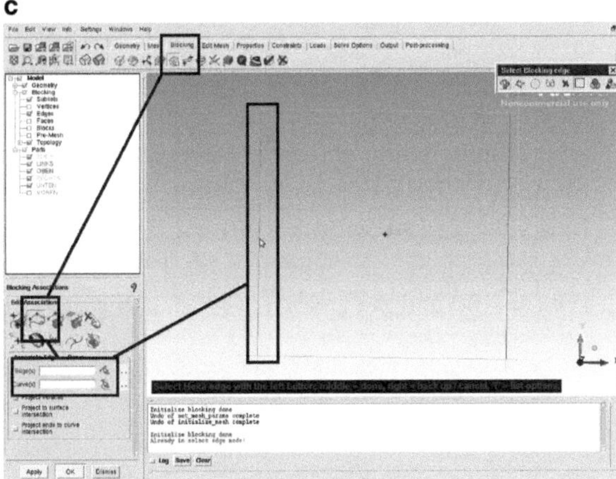

Geometriezuordnung

Abb. 2.13 Ebenes, quadratisches Strömungsgebiet in ANSYS ICEM CFD: vorläufige Vernetzung

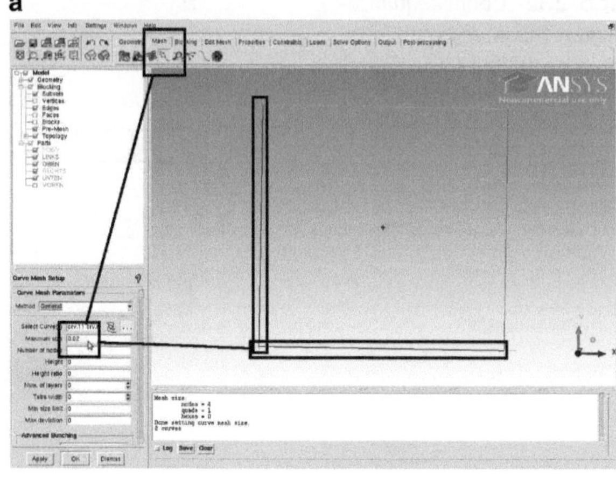

Kantenteilung

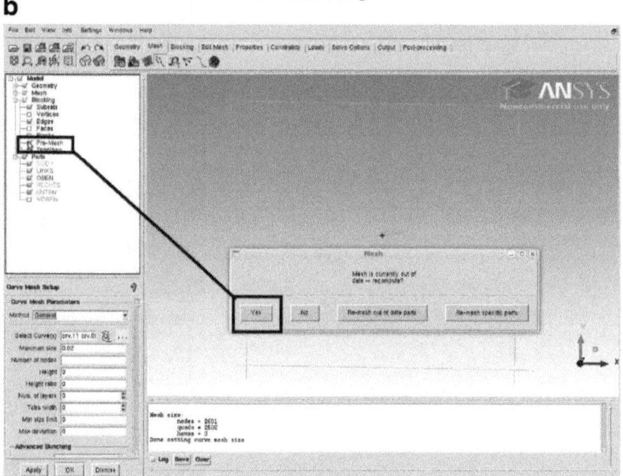

Vernetzung

12. Jetzt können Sie das Gitter mit der Kantenteilung $\Delta n_x = \Delta n_y = 50$ exportieren, indem Sie das Menü `Output > Write input` anwählen. Speichern Sie Ihr Projekt, öffnen Sie die genannte Datei (.uns), anschließend wählen Sie im Dialogfenster für den FLUENT-Export die Option `2D`. Benennen Sie die msh-Datei eindeutig, zum Beispiel `QuadFlowDom-050.msh` (Abb. 2.14c).

13. Wiederholen Sie die Schritte 8 bis 12, um die Gitter für die Kantenteilungen $\Delta n_x = \Delta n_y = 100$ und $\Delta n_x = \Delta n_y = 200$ zu generieren.

Abb. 2.14 Ebenes, quadratisches Strömungsgebiet in ANSYS ICEM CFD: Ausgabe des Gitters

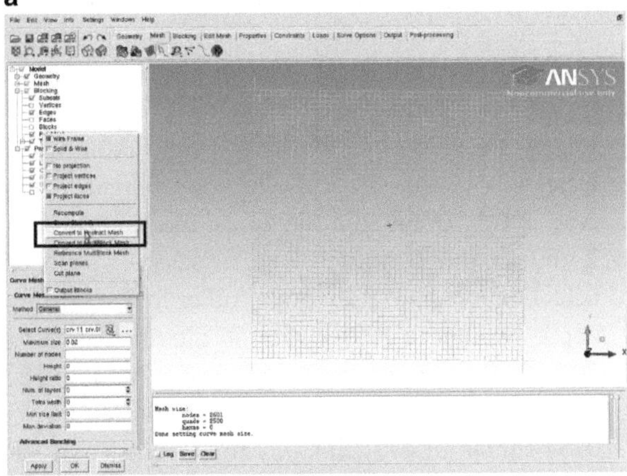

Umwandlung

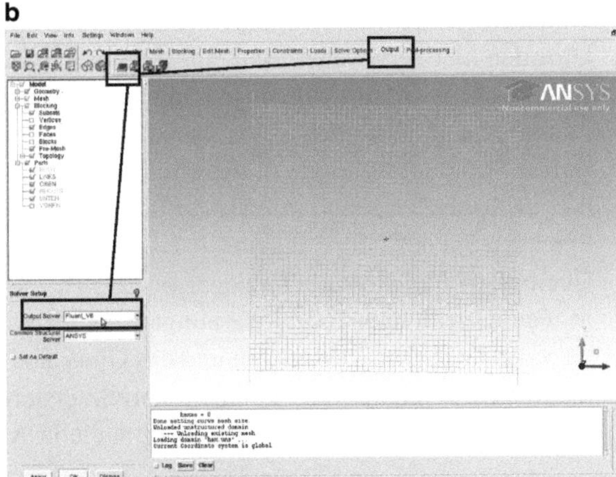

Anpassung an CFD-Software

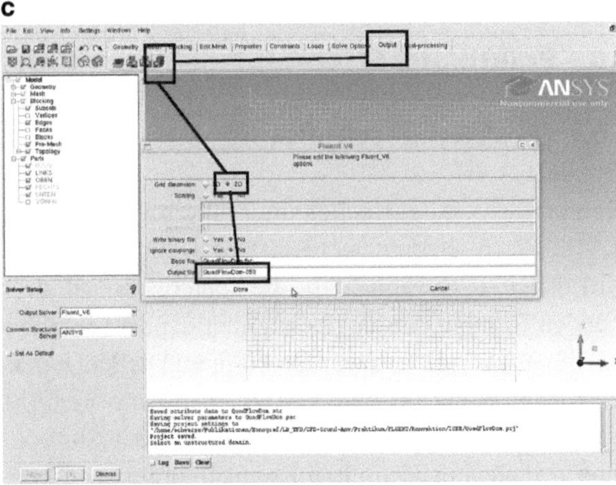

Export

2.5.3 Gittergenerierung mit blockMesh

Die Aufgabe wird mit blockMesh in folgenden Teilschritten bearbeitet:

1. Legen Sie eine OpenFOAM-Case-Struktur wie in Abb. 1.8 an. Tragen Sie in der
   Datei `blockMeshDict` alle notwendigen Angaben ein, berücksichtigen Sie dabei
   Abb. 2.10b. Definieren Sie zuerst die Koordinaten der Eckpunkte (`vertices`) 0 bis
   7 und anschließend den Block (`blocks`) mit einer Hexaeder-Struktur (`hex`), also
   acht Eckpunkten 01234567. Außerdem wird die Kantenteilung des Blocks entlang
   der x-, y- und z-Koordinate, in diesem Fall für die Kantenteilung $\Delta n_x = \Delta n_y =$
   50 (`50 50 1`), eingetragen. Die Skalierung der Blockgeometrie auf die physikalischen Längen 0,1 m erfolgt mit dem Eintrag `convertToMeters`. Die Seitenflächen
   0154 (unten), 0473 (links), 1562 (rechts) und 3267 (oben) des Blocks, die die physikalischen Randflächen des zweidimensionalen Strömungsgebiets sind, werden anschließend jeweils dem allgemeinen Typ eines Strömungsrands (`Patch`) zugeordnet.
   Über den hier vergebenen Namen kann der Patch später identifiziert werden, um ihm
   beispielsweise Randbedingungen zuzuordnen. Die verbleibenden Seitenflächen 0123
   (vorne) und 4567 (hinten), die physikalisch ohne Bedeutung sind, werden einem speziellen Strömungsrandtyp, in diesem Fall `empty`, zugeordnet. Einige der Einträge in
   `blockMeshDict` sind in Abb. 2.15a angegeben.
2. Erzeugen Sie das Gitter, indem Sie blockMesh starten.
3. Überprüfen Sie die Gitter mit `checkMesh`. Die Analyse des Gitters sollte keine Fehlermeldungen oder Warnungen ergeben, sonst müssen Sie die Einträge in
   `blockMeshDict` korrigieren und das Gitter neu erzeugen. Unter den Ausgaben von
   `checkMesh` finden sich bei einem korrekt erstellten Rechengitter mit einer Kantenteilung $\Delta n_x = \Delta n_y = 50$ unter anderem die in Abb. 2.15b angegebenen Einträge.

2.6 Praktikum: Strömungsgebiet mit rückspringender Stufe

2.6.1 Problembeschreibung

Als nächstes soll das Rechengitter für ein Strömungsgebiet mit einer rückspringenden Stufe, Abb. 2.16, erzeugt werden. Die zweidimensionale Geometrie des Strömungsgebiets
wird dabei so gewählt, dass die späteren Resultate einer CFD-Simulation mit entsprechenden Ergebnissen aus bekannten experimentellen und numerischen Untersuchungen
[32, 33, 38] verglichen werden können: Die Höhe der Stufe beträgt $h = 10\,\mathrm{mm}$, die Höhe
des Kanals hinter der Stufe ist $H = 60\,\mathrm{mm} = 6h$. Die Lauflänge im Kanal beträgt bis
zur Stufe $L_1 = 50\,\mathrm{mm} = 5h$ und nach der Stufe $L_2 = 500\,\mathrm{mm} = 50h$. Das Rechengitter soll aus quadratischen Kontrollvolumen aufgebaut sein, als Kantenteilung ist dabei
$\Delta n/h = 20$ einzustellen.

a

```
convertToMeters 0.1;

vertices
(
    (0 0 0)      // Punkt 0
    (1 0 0)      // Punkt 1
    ...
);

blocks
(
    hex (0 1 2 3 4 5 6 7) (50 50 1) simpleGrading (1 1 1) // Block 1
);

boundary
(
    unten                      // Seiteflaeche unten
    {
        type wall;
        faces
        (
            (0 1 5 4)
        );
    }

    ...

    vorneUndHinten             // Seitenflaechen vorne und hinten
    {
        type empty;
        faces
        (
            (0 1 2 3)
            (4 5 6 7)
        );
    }
);
```

Vorbereitung

b

```
Mesh stats
    points:            5202
    internal points:   0
    faces:             10100
    internal faces:    4900
    cells:             2500
    boundary patches:  5
    point zones:       0
    face zones:        0
    cell zones:        0

...

Checking topology...
    Boundary definition OK.
    Point usage OK.
    Upper triangular ordering OK.
    Face vertices OK.
    Number of regions: 1 (OK).

...

Checking geometry...
    Overall domain bounding box (0 0 0) (0.1 0.1 0.01)
    Mesh (non-empty, non-wedge) directions (1 1 0)
    Mesh (non-empty) directions (1 1 0)
    All edges aligned with or perpendicular to non-empty directions.
    Boundary openness (4.51751e-18 5.64689e-18 -4.10529e-16) OK.
    Max cell openness = 1.05879e-16 OK.
    Max aspect ratio = 1 OK.
    Minumum face area = 4e-06. Maximum face area = 2e-05.  Face area magnitudes OK.
    Min volume = 4e-08. Max volume = 4e-08.  Total volume = 0.0001.  Cell volumes OK.
    Mesh non-orthogonality Max: 0 average: 0
    Non-orthogonality check OK.
    Face pyramids OK.
    Max skewness = 6.25e-08 OK.
```

Vernetzung

Abb. 2.15 Ebenes, quadratisches Strömungsgebiet: Gittergenerierung mit `blockMesh`

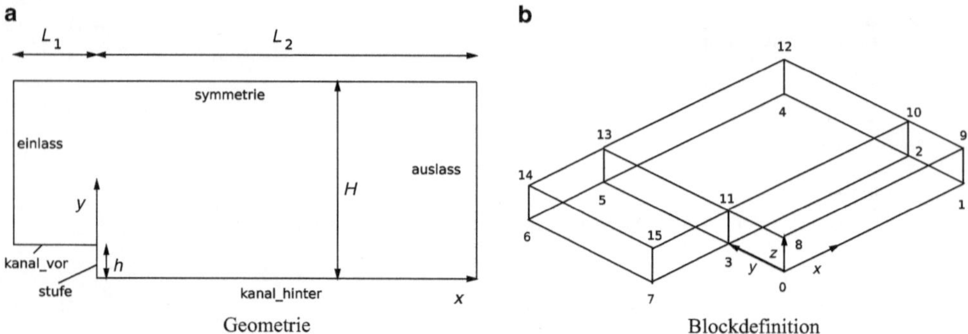

Abb. 2.16 Strömungsgebiet mit einer rückspringenden Stufe

In Abb. 2.16 sind die Geometrie und die Blockdefinitionen für das Rechengitter des Strömungsgebiets angegeben.

2.6.2 Gittergenerierung mit blockMesh

Die Vernetzung mit blockMesh wird in folgenden Teilschritten durchgeführt:

1. Tragen Sie in der Datei `blockMeshDict` alle notwendigen Angaben ein. Definieren Sie entsprechend Abb. 2.16b zuerst die Koordinaten der Eckpunkte 0 bis 15 und anschließend die drei Blöcke 1 bis 3, jeweils mit einer Hexaeder-Struktur. Berücksichtigen Sie die Kantenteilung $\Delta n / h = 20$ in jedem Block. Die Seitenflächen vorne und hinten, die physikalisch ohne Bedeutung sind, werden dem Strömungsrandtyp `empty` zugeordnet. Einige der Einträge in `blockMeshDict`, insbesondere für die Erzeugung und Vernetzung der Blöcke, sind in Abb. 2.17a angegeben.
2. Erzeugen Sie die Gitter, indem Sie `blockMesh` starten.
3. Überprüfen Sie die Gitter mit `checkMesh`. In Abb. 2.17b sind einige Ausgaben von `checkMesh` für ein korrektes Rechengitter entsprechend der Kantenteilung $\Delta n / h = 20$ aufgeführt.

2.6.3 Gittergenerierung mit ANSYS ICEM CFD

Die Aufgabe wird mit ANSYS ICEM CFD in folgenden Teilschritten bearbeitet:

1. Definieren Sie die Punkte und Kurven sowie den Körper entsprechend der in Abb. 2.16 gegebenen Geometrie des Strömungsgebiets (Abb. 2.18a).

a
```
convertToMeters 0.01;

vertices
(
    (0 0 0)      // Punkt 0
    (50 0 0)     // Punkt 1
    ...
);

blocks
(
    hex (0 1 2 3 8 9 10 11) (1000 20 1) simpleGrading (1 1 1)        // Block 1
    hex (3 2 4 5 11 10 12 13) (1000 100 1) simpleGrading (1 1 1)     // Block 2
    hex (7 3 5 6 15 11 13 14) (100 100 1) simpleGrading (1 1 1)      // Block 3
);

boundary
(
    Stufe               // Randflaechen Stufe
    {
        type wall;
        faces
        (
            (7 3 11 15)
            (0 8 11 3)
        );
    }

    ...

    vorneUndHinten      // Randflaechen vorne und hinten
    {
        type empty;
        faces
        (
            (0 1 2 3)
            (3 2 4 5)
            (7 3 5 6)
            (8 9 10 11)
            (11 10 12 13)
            (15 11 13 14)
        );
    }
);
```

Vorbereitung

b
```
Mesh stats
    points:             262442
    internal points:    0
    faces:              521220
    internal faces:     258780
    cells:              130000
    boundary patches:   6
    point zones:        0
    face zones:         0
    cell zones:         0

...

Checking geometry...
    Overall domain bounding box (-0.05 0 0) (0.5 0.06 0.001)
    Mesh (non-empty, non-wedge) directions (1 1 0)
    Mesh (non-empty) directions (1 1 0)
    All edges aligned with or perpendicular to non-empty directions.
    Boundary openness (3.42164e-19 5.50021e-19 8.48488e-17) OK.
    Max cell openness = 1.05879e-16 OK.
    Max aspect ratio = 1 OK.
    Minumum face area = 2.5e-07. Maximum face area = 5e-07.  Face area magnitudes OK.
    Min volume = 2.5e-10. Max volume = 2.5e-10.  Total volume = 3.25e-05.  Cell volumes OK.
    Mesh non-orthogonality Max: 0 average: 0
    Non-orthogonality check OK.
    Face pyramids OK.
    Max skewness = 9.99996e-06 OK.
```

Vernetzung

Abb. 2.17 Strömungsgebiet mit rückspringender Stufe: Gittergenerierung mit `blockMesh`

a

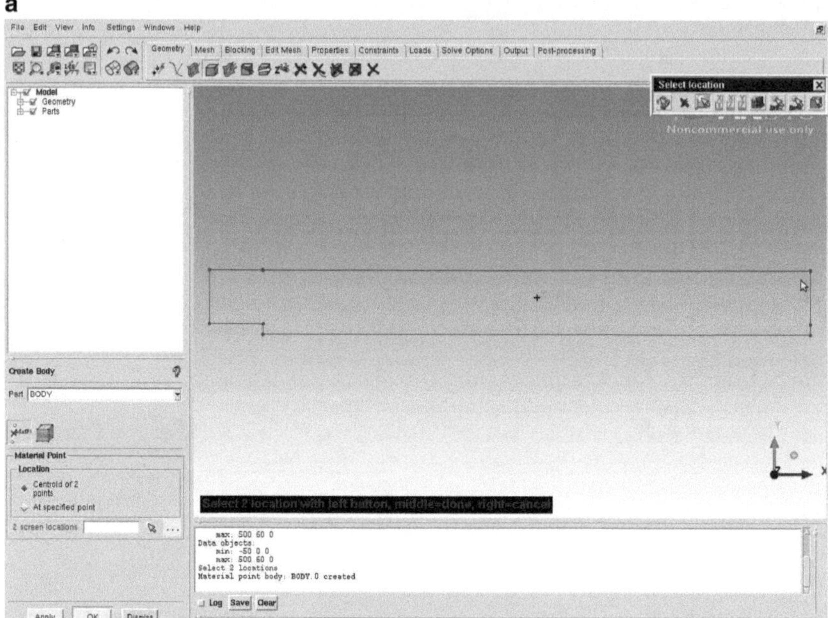

Geometrie

b

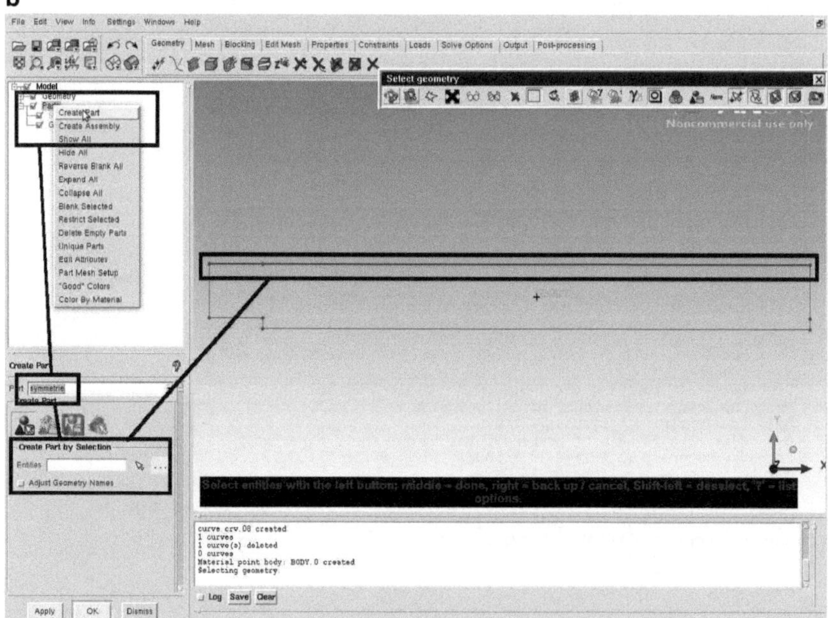

Ränder

Abb. 2.18 Strömungsgebiet mit rückspringender Stufe in ANSYS ICEM CFD: Geometrie und Gitterränder

a

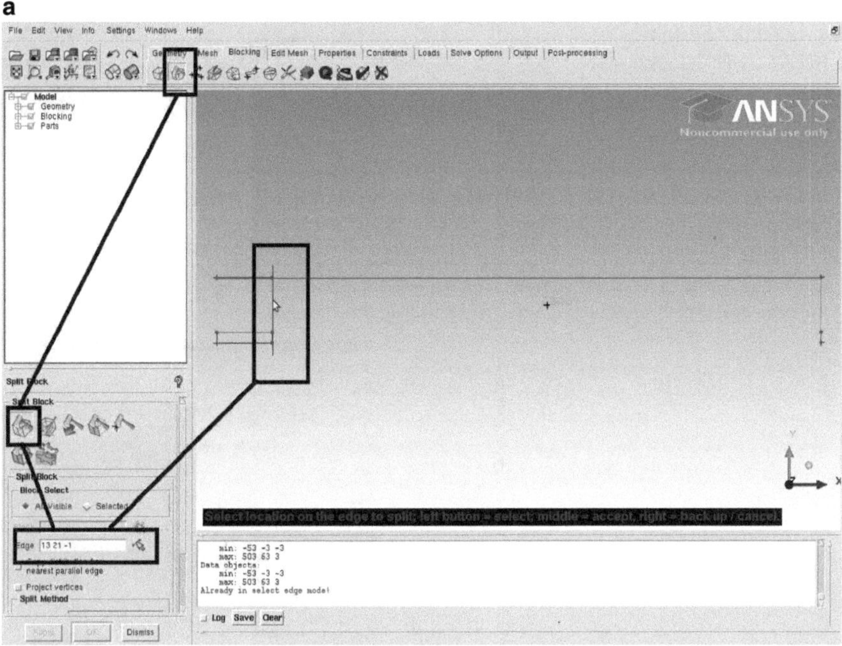

vertikal

b

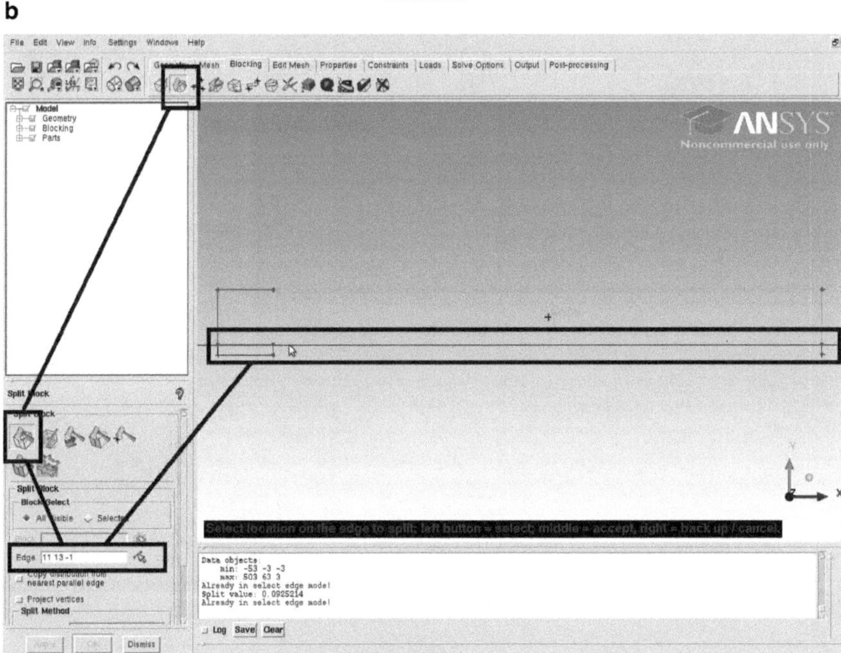

horizontal

Abb. 2.19 Strömungsgebiet mit rückspringender Stufe in ANSYS ICEM CFD: Blockteilung

Abb. 2.20 Strömungsgebiet mit rückspringender Stufe in ANSYS ICEM CFD: Blockbearbeitung

a

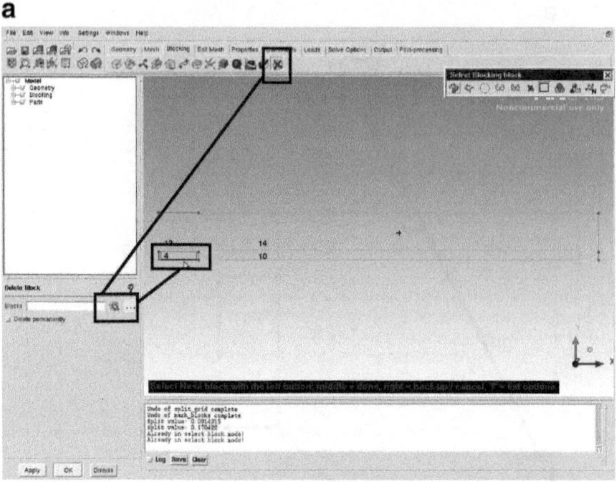

Block löschen

b

Geometriezuordnung

c

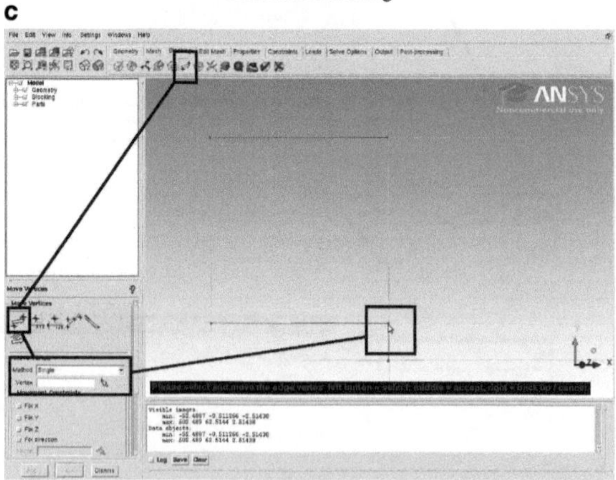

Knotenanpassung

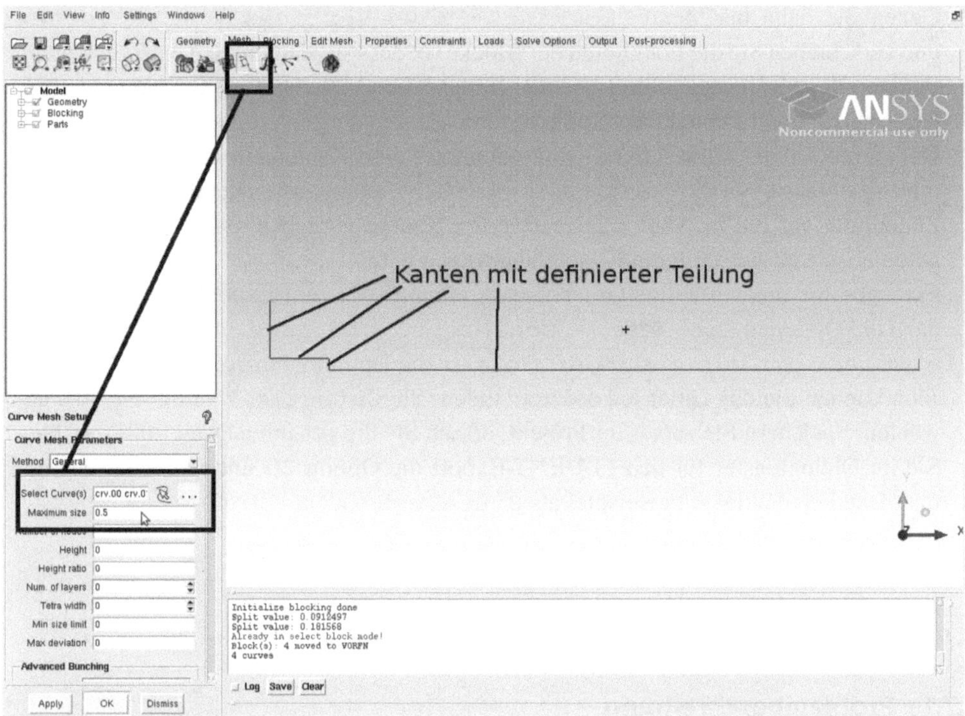

Abb. 2.21 Strömungsgebiet mit rückspringender Stufe in ANSYS ICEM CFD: Kantenteilung

2. Teilen Sie den gesamten Rand in einzelne Ränder, zum Beispiel Einlass (linker Rand), Symmetrie (oberer Rand), Auslass (rechter Rand), Kanal (unterer Rand ohne Stufe) und Stufe. Wählen Sie dazu im Menü `Parts > Create Part` die einzelnen Seiten an und definieren Sie die einzelnen Parts. Part `GEOM` wird anschließend gelöscht (Abb. 2.18b).

3. Erzeugen Sie einen eben, rechteckigen Block (Option `Blocking > Create Block > Initialize Blocks > Type 2D Planar`), der das gesamte Strömungsgebiet umfasst. Dieser wird anschließend in vier Blöcke geteilt, indem Sie auf den Menüpunkt `Blocking > Split Block` gehen und dort die Option `Split Method > Screen Select` nutzen. Wählen Sie eine geeignete waagerechte bzw. eine senkrechte Kante aus, um den Block zu teilen (Abb. 2.19a, 2.19b).

4. Nach der Teilung sollte einer der vier Blöcke in etwa dem nicht benötigten Gebiet unter der Stufe entsprechen. Dieser Block kann gelöscht werden, nutzen Sie dazu den Menüpunkt `Blocking > Delete Block` (Abb. 2.20a).

5. Wählen Sie den Menüpunkt `Blocking > Associate > Associate Edge to Curve` und assoziieren Sie die Außenkanten der drei verbliebenen Blöcke mit den Randkurven des Strömungsgebiets (Abb. 2.20b).

6. Gehen Sie dann ins Menü `Blocking > Move Vertices > Move Vertex` und verschieben Sie die Eckknoten der Blöcke so, dass sie sich mit den entsprechenden Punkten des Strömungsgebiets decken. In der Abb. 2.20c ist die Verschiebung eines Knotens auf den Eckpunkt der Stufe zu sehen.

7. Definieren Sie als notwendigen Gitterparameter eine Kantenteilung mit einer maximalen Zelllänge von 0,5 (`Maximum size 0.5`). Es ist ausreichend, wenn Sie diese Zellteilung auf die in Abb. 2.21 markierten Kanten vorgeben, da die Teilung dann automatisch auf die weiteren Kanten übertragen wird.

8. Erzeugen Sie das vorläufige Gitter und bereiten Sie es zum Export vor. Wählen Sie dazu die Optionen `Pre-Mesh > Convert to Unstruct mesh` und `Output > Select Solver > Output Solver` die Option `Fluent_V6`.

9. Jetzt können Sie das Gitter exportieren, indem Sie `Output > Write input` anwählen. Speichern Sie zuerst Ihr Projekt, öffnen Sie die genannte Datei (.uns), wählen Sie im Dialogfenster für den FLUENT-Export die Option 2D und benennen Sie die msh-Datei eindeutig, zum Beispiel als `Stufe.msh`.

2.7 Strömungsgebiet mit quadratischer Strebe

2.7.1 Problembeschreibung

Im letzten Praktikum soll das Rechengitter für ein Strömungsgebiet mit einer quadratischen Strebe, Abb. 2.22, erzeugt werden. Die zweidimensionale Geometrie des Strömungsgebiets wird dabei so gewählt, dass die späteren Resultate einer CFD-Simulation mit entsprechenden Ergebnissen aus bekannten experimentellen und numerischen Untersuchungen [41, 30] verglichen werden können: Die Breite der Strebe beträgt $D = 20\,\text{mm}$, die Höhe des Kanals ist $H = 14D$. Die Lauflänge im Kanal beträgt bis zur Mitte der Strebe $5D$ und hinter der Mitte der Strebe $15D$. Das Rechengitter soll aus quadratischen Kontrollvolumen aufgebaut sein, als Kantenteilung ist dabei $\Delta n/D = 20$ einzustellen.

2.7.2 Gittergenerierung mit blockMesh

Die Aufgabe wird mit blockMesh in folgenden Teilschritten bearbeitet:

1. Tragen Sie in der Datei `blockMeshDict` alle notwendigen Angaben ein. Definieren Sie zuerst die Koordinaten der Eckpunkte 0 bis 31 und anschließend die acht Blöcke B1 bis B8, jeweils mit einer Hexaeder-Struktur, entsprechend Abb. 2.22b. Berücksichtigen Sie die Kantenteilung $\Delta n/D = 20$ in jedem Block. Beispielhafte Einträge in `blockMeshDict`, insbesondere für die Erzeugung und Vernetzung der Blöcke, sind in Abb. 2.23a angegeben.

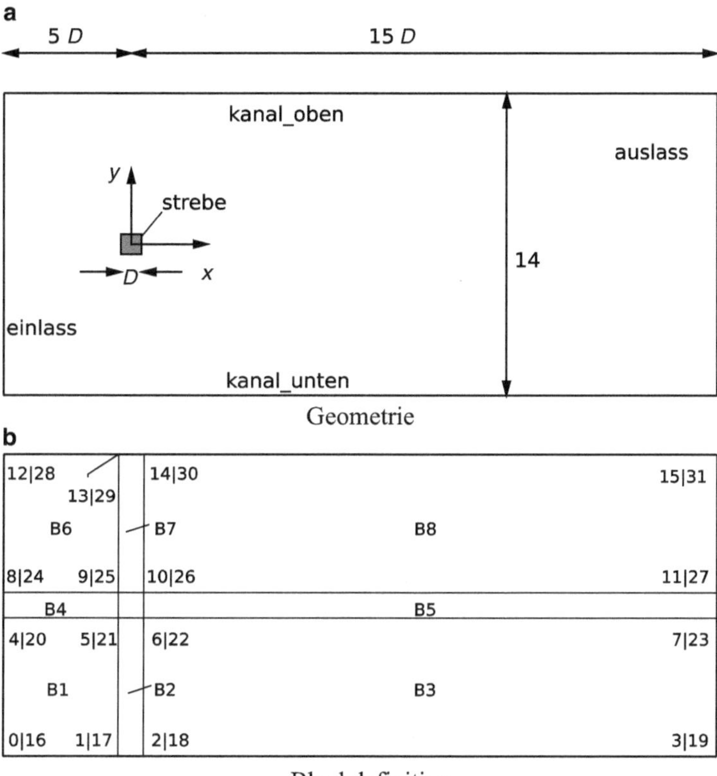

Abb. 2.22 Strömungsgebiet mit einer quadratischen Strebe

2. Erzeugen Sie die Gitter, indem Sie `blockMesh` starten.
3. Überprüfen Sie die Gitter mit `checkMesh`. Einige Ausgaben von `checkMesh` für ein korrektes Rechengitter sind in Abb. 2.23b aufgeführt.

2.7.3   Gittergenerierung mit ANSYS ICEM CFD

Die Aufgabe wird mit ANSYS ICEM CFD folgendermaßen gelöst:

1. Definieren Sie die Punkte und Kurven sowie den Körper entsprechend der in Abb. 2.22 gezeigten Geometrie des Strömungsgebiets (Abb. 2.24a).
2. Teilen Sie den gesamten Rand in einzelne Ränder, zum Beispiel `Einlass` (linker Rand), `Kanal_Oben` (oberer Rand), `Auslass` (rechter Rand) und `Kanal_unten` (unterer Rand). Die Strebe muss ebenfalls als Part definiert werden. Wählen Sie dazu

Abb. 2.23 Strömungsgebiet mit quadratischer Strebe: Vernetzung mit `blockMesh`

a

```
convertToMeters 0.04;

vertices
(
    (-5.0 -7.0 0.0)      // v00
    (-0.5 -7.0 0.0)      // v01
    ...
);

blocks
(
    hex (0 1 5 4 16 17 21 20) (90 130 1) simpleGrading (1 1 1)        // B01
    hex (1 2 6 5 17 18 22 21) (20 130 1) simpleGrading (1 1 1)        // B02
    hex (2 3 7 6 18 19 23 22) (290 130 1) simpleGrading (1 1 1)       // B03
    ...
);

edges
(
);

boundary
(
    Einlass
    {
        type patch;
        faces
        (
            (0 4 20 16)
            (4 8 24 20)
            (8 12 28 24)
        );
    }

    ...

    frontAndBack
    {
        type empty;
        faces
        (
            (0 1 5 4)
            (1 2 6 5)
            (2 3 7 6)
            (4 5 9 8)
            (6 7 11 10)
            (8 9 13 12)
            (9 10 14 13)
            (10 11 15 14)
            (16 17 21 20)
            (17 18 22 21)
            (18 19 23 22)
            (20 21 25 24)
            (22 23 27 26)
            (24 25 29 28)
            (25 26 30 29)
            (26 27 31 30)
        );
    }
);
```

Vorbereitung

b

```
Mesh stats
    points:           224640
    internal points:  0
    faces:            447120
    internal faces:   222480
    cells:            111600
    boundary patches: 6
    point zones:      0
    face zones:       0
    cell zones:       0

...

Checking topology...
    Boundary definition OK.
    Cell to face addressing OK.
    Point usage OK.
    Upper triangular ordering OK.
    Face vertices OK.
    Number of regions: 1 (OK).

...

Checking geometry...
    Overall domain bounding box (-0.2 -0.28 0) (0.6 0.28 0.004)
    Mesh (non-empty, non-wedge) directions (1 1 0)
    Mesh (non-empty) directions (1 1 0)
    All edges aligned with or perpendicular to non-empty directions.
    Boundary openness (-1.23451e-18 3.63234e-18 3.97515e-17) OK.
    Max cell openness = 1.05879e-16 OK.
    Max aspect ratio = 1 OK.
    Minumum face area = 4e-06. Maximum face area = 8e-06.  Face area magnitudes OK.
    Min volume = 1.6e-08. Max volume = 1.6e-08.  Total volume = 0.0017856.  Cell volumes OK.
    Mesh non-orthogonality Max: 0 average: 0
    Non-orthogonality check OK.
    Face pyramids OK.
    Max skewness = 1.5625e-07 OK.
    Coupled point location match (average 0) OK.

Mesh OK.
```

Vernetzung

im Menü `Parts > Create Part` die einzelnen Seiten an und definieren Sie die einzelnen Parts. Part `GEOM` wird anschließend gelöscht (Abb. 2.24b).

3. Erzeugen Sie einen ebenen, rechteckigen Block (Option `Blocking > Create Block > Initialize Blocks > Type 2D Planar`), der das gesamte Strömungsgebiet umfasst. Dieser wird anschließend in neun Blöcke geteilt, indem Sie auf den Menüpunkt `Blocking > Split Block` gehen und dort die Option `Split Method > Screen Select` nutzen.

4. Nach der Teilung sollte einer der neun Blöcke dem nicht benötigten Gebiet innerhalb der Strebe entsprechen. Dieser Block kann gelöscht werden, nutzen Sie dazu den Menüpunkt `Blocking > Delete Block`.

5. Wählen Sie den Menüpunkt `Blocking > Associate > Associate Edge to Curve` und assoziieren Sie die Außenkanten der verbleibenden Blöcke mit den Randkurven des Strömungsgebiets (Kanal und Strebe).

6. Gehen Sie dann ins Menü `Blocking > Move Vertex > Move Vertices` und verschieben Sie die Eckknoten der Blöcke so, dass sie sich mit den entsprechenden Punkten des Strömungsgebiets decken.

7. Definieren Sie als notwendigen Gitterparameter eine Kantenteilung mit einer maximalen Zelllänge von 0,05 (`Maximum size 0.05`). Wählen Sie die Kanten mit vordefinierter Teilung so aus, dass das Pre-Mesh eine gleichmäßige Vernetzung des Strömungsgebiets (quadratische Zellen) besitzt.

8. Erzeugen Sie das vorläufige Gitter und bereiten Sie es zum Export vor. Wählen Sie dazu die Optionen `Pre-Mesh > Convert to Unstruct mesh` und `Output > Select Solver > Output Solver` die Option `Fluent_V6`.

9. Jetzt können das Gitter exportieren (`Output > Write input`). Speichern Sie zuerst Ihr Projekt, öffnen Sie die genannte Datei (.uns), wählen Sie im Dialogfenster für den FLUENT-Export die Option 2D und benennen Sie die msh-Datei eindeutig, zum Beispiel `Strebe.msh`.

a

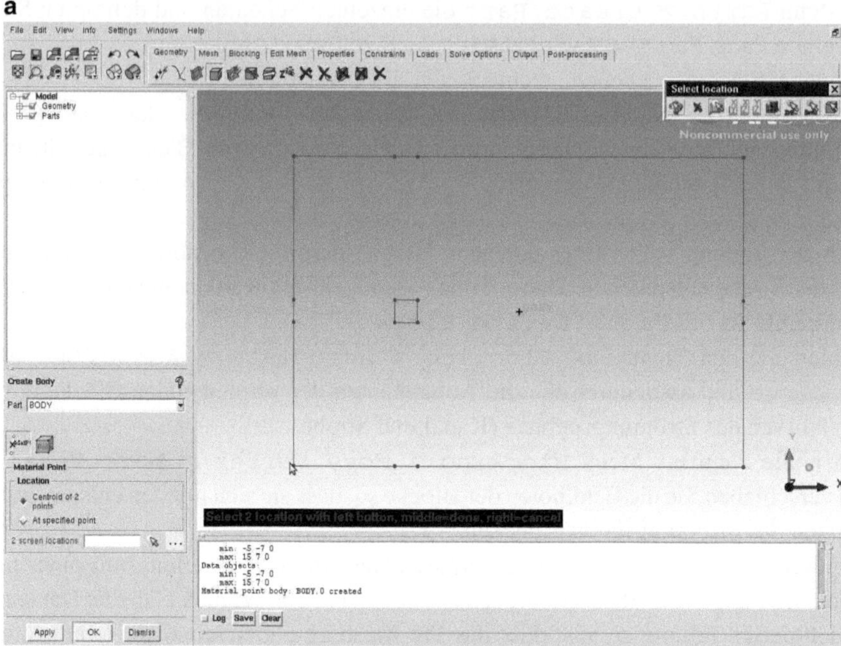

Geometriemodellierung

b

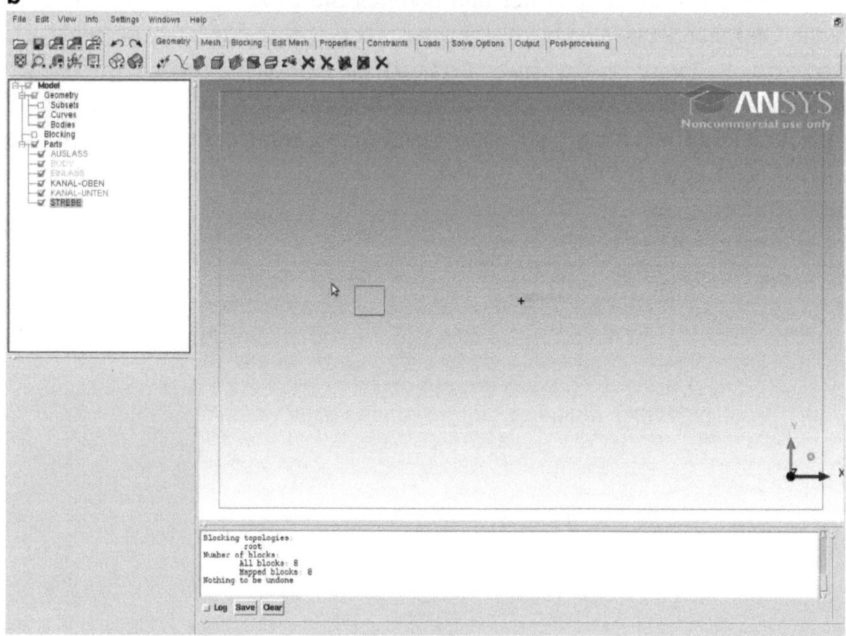

Ränder

Abb. 2.24 Strömungsgebiet mit quadratischer Strebe in ANSYS ICEM CFD: Vernetzung

Mathematische Modelle einer Strömung

3

Ein physikalisches Strömungsproblem wird mathematisch durch die Erhaltungssätze für Masse, Impuls und Energie beschrieben. Die Herleitung der entsprechenden partiellen, nichtlinearen Differentialgleichungen ist in den Lehrbüchern zur höheren Strömungsmechanik ausführlich dokumentiert und wird hier nicht wiederholt. Vielmehr wird in diesem Kapitel herausgearbeitet, dass sie eine formal ähnliche Struktur besitzen, die durch eine Modellgleichung beschrieben werden kann. Außerdem wird erläutert, wie sich mathematische Modelle für Strömungen Newtonscher Fluide aus der Modellgleichung entwickeln lassen.

3.1 Erhaltungssätze

Das mathematische Modell einer Strömung beruht üblicherweise auf den Erhaltungssätzen für Masse, Impuls und Energie [61, 64]. Die entsprechenden partiellen, nichtlinearen Differentialgleichungen besitzen einen formal ähnlichen Aufbau, der durch die prototypische Modellgleichung

$$
\frac{\partial}{\partial t}(\rho\,\phi) + \underbrace{\nabla\cdot(\rho\,\underline{u}\,\phi)}_{F_\phi} = \underbrace{\nabla\cdot(\Gamma\,\nabla\phi)}_{D_\phi} + Q_\phi \tag{3.1}
$$

dargestellt werden kann. Darin ist ρ die Dichte und ϕ eine Strömungsgröße, beispielsweise die Strömungsgeschwindigkeit $\underline{u}$ oder die Temperatur T. Mit F_ϕ ist der sogenannte konvektive Fluss von ϕ bezeichnet, der durch den Transport von ϕ mit der Strömung verursacht wird, mit D_ϕ ist entsprechend der diffusive Fluss von ϕ benannt, der durch Unterschiede in der räumlichen Verteilung von ϕ hervorgerufen wird. Üblicherweise wird der diffusive Fluss durch einen Gradientenansatz beschrieben, in den der Diffusionskoeffizient Γ der Größe ϕ eingeht. Schließlich werden in Q_ϕ alle sonstigen Quellen und Senken von ϕ berücksichtigt.

R. Schwarze, *CFD-Modellierung*, DOI 10.1007/978-3-642-24378-3_3,

53

Tab. 3.1 Spezifizierungen in der allgemeinen Modellgleichung

Gl.	ϕ	D_ϕ	Q_ϕ
KON	1	0	0
IMP	$\underline{u}$	$\nabla \cdot \underline{\underline{\tau}}$	$-\nabla p + \rho\,\underline{g}$
ENG	h	$-\nabla \cdot \underline{q}''$	$\dfrac{\partial p}{\partial t} + \nabla \cdot \left(\underline{\underline{\tau}} \cdot \underline{u} \right)$

Durch die Spezifizierung von ϕ, D_ϕ und Q_ϕ entsprechend Tab. 3.1 ergeben sich dann die einzelnen Gleichungen des allgemeinen mathematischen Modells einer Strömung. Aus den Angaben in der Zeile KON resultiert die Kontinuitätsgleichung

$$\frac{\partial \rho}{\partial t} + \nabla \cdot (\rho\,\underline{u}) = 0 \tag{3.2}$$

die in inkompressiblen Strömungen die Form

$$\nabla \cdot \underline{u} = 0 \tag{3.3}$$

annimmt. Weiter folgt mit den Angaben in Zeile IMP der Impulserhaltungssatz

$$\frac{\partial}{\partial t}(\rho\,\underline{u}) + \nabla \cdot (\rho\,\underline{u}\,\underline{u}) = \nabla \cdot \underline{\underline{\tau}} - \nabla p + \rho\,\underline{g} \tag{3.4}$$

Darin ist $\underline{\underline{\tau}}$ der Schubspannungstensor, p der Druck und $\underline{g}$ die Fallbeschleunigung. Für ein reibungsfreies Fluid ohne Schubspannungen, $\underline{\underline{\tau}} = 0$, resultiert daraus die Euler-Gleichung

$$\frac{\partial}{\partial t}(\rho\,\underline{u}) + \nabla \cdot (\rho\,\underline{u}\,\underline{u}) = -\nabla p + \rho\,\underline{g} \tag{3.5}$$

Mit der Spezifizierung in Zeile ENG ergibt sich schließlich der Energiesatz für eine Strömung

$$\frac{\partial}{\partial t}(\rho\,h) + \nabla \cdot (\rho\,\underline{u}\,h) = -\nabla \cdot \underline{q}'' + \frac{\partial p}{\partial t} + \nabla \cdot \left(\underline{\underline{\tau}} \cdot \underline{u} \right) \tag{3.6}$$

mit der Enthalpie h und dem Wärmestromvektor $\underline{q}''$. Für den Energiesatz sind auch andere Formulierungen gebräuchlich. Beispielsweise kann (3.6) für inkompressible Strömungen in die Form

$$\rho c \left[\frac{\partial T}{\partial t} + \nabla \cdot (\underline{u}\,T) \right] = -\nabla \cdot \underline{q}'' + \underline{\underline{\tau}} \cdot \nabla \underline{u} \tag{3.7}$$

überführt werden.

3.2 Zustandsgleichungen und Materialgesetze

Die drei Gleichungen (3.3), (3.4) und (3.6) bilden noch kein lösbares Gleichungssystem, denn es sind mit ρ, $\underline{u}$, $\underline{\underline{\tau}}$, p, h und $\underline{q}''$ mehr unbekannte Strömungsgrößen als Gleichungen vorhanden. Deshalb sind weitere Zusammenhänge zwischen diesen Größen notwendig, um das Gleichungssystem zu schließen. Diese werden durch thermodynamische Zustandsgleichungen und stoffspezifische Materialgesetze für die strömenden Fluide geliefert. Dabei sind die Zustandsgleichungen und Materialgesetze so zu wählen, dass sie die Eigenschaften des Fluides in der zu modellierenden Strömung korrekt beschreiben.

Zustandsgleichungen Zustandsgleichungen sind funktionale Zusammenhänge zwischen den thermodynamischen Größen eines Systems. Wichtige Beispiele sind die thermische und die kalorische Zustandsgleichung für ideale Gase:

$$p \;=\; \rho\,R\,T \tag{3.8}$$

$$dh \;=\; c_p\,dT \tag{3.9}$$

Die Stoffparameter in den Gleichungen sind die Gaskonstante R und die spezifische Wärmekapazität bei konstantem Druck c_p für das betrachtete Gas. Für die Anwendung in CFD-Modellen ist zu prüfen, ob die Idealgas-Näherung für ein technisches Gas zulässig ist. Gegebenenfalls müssen erweiterte Zustandsgleichungen im mathematischen Modell berücksichtigt werden.

Materialgesetze Neben den beiden Zustandsgleichungen der Thermodynamik müssen auch stoffspezifische Materialgesetze für das betrachtete Fluid bekannt sein. Die Materialgesetze geben dabei empirische Zusammenhänge zwischen den Variablen eines strömungsmechanischen bzw. thermodynamischen Problems an. Zwei wichtige Beispiele für Materialgesetze sind das Fouriersche Gesetz für die Wärmeleitung und das Newtonsche Fließgesetz.

Das Fouriersche Gesetz für die Wärmeleitung stellt einen Zusammenhang zwischen dem Wärmestromvektor $\underline{q}''$ und dem Temperaturgradienten her

$$\underline{q}'' = -k\,\nabla T \tag{3.10}$$

Hier wird der Materialparameter Wärmeleitfähigkeit k als Proportionalitätsfaktor genutzt.

Das Newtonsche Fließgesetz gibt den Zusammenhang zwischen den Schubspannungen und den Geschwindigkeitsgradienten in einem Newtonschen Fluid an

$$\underline{\underline{\tau}} = \eta \left[2\,\underline{\underline{S}} - \frac{2}{3}\,(\nabla \cdot \underline{u})\,\underline{\underline{\delta}} \right] \tag{3.11}$$

Im Newtonschen Fließgesetz tritt die dynamische Viskosität η als Materialparameter auf, der die Proportionalität zwischen $\underline{\underline{\tau}}$ und dem Geschwindigkeitsgradententensor $\underline{\underline{S}}$

$$\underline{\underline{S}} = \frac{1}{2} \left[\nabla \underline{u} + (\nabla \underline{u})^T \right] \tag{3.12}$$

charakterisiert. Der zweite Beitrag in der Klammer beschreibt die bei einer Kompression bzw. Expansion des Fluides auftretenden zusätzlichen Reibungseffekte. Mit $\underline{\underline{\delta}}$ ist der Kronecker-Einheitstensor bezeichnet

$$\delta_{ij} = \begin{cases} 1 & \text{für } i = j \\ 0 & \text{für } i \neq j \end{cases} \tag{3.13}$$

Bestehen in einem strömenden Fluid komplexere Zusammenhänge zwischen den Scherspannungen und den Geschwindigkeitsgradienten, so können diese durch nicht-Newtonsche Fließgesetze approximiert werden. Ein einfaches Fließgesetz für nicht-Newtonsche Flüssigkeiten ist das Modell von Ostwald und de Waele

$$\underline{\underline{\tau}} = \eta\,(\dot{\gamma})\,2\,\underline{\underline{S}} \tag{3.14}$$

$$\eta\,(\dot{\gamma}) = \kappa\,\dot{\gamma}^{\,n-1} \tag{3.15}$$

$$\dot{\gamma} = \left\| \underline{\underline{S}} \right\| \tag{3.16}$$

mit dem Konsistenzfaktor κ und dem Fließindex n. Es muss an dieser Stelle jedoch ausdrücklich darauf hingewiesen werden, dass nicht jedes nicht-Newtonsche Fließgesetz problemlos in ein CFD-Modell übernommen werden kann.

3.3 Newtonsche Fluide

Viele CFD-Modelle beschreiben Strömungen Newtonscher Fluide mit Fourierscher Wärmeleitung. Das mathematische Modell dieser Strömung umfasst die Kontinuitätsgleichung, die Navier-Stokes-Gleichung und den Energiesatz

$$\frac{\partial \rho}{\partial t} + \nabla \cdot (\rho\,\underline{u}) = 0 \tag{3.17}$$

$$\frac{\partial}{\partial t}\,(\rho\,\underline{u}) + \nabla \cdot (\rho\,\underline{u}\,\underline{u}) = -\nabla p + \nabla \cdot \left\{ \eta \left[2\underline{\underline{S}} - \frac{2}{3}\,(\nabla \cdot \underline{u})\,\underline{\underline{\delta}} \right] \right\} + \rho\,\underline{g} \tag{3.18}$$

$$\frac{\partial}{\partial t}\,(\rho\,h) + \nabla \cdot (\rho\,\underline{u}\,h) = \nabla \cdot (k\,\nabla T) + \frac{\partial p}{\partial t}$$

$$+ \nabla \cdot \left[\eta \left(2\,\underline{\underline{S}} - \frac{2}{3}\,(\nabla \cdot \underline{u})\,\underline{\underline{\delta}} \right) \cdot \underline{u} \right] \tag{3.19}$$

Die Gleichungen (3.17)–(3.19) ergeben sich, wenn im allgemeinen mathematischen Modell einer Strömung, das (3.3), (3.4) und (3.6) umfasst, die beiden relevanten Materialgesetze (3.10) und (3.11) berücksichtigt werden.

Das mathematische Modell der Newtonschen Strömung, (3.17)–(3.19), wird durch die thermische und die kalorische Zustandsgleichung (3.8), (3.9) geschlossen. Die fünf Strömungsgrößen ρ, $\underline{u}$, p, h und T lassen sich mit Hilfe der fünf Gleichungen des mathematischen Modells bestimmen. Die Abhängigkeiten der Materialparameter η und k von diesen Größen, zum Beispiel $\eta\,(T)$, werden durch entsprechende empirische Relationen im mathematischen Modell dargestellt.

Ein wichtiger Spezialfall ist das mathematische Modell für inkompressible, isotherme Strömungen Newtonscher Fluide. Es lautet

$$\nabla \cdot \underline{u} = 0 \tag{3.20}$$

$$\rho \left[\frac{\partial u}{\partial t} + \nabla \cdot (\underline{u}\,\underline{u}) \right] = -\nabla p + \eta\,\nabla \cdot (\nabla \underline{u}) + \rho\,\underline{g} \tag{3.21}$$

Die beiden Strömungsgrößen $\underline{u}$ und p lassen sich mit Hilfe der beiden Gleichungen des mathematischen Modells errechnen, es müssen keine weiteren Zustandsgleichungen ausgewertet werden. Die Dichte ρ ist in diesem Modell nur ein Materialparameter, genauso wie die Viskosität η wird sie in diesen Strömungen als konstant angenommen.

Bei der Betrachtung der beiden mathematischen Modelle (3.17)–(3.19) bzw. (3.20) und (3.21) fällt sofort ins Auge, dass die einzelnen Gleichungen durch die gesuchten Größen ρ, $\underline{u}$ und p gekoppelt sind. Außerdem sind die Grundgleichungen nichtlinear, es treten Produkte der gesuchten Größen auf. Schließlich taucht der Druck p im mathematischen Modell der inkompressiblen Strömung nur in den Quelltermen auf. Alle diese Aspekte müssen bei der numerischen Lösung der Gleichungen beachtet werden, das wird in den folgenden Kapiteln genauer erläutert.

3.4 Ähnlichkeitskennzahlen

Abschließend sei daran erinnert, dass die Gleichungen des mathematischen Modells eines Strömungsproblems durch die Einführung der relevanten charakteristischen Skalen entdimensionalisiert werden können

$$\begin{aligned}
\nabla &= l_0 \cdot \nabla^* & t &= t_0 \cdot t & \rho &= \rho_0 \cdot \rho^* \\
\underline{u} &= u_0 \cdot \underline{u}^* & p &= p_0 \cdot p^* & \underline{g} &= g \cdot \underline{g}^*
\end{aligned} \tag{3.22}$$

Hier sind die charakteristischen Skalen jeweils durch den tiefgestellten Index 0 und die dimensionslosen Größen durch den hochgestellten Index $*$ gekennzeichnet. Mit diesen Ansätzen kann beispielsweise die Navier-Stokes-Gleichung (3.21) in dimensionsloser

Form angegeben werden

$$St \cdot \frac{\partial}{\partial t^*}\left(\rho^*\underline{u}^*\right) + \nabla^* \cdot \left(\rho^*\underline{u}^*\underline{u}^*\right) = -2\mathrm{Eu}\,\nabla^* p^* + \frac{1}{Re}\nabla^* \cdot \left(\nabla^*\underline{u}^*\right)$$
$$+ \frac{1}{\mathrm{Fr}^2}\rho^*\underline{g}^* \tag{3.23}$$

Es ergeben sich dann die Ähnlichkeitskennzahlen der Strömung, für die Navier-Stokes-Gleichung sind das:

- Die Strouhal-Zahl St

$$\mathrm{St} = \frac{l_0}{u_0 t_0} \tag{3.24}$$

- Die Euler-Zahl Eu

$$\mathrm{Eu} = \frac{1}{2}\frac{p_0}{\rho_0 u_0^2} \tag{3.25}$$

- Die Reynolds-Zahl Re

$$Re = \frac{\rho_0 l_0 u_0}{\eta} \tag{3.26}$$

- Die Froude-Zahl Fr

$$\mathrm{Fr} = \frac{u_0}{\sqrt{g l_0}} \tag{3.27}$$

Weitere wichtige Ähnlichkeitskennzahlen sind:

- Die Machzahl Ma

$$\mathrm{Ma} = \frac{u}{a} \tag{3.28}$$

mit der Schallgeschwindigkeit a.
- Die Prandtl-Zahl Pr

$$\mathrm{Pr} = \frac{k}{c_p \eta} \tag{3.29}$$

In jedem Fall empfiehlt sich im Zusammenhang mit der Formulierung des mathematischen Modells einer Strömung auch eine entsprechende Analyse und Abschätzung der charakteristischen Ähnlichkeitskennzahlen des Problems. Sind die relevanten Kennzahlen bekannt, kann unter bestimmten Voraussetzungen eine vereinfachte Formulierung des betrachteten mathematischen Modells genutzt werden. Beispielsweise kann eine Gasströmung als inkompressibel betrachtet werden, falls die Voraussetzung Ma $< 0,3$ erfüllt ist.

Numerische Methoden

4

Im letzten Kapitel wurde gezeigt, dass mathematische Modelle von Strömungen aus einer prototypischen Modellgleichung entwickelt werden können. Dieses Kapitel zeigt, wie die Modellgleichung mit der Finite-Volumen-Methode in Kombination mit Verfahren zur numerischen Differentation, Interpolation und Integration in eine numerisch lösbare Differenzengleichung überführt wird. Außerdem werden die in CFD-Simulationen üblicherweise genutzten iterativen Lösungsverfahren vorgestellt. Schließlich wird diskutiert, wie die Genauigkeit und Güte eines CFD-Modells und der Ergebnisse einer CFD-Simulation bewertet werden können.

4.1 Finite-Volumen-Methode

In der numerischen Strömungsmechanik ist die Finite-Volumen-Methode (FVM) das am häufigsten eingesetzte Lösungsverfahren für die Gleichungen des mathematischen Modells. Andere Ansätze wie die Finite-Differenzen- (FDM) oder die Finite-Elemente-Methode (FEM) werden seltener genutzt.

4.1.1 Motivation

Die Grundidee der FVM lässt sich verstehen, wenn das durch die allgemeine Modellgleichung (3.1) beschriebene Transportproblem für ein Kontrollvolumen KV in einem Rechengitter betrachtet wird.

In Abb. 4.1 ist das Rechengitter eines zweidimensionalen Strömungsgebiets mit den Koordinaten x und y zu zwei verschiedenen Zeiten t_0 und t_1 dargestellt. In diesem Raum-Zeit-Gitter mit den Koordinaten x, y und t soll die Bewegung eines kleinen Pakets des strömenden Fluids (eines Fluidelements, grau abgesetzt) untersucht werden.

R. Schwarze, *CFD-Modellierung*, DOI 10.1007/978-3-642-24378-3_4,
© Springer-Verlag Berlin Heidelberg 2013

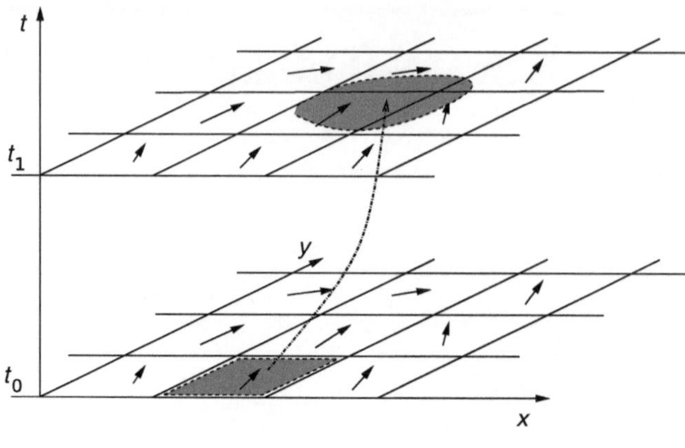

Abb. 4.1 Räumliche und zeitliche Verrückung eines Fluidelements in einem Raum-Zeit-Gitter

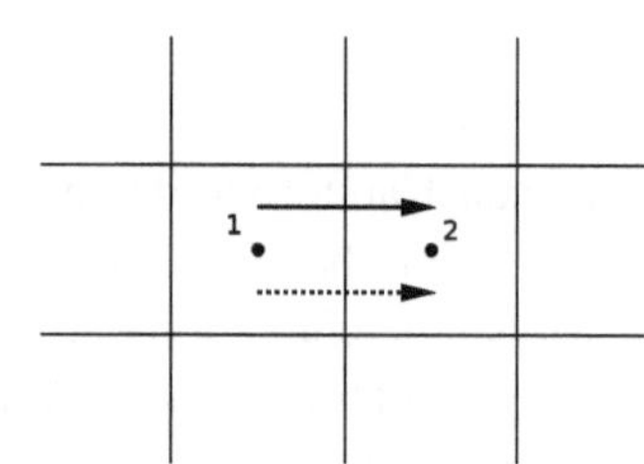

Abb. 4.2 Konservative Diskretisierung: Die Flüsse an der Seitenfläche zwischen den Zellen 1 und 2 sind (bis auf numerische Fehler) gleich

Das Fluidelement soll zur Zeit t_0 genau ein KV des Rechengitters ausfüllen. Die Strömung, in Abb. 4.1 durch Geschwindigkeitsvektoren in den Zellmittelpunkten der KV angedeutet, verschiebt das Fluidelement. Zum Zeitpunkt t_1 besitzt es eine neue Lage im Rechengitter. Ein Fluidelement transportiert bei seiner Bewegung Erhaltungsgrößen wie Masse, Impuls und Energie von der ursprünglichen zur neuen Lage. Über die Zellgrenzen der KV hinweg treten deswegen die schon vorgestellten konvektiven und auch diffusiven Flüsse F_ϕ und D_ϕ dieser Erhaltungsgrößen auf. Entscheidend für die Qualität einer numerischen Simulation ist nun, dass das numerische Lösungsverfahren die konvektiven und diffusiven Flüsse möglichst genau erfasst.

Bei der FVM werden – im Gegensatz zur FDM und FEM – die konvektiven und diffusiven Flüsse auf den Seitenflächen jeder Zelle im Rechengitter explizit ausgewertet. Das stellt einen wesentlichen Vorteil der FVM dar: Die Methode besitzt schon vom Ansatz her das Potenzial der konservativen Diskretisierung, das heißt der Erhaltung der Flüsse über die Zellgrenzen (lokale Bilanz) als auch im gesamten Strömungsgebiet (globale Bilanz). In Abb. 4.2 wird die lokale Bilanz nochmals erläutert. Auf der Seitenfläche zwischen zwei Zellen 1 und 2 entspricht der auf der rechten Seitenfläche von Zelle 1 ausströmende Fluss (durchgezogener Pfeil) dem auf der linken Seitenfläche von Zelle 2 zuströmenden Fluss (gestrichelter Pfeil).

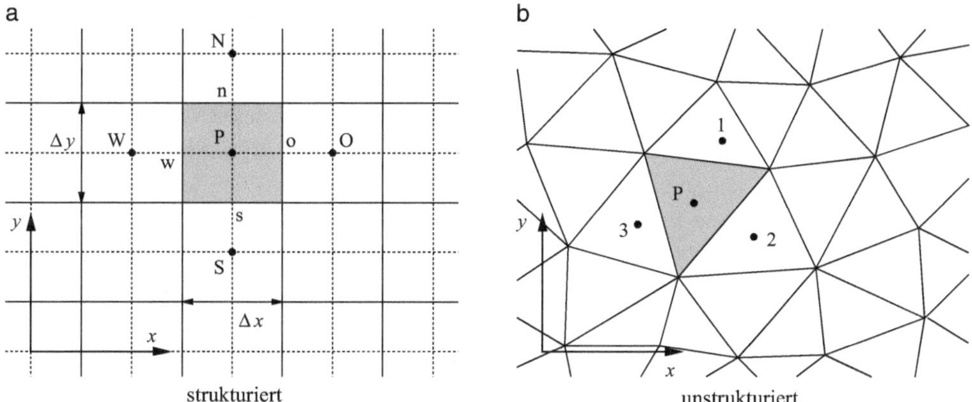

Abb. 4.3 Nachbarschaftsbeziehungen in Rechengittern

Der mathematische Ansatz der FVM besteht darin, dass die lokale Bilanz, das Integral der prototypischen Modellgleichung (3.1) über ein KV, ausgewertet wird

$$\int_{KV} \frac{\partial}{\partial t}\,(\rho\phi)\;\mathrm{d}V = \int_{KV} \left[\nabla\cdot(\varGamma\,\nabla\phi) - \nabla\cdot(\underline{u}\,\rho\,\phi) + Q_\phi\right]\mathrm{d}V \qquad (4.1)$$

Mit dem Gaußschen Satz können jetzt genau die konvektiven und diffusiven Beiträge auf der rechten Seite von Volumen- in Oberflächenintegrale umgewandelt werden

$$\underbrace{\int_{KV} \frac{\partial}{\partial t}\,(\rho\phi)\;\mathrm{d}V}_{1} = \underbrace{\oint_{OF} (\varGamma\,\nabla\phi)\cdot\hat{n}\,\mathrm{d}A}_{2} - \underbrace{\oint_{OF} (\underline{u}\,\rho\,\phi)\cdot\hat{n}\,\mathrm{d}A}_{3} + \underbrace{\int_{KV} Q_\phi\,\mathrm{d}V}_{4} \qquad (4.2)$$

Darin beschreibt der Term 1 auf der linken Seite der Gleichung die zeitliche Änderung der Größe $\rho\phi$ im betrachteten KV. Der Term 2 auf der rechten Seite gibt den Diffusionsstrom von $\rho\phi$ durch die geschlossene Oberfläche OF von KV an, der Term 3 repräsentiert entsprechend den Konvektionsstrom, den Transport von $\rho\phi$ mit der Strömung $\underline{u}$ durch OF. Der Term 4 fasst wieder sonstige Quellen und Senken von ϕ in KV zusammen.

Bevor diese Gleichung weiter ausgewertet wird, werden die Nachbarschaftsbeziehungen zwischen den einzelnen Zellen eines Rechengitters festgelegt. Die Notation auf strukturierten und unstrukturierten Gittern ist dabei unterschiedlich, siehe Abb. 4.3. Jedes KV besitzt einen Zentralknoten P, der für die Berechnung und Speicherung der numerischen Daten eine wichtige Funktion übernimmt.

Beim strukturierten, zweidimensionalen Rechengitter werden die Nachbarschaftsbeziehungen üblicherweise in einer Kompass-Notation angegeben, mit den Zentralknoten N (Nord), O (Ost), S (Süd) und W (West) der Nachbarzellen von KV, Abb. 4.3a. Die Kompassnotation greift auch für die Seitenflächen n, o, s und w des KV, wobei n und s den Flächeninhalt Δx, o und w den Flächeninhalt Δy besitzen. Aufgrund der eindeutigen Nachbarbeziehungen lassen sich auch die übernächsten Nachbarzellen leicht feststellen. In Abb. 4.3a werden diese Beziehungen durch gestrichelte Linien angedeutet, auf denen die Zentralknoten aufgereiht sind.

Beim unstrukturierten Rechengitter kann die Kompassnotation im Allgemeinen nicht genutzt werden, Abb. 4.3b. Stattdessen werden die Zentralknoten der Nachbarzellen beispielsweise durchnummeriert. Bei unstrukturierten Gittern verlieren sich die Nachbarschaftsbeziehungen relativ schnell, die Ermittlung der übernächsten Nachbarn ist üblicherweise nicht mehr eindeutig möglich.

Werden die Strömungsdaten nur in den Zentralknoten der Kontrollvolumina berechnet, so wird von der nicht-gestaffelten Anordnung der Variablen gesprochen. Bei gestaffelter Anordnung der Variablen werden nur die skalaren Strömungsgrößen in den Zentralknoten bestimmt, während die Strömungsgeschwindigkeit in ausgezeichneten Punkten der Seitenflächen des KV, in der Regel dem Flächenmittelpunkt, ermittelt wird. Es gibt verschiedene Vor- und Nachteile für die jeweilige Variablenanordnung [23, 69]. Die Mehrzahl der heute eingesetzten CFD-Programme nutzt die nicht-gestaffelte Anordnung, die auch hier im Buch für die weiteren Erläuterungen beibehalten wird.

4.1.2 Allgemeines Problem

Um die weitere Auswertung von (4.2) übersichtlich zu erläutern, wird im Folgenden eine zweidimensionale, inkompressible Strömung ohne Quellen und Senken betrachtet, d. h. es ist $\rho = \mathrm{const}$, $\underline{u} = (u, v)$ und $Q_\phi = 0$. Die Gleichung wird auf dem strukturierten Gitter aus Abb. 4.3a ausgewertet, außerdem wird die Integration über das Zeitintervall $\Delta t = t_1 - t_0$ entsprechend Abb. 4.1 berücksichtigt. Es ergibt sich

$$
\rho \left(\phi^1 - \phi^0\right)_{\mathrm{KV}} \Delta V - \int_{t_0}^{t_1} \left(Q_\phi\right)_{\mathrm{KV}} \Delta V \, \mathrm{d}t = \int_{t_0}^{t_1} \sum_{A_i} \int_{A_i} \left(\Gamma \nabla \phi - \rho \underline{u} \phi\right) \cdot \hat{n} \, \mathrm{d}A \, \mathrm{d}t
$$

$$
= \int_{t_0}^{t_1} \int_{\mathrm{w}} \left(\Gamma \nabla \phi - \rho \underline{u} \phi\right) \cdot \hat{n}_{\mathrm{w}} \, \mathrm{d}A \, \mathrm{d}t + \int_{t_0}^{t_1} \int_{\mathrm{n}} \left(\Gamma \nabla \phi - \rho \underline{u} \phi\right) \cdot \hat{n}_{\mathrm{n}} \, \mathrm{d}A \, \mathrm{d}t
$$

$$
+ \int_{t_0}^{t_1} \int_{\mathrm{o}} \left(\Gamma \nabla \phi - \rho \underline{u} \phi\right) \cdot \hat{n}_{\mathrm{o}} \, \mathrm{d}A \, \mathrm{d}t + \int_{t_0}^{t_1} \int_{\mathrm{s}} \left(\Gamma \nabla \phi - \rho \underline{u} \phi\right) \cdot \hat{n}_{\mathrm{s}} \, \mathrm{d}A \, \mathrm{d}t \tag{4.3}
$$

Dabei deutet $(\dots)_{\mathrm{KV}}\,\Delta V$ eine geeignete numerische Approximation des Volumenintegrals an. Mit ϕ^0 und ϕ^1 sind die Werte von ϕ zur Zeit t_0 bzw. t_1, mit ΔV ist der Volumeninhalt des KV bezeichnet. Die Projektionen von $\underline{u}$ und $\nabla\phi$ auf die Flächennormalen $\hat{n}$ der Seitenflächen von KV lauten

$$u = \underline{u}\cdot\hat{n}_{\mathrm{o}} = -\underline{u}\cdot\hat{n}_{\mathrm{w}} \qquad\qquad v = \underline{u}\cdot\hat{n}_{\mathrm{n}} = -\underline{u}\cdot\hat{n}_{\mathrm{s}}$$

$$\frac{\partial\phi}{\partial x} = \nabla\phi\cdot\hat{n}_{\mathrm{o}} = -\nabla\phi\cdot\hat{n}_{\mathrm{w}} \qquad\qquad \frac{\partial\phi}{\partial y} = \nabla\phi\cdot\hat{n}_{\mathrm{n}} = -\nabla\phi\cdot\hat{n}_{\mathrm{s}} \qquad (4.4)$$

Dabei sind die Orientierungen von $\hat{n}$ zu den Koordinaten $x,\,y$ beachtet worden. Es folgt

$$\rho\left(\phi^1 - \phi^0\right)_{\mathrm{KV}}\Delta V - \int_{t_0}^{t_1}(Q_\phi)_{\mathrm{KV}}\,\Delta V\,\mathrm{d}t$$

$$= -\int_{t_0}^{t_1}\left(\Gamma\frac{\partial\phi}{\partial x} - \rho u\phi\right)_{\mathrm{w}}\cdot\Delta y\,\mathrm{d}t + \int_{t_0}^{t_1}\left(\Gamma\frac{\partial\phi}{\partial y} - \rho v\phi\right)_{\mathrm{n}}\cdot\Delta x\,\mathrm{d}t$$

$$+ \int_{t_0}^{t_1}\left(\Gamma\frac{\partial\phi}{\partial x} - \rho u\phi\right)_{\mathrm{o}}\cdot\Delta y\,\mathrm{d}t - \int_{t_0}^{t_1}\left(\Gamma\frac{\partial\phi}{\partial y} - \rho v\phi\right)_{\mathrm{s}}\cdot\Delta x\,\mathrm{d}t \qquad (4.5)$$

Hier steht $(\dots)_{\mathrm{n/s}}\,\Delta x$ und $(\dots)_{\mathrm{w/o}}\,\Delta y$ für eine geeignete numerische Approximation des jeweiligen Flächenintegrals, $\Delta x,\,\Delta y$ sind die Flächeninhalte der Seitenflächen des KV.

4.1.3 Wesentliche Elemente der FVM

Diskretisierung durch numerische Approximationen In (4.5) müssen numerische Verfahren eingesetzt werden, um die Werte der gesuchten Größe ϕ und ihrer Ableitungen auf den Seitenflächen des KV zu spezifizieren und um die Flächen- bzw. Volumenintegrale auszuwerten. Die Methodik wird hier am eindimensionalen, stationären Problem erläutert, Abb. 4.3. In diesem Fall ist $\underline{u} = u\cdot\hat{e}_x = \mathrm{const}$, für die Querschnittsfläche gilt ebenfalls $\Delta A = \mathrm{const}$. Das Strömungsgebiet wird durch ein gleichförmiges Gitter mit der Zellweite Δx zerteilt. An diesem stark vereinfachten Problem lässt sich das grundsätzliche Vorgehen einfach erklären, die Übertragung auf komplexere Probleme wird später diskutiert.

In Abb. 4.4 ist die Lage eines KV für dieses Problem skizziert, außerdem ist der erwartete Verlauf der Größe ϕ angedeutet. Mit den oben genannten Vereinfachungen reduziert sich (4.3) auf

$$\oint_{\mathrm{OF}}(\Gamma\,\nabla\phi)\cdot\hat{n}\,\mathrm{d}A - \oint_{\mathrm{OF}}(\rho\underline{u}\phi)\cdot\hat{n}\,\mathrm{d}A = 0 \qquad (4.6)$$

Abb. 4.4 Stationäres, eindimensionales Problem

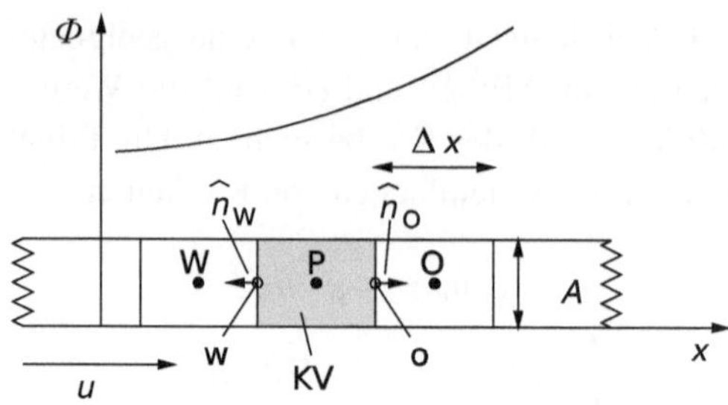

Entsprechend vereinfacht sich (4.5) zu

$$\Gamma \Delta A \left(\frac{\mathrm{d}\phi}{\mathrm{d}x} \right)_{o} - \Gamma \Delta A \left(\frac{\mathrm{d}\phi}{\mathrm{d}x} \right)_{w} - \rho u \Delta A \phi_{o} + \rho u \Delta A \phi_{w} = 0 \tag{4.7}$$

Für die weitere Diskretisierung von (4.7) sind die numerische Interpolation der unbekannten Größen ϕ_{o}, ϕ_{w} in den konvektiven Termen und die numerische Differentation der Ableitungen in den diffusiven Termen notwendig. Die numerische Integration der auszuwertenden Flächenintegrale ist im betrachteten Beispiel mit ΔA schon in (4.7) erfolgt.

Numerische Interpolation Bei der Diskretisierung der konvektiven Terme müssen die Größen ϕ_{f} auf den Seitenflächen f aus bekannten Werten für x und ϕ in den Stützstellen P, W und O des KV und seiner Nachbarzellen numerisch interpoliert werden

$$\phi_{w/o} = I \left(\phi_{O}, \phi_{P}, \phi_{W}, x_{O}, x_{P}, x_{W} \right) \tag{4.8}$$

Es gibt mehrere einfache Verfahren, die häufig in CFD-Modellen genutzt werden. Dazu zählen beispielsweise die Aufwind- oder UDS-Interpolation (von englisch Upwind Differencing Scheme) und die lineare oder CDS-Interpolation (von englisch Central Differencing Scheme).

Bei der UDS-Interpolation wird der unbekannte Wert ϕ_{f} durch den bekannten Wert von ϕ im nächsten stromauf gelegenen Zentralknoten ersetzt. Für das Beispiel in Abb. 4.4 ergeben sich mit $u > 0$ folgende Diskretisierungen in den konvektiven Termen

$$\phi_{w} = \phi_{W} \qquad\qquad\qquad \phi_{o} = \phi_{P} \tag{4.9}$$

Dagegen wird ϕ_{f} bei der CDS-Interpolation linear durch die beiden bekannten Werte von ϕ in den Zentralknoten der an die Seitenfläche f angrenzenden KV interpoliert. Für das betrachtete Beispiel folgt

$$\phi_{w} = \frac{\phi_{W} + \phi_{P}}{2} \qquad\qquad\qquad \phi_{o} = \frac{\phi_{P} + \phi_{O}}{2} \tag{4.10}$$

Numerische Differentation Bei der numerischen Differentation werden die unbekannten Ableitungen auf den Seitenflächen ebenfalls mit Hilfe der bekannten Werte der Koordinaten x und der Strömungsgrößen ϕ in P, W und O approximiert

$$\left(\frac{d\phi}{dx}\right)_{w/o} = f\left(\phi_O, \phi_P, \phi_W, x_O, x_P, x_W\right) \tag{4.11}$$

Häufig wird in CFD-Modellen ein zentraler Differenzenquotient genutzt. Für das betrachtete Beispiel ergeben sich dann folgende Diskretisierungen in den diffusiven Termen

$$\left(\frac{d\phi}{dx}\right)_w = \frac{\phi_P - \phi_W}{\Delta x} \qquad\qquad \left(\frac{d\phi}{dx}\right)_o = \frac{\phi_O - \phi_P}{\Delta x} \tag{4.12}$$

Dieses Verfahren wird zentrales Differenzenschema oder CDS-Differentation genannt, da Informationen zweier Zellmittelpunkte genutzt werden, um die Ableitung auf der (zentral) zwischen diesen Punkten liegenden Seitenfläche zu bestimmen.

Diskretisierte Gleichungen Die Diskretisierung mit CDS-Differentation und UDS-Interpolation ergibt für das Beispielproblem

$$\Gamma \Delta A \left(\frac{\phi_O - \phi_P}{\Delta x}\right) - \Gamma \Delta A \left(\frac{\phi_P - \phi_W}{\Delta x}\right) - \rho u \Delta A\, \phi_P + \rho u \Delta A\, \phi_W = 0 \tag{4.13}$$

Durch algebraische Umformungen folgt daraus

$$\underbrace{\left(\frac{2\Delta A\Gamma}{\Delta x} + \rho u \Delta A\right)}_{a_P} \phi_P = \underbrace{\left(\frac{\Gamma \Delta A}{\Delta x} + \rho u \Delta A\right)}_{a_W} \phi_W + \underbrace{\left(\frac{\Gamma \Delta A}{\Delta x}\right)}_{a_O} \phi_O \tag{4.14}$$

Die einzelnen Vorfaktoren werden in Kurzschreibweise als a_P, a_W und a_O bezeichnet, die sich durch Kombination der diskretisierten konvektiven Flüsse $F_{w/o} = \rho u \Delta A$ und der diskretisierten diffusiven Flüsse $D_{w/o} = \Gamma \Delta A / \Delta x$ auf den Seitenflächen w bzw. o ergeben

$$
\begin{aligned}
a_P\phi_P &= a_W\phi_W + a_O\phi_O \\
a_P &= D_o + D_w + F_o \\
a_W &= D_w + F_w \\
a_O &= D_o
\end{aligned}
\tag{4.15}
$$

Die Diskretisierung mit CDS-Differentation und CDS-Interpolation ergibt dagegen

$$\Gamma \Delta A \left(\frac{\phi_O - \phi_P}{\Delta x}\right) - \Gamma \Delta A \left(\frac{\phi_P - \phi_W}{\Delta x}\right)$$
$$- \rho u \Delta A \left(\frac{\phi_P + \phi_O}{2}\right) + \rho u \Delta A \left(\frac{\phi_W + \phi_P}{2}\right) = 0 \tag{4.16}$$

wobei hier ebenfalls die konvektiven und diffusiven Flüsse $F_{w/o}$ und $D_{w/o}$ enthalten sind. Werden die Terme wieder für die Zellmittelpunkte zusammengefasst, folgt

$$\underbrace{\left(\frac{2\Gamma\Delta A}{\Delta x} + \rho u\,\Delta A\right)}_{a_P} \phi_P = \underbrace{\left(\frac{\Gamma\Delta A}{\Delta x} + \frac{\rho u\,\Delta A}{2}\right)}_{a_W} \phi_W + \underbrace{\left(\frac{\Gamma\Delta A}{\Delta x} - \frac{\rho u\,\Delta A}{2}\right)}_{a_O} \phi_O \quad (4.17)$$

Die Kurzschreibweise lautet in diesem Fall

$$a_P\phi_P = a_W\phi_W + a_O\phi_O$$
$$a_P = D_o + D_w + \frac{F_w}{2} - \frac{F_o}{2}$$
$$a_W = D_w + \frac{F_w}{2}$$
$$a_O = D_o - \frac{F_o}{2} \quad\quad\quad (4.18)$$

Die vorgestellten numerischen Verfahren werden auch bei der Diskretisierung mehrdimensionaler Probleme verwendet. Die Kurzschreibweise der diskretisierten, zweidimensionalen Gleichung lautet beispielsweise

$$a_P\phi_P = a_W\phi_W + a_N\phi_N + a_O\phi_O + a_S\phi_S \quad (4.19)$$

Die Koeffizienten a_W, a_N, a_O und a_S enthalten auch hier Informationen über die konvektiven und diffusiven Flüsse. Ausführliche Angaben finden sich in der Literatur [69].

Iterative Lösung Wird die Diskretisierung für jedes KV im Strömungsgebiet durchgeführt, so ergibt sich schließlich ein gekoppeltes Gleichungssystem, das iterativ gelöst werden kann. Die Iteration wird typischerweise so lange fortgesetzt, bis die Unterschiede in den berechneten Größen zwischen zwei aufeinanderfolgenden Iterationsschritten unterhalb bestimmter Grenzwerte liegen. Dann wird die Iteration abgebrochen und die numerische Lösung steht fest.

Numerik-Entwicklung
Viele der heute in CFD genutzten numerischen Methoden basieren auf Verfahren, die in den 50er und 60er Jahren des letzten Jahrhunderts von der Arbeitsgruppe von F. H. Harlow [20] am Los Alamos National Laboratory entwickelt wurden. Dabei hatte die damals noch junge CFD einige Widerstände zu überwinden. Unter anderem wurde bezweifelt, dass es jemals einen so leistungsfähigen Computer geben würde, wie es für die Durchführung einer CFD-Simulation für ein komplexeres Strömungsproblem notwendig wäre.

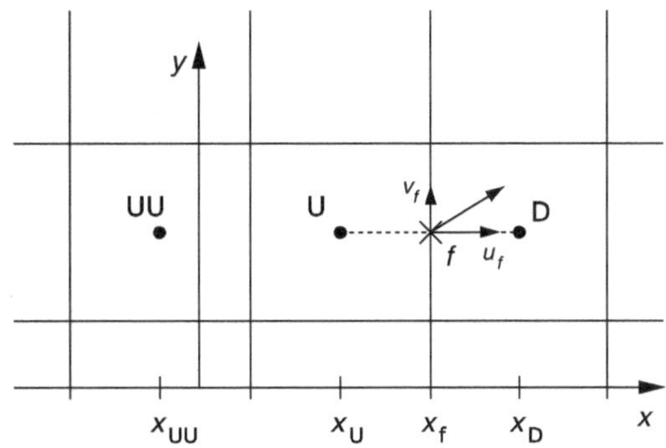

Abb. 4.5 Herleitung von Interpolationsverfahren mit Transporteigenschaft

4.1.4 Interpolationsverfahren

Die Wahl des numerischen Interpolationsverfahren hat einen entscheidenden Einfluss darauf, ob das CFD-Modell die Transporteigenschaft besitzt oder nicht, siehe Abschn. 1.3. Interpolationsverfahren mit der Transporteigenschaft approximieren den Transport einer Strömungsgröße ϕ entlang von Stromlinien in der Strömung durch eine geeignete Diskretisierung des konvektiven Flusses. Viele der dafür genutzten Interpolationsverfahren beruhen auf folgender Überlegung [69]: Um die Werte von ϕ auf einer Seitenfläche f eines KV entsprechend der Konvektion entlang einer Stromlinie zu interpolieren, werden die Informationen der Zentralknoten der übernächsten stromauf gelegenen (UU), der nächsten stromauf gelegenen (U) und der nächsten stromab gelegenen Zelle (D) von f genutzt, Abb. 4.5. Je nach der Orientierung von $\underline{u}$ auf f ist das KV entweder die Zelle U oder D.

Der mathematische Ansatz lautet

$$\phi_f = \phi_{\mathrm{U}} + \frac{1}{2}\varphi\left(\phi_{\mathrm{D}} - \phi_{\mathrm{U}}\right) \tag{4.20}$$

In ihm ist auch die sogenannte Flux-Limiter-Funktion φ berücksichtigt, aus deren Spezifizierung sich die verschiedenen Verfahren ergeben. Speziell ergibt

$$\varphi = 0 \qquad \text{die UDS-Interpolation}$$
$$\varphi = 1 \qquad \text{die CDS-Interpolation}$$
$$\varphi = \varphi(r) \qquad \text{ein Verfahren höherer Ordnung (VHO)} \tag{4.21}$$

Durch r wird das Verhältnis der aufeinander folgenden Gradienten von ϕ entlang der Stromlinie approximiert

$$r = \frac{\phi_{\mathrm{U}} - \phi_{\mathrm{UU}}}{\phi_{\mathrm{D}} - \phi_{\mathrm{U}}} \tag{4.22}$$

Der Zähler des Quotienten entspricht dem Gradienten $(\nabla\phi)_u$ auf der nächsten, stromauf von f gelegenen Seitenfläche u, der Nenner ist der Gradient $(\nabla\phi)_f$ auf der Seitenfläche f. Die Verfahren höherer Ordnung werden später diskutiert.

UDS-, CDS- und LUDS-Interpolation Die UDS-Interpolation lautet mit den in Abb. 4.5 eingeführten Bezeichnungen

$$\phi_f^{\text{UDS}} = \phi_{\text{U}} \tag{4.23}$$

In den konvektiven Flüssen $\rho u\phi_f$, $\rho v\phi_f$ von (4.2) ergibt sich durch die UDS-Interpolation ein Fehler $\varepsilon_{\text{F}}^{\text{UDS}}$, dessen Größe aus einer Taylorreihenentwicklung der Strömungsgröße ϕ vom Zellmittelpunkt U des stromauf gelegenen KV zum Flächenmittelpunkt f abgeschätzt werden kann

$$\phi_f = \phi_{\text{U}} + (x_f - x_{\text{U}})\left(\frac{\partial\phi}{\partial x}\right)_{\text{U}} + \text{T.h.O.} \tag{4.24}$$

Um die Ordnung des Fehlers $\varepsilon_{\text{F}}^{\text{UDS}}$ der UDS-Interpolation abzuschätzen, werden die bei der Approximation nicht berücksichtigten Reihenglieder betrachtet. Es ergibt sich für den Fluss $\rho u\phi_f$

$$\rho u\phi_f = \rho u\left[\phi_{\text{U}} + (x_f - x_{\text{U}})\left(\frac{\partial\phi}{\partial x}\right)_{\text{U}} + \text{T.h.O.}\right]$$

$$\rho u\phi_f = \rho u\phi_{\text{U}} + \varepsilon_{\text{F}}^{\text{UDS}}$$

$$\varepsilon_{\text{F}}^{\text{UDS}} = \rho u\,(x_f - x_{\text{U}})\left(\frac{\partial\phi}{\partial x}\right)_{\text{U}} + \text{T.h.O.}$$

$$\varepsilon_{\text{F}}^{\text{UDS}} \simeq \rho u\frac{\Delta x}{2}\left(\frac{\partial\phi}{\partial x}\right)_{\text{U}} \simeq \Gamma_{\text{num}}\left(\frac{\partial\phi}{\partial x}\right)_{\text{U}} \tag{4.25}$$

Also ähnelt $\varepsilon_{\text{F}}^{\text{UDS}}$ dem diffusiven Term der Modellgleichung (3.1), da die Terme höherer Ordnung (T.h.O.) üblicherweise klein gegenüber dem führenden Term sind. Deswegen wird die Wirkung dieses Fehlers auch als numerische Diffusion bezeichnet, die durch den Parameter Γ_{num} charakterisiert wird.

Die CDS-Interpolation zwischen U und D lautet in der Notation von Abb. 4.5

$$\phi_f^{\text{CDS}} = \phi_{\text{U}} + \frac{1}{2}\left(\phi_{\text{D}} - \phi_{\text{U}}\right) = \phi_{\text{U}} + (x_f - x_{\text{U}})\left(\frac{\partial\phi}{\partial x}\right)_f \tag{4.26}$$

Die CDS-Interpolation lässt sich ebenfalls aus der Taylorreihenentwicklung ableiten. Dabei wird ein weiterer Reihenterm beibehalten, allerdings bleibt die Strömungsrichtung unberücksichtigt. Der numerische Fehler $\varepsilon_{\text{F}}^{\text{CDS}}$ nimmt auf äquidistanten Gittern quadratisch mit Δx ab, das Verfahren besitzt die Fehlerordnung $o\,(\Delta x)^2$. Auch auf nichtäquidistanten Gittern lässt sich ε_F^{CDS} gut durch Gitterverfeinerung reduzieren. Die CDS-Interpolation ist formal betrachtet genauer als die UDS-Interpolation, allerdings besitzt sie nicht die Transporteigenschaft.

Die UDS- und CDS-Interpolation haben verschiedene Vor- und Nachteile, die sich auf das numerische Modell auswirken. So kann die UDS-Interpolation speziell bei der numerischen Simulation von komplexen Strömungen stabilisierend wirken. Verantwortlich dafür ist die numerische Diffusion, die aber gleichzeitig auch einen entsprechenden numerischen Fehler in die Simulationsergebnisse einführt. Der Fehler nimmt nur langsam, nämlich linear mit der Zellweite Δx ab, das Verfahren ist von der Fehlerordnung $o\,(\Delta x)$. Schließlich erfüllt die UDS-Interpolation die Transporteigenschaft, wenn auch in einer sehr einfachen Art.

Die Vorteile beider Verfahren werden in der LUDS-Interpolation (LUDS für Linear Upwind Differencing Scheme) kombiniert [63]. Die LUDS- wird auch als SOU-Interpolation (für Second Order Upwind) bezeichnet [23]. LUDS berücksichtigt ebenfalls den zweiten Term der Taylorreihenentwicklung, der entsprechende Gradient wird allerdings im Zentralknoten U des stromauf von f gelegenen KV bestimmt

$$\phi_f^{LUDS} = \phi_U + [\nabla\phi]_U \left(x_f - x_U\right) \tag{4.27}$$

Damit ist es wie CDS von der Fehlerordnung $o\,(\Delta x)^2$, besitzt aber gleichzeitig wie UDS die Transporteigenschaft. Wird für die numerische Approximation des Gradienten $[\nabla\phi]_U$ beispielsweise eine Rückwärtsdifferenz (bezüglich der Strömungsrichtung) genutzt, lautet das Interpolationsschema in der Notation von Abb. 4.5

$$\phi_f^{LUDS} = \phi_U + \left(\frac{\phi_U - \phi_{UU}}{x_U - x_{UU}}\right)\left(x_f - x_U\right) = \phi_U + \frac{1}{2}\left(\phi_U - \phi_{UU}\right) \tag{4.28}$$

Üblicherweise nutzen CFD-Programme bei der LUDS-Interpolation allerdings komplexere Verfahren zur Bestimmung des Gradienten im Knoten U des stromauf gelegenen KV, die im nächsten Abschnitt vorgestellt werden.

Interpolationsverfahren höherer Ordnung Es gibt weitere Interpolationsverfahren, die von höherer Fehlerordnung sind und die Transporteigenschaft besitzen. Von diesen werden in CFD-Simulationen vor allem die QUICK-Interpolation (QUICK steht für Quadratic Interpolation for Convective Kinematics) sowie die TVD-Verfahren (TVD steht für Total Variation Diminishing) genutzt.

Durch die Flux-Limiter-Funktion

$$\varphi(r) = \frac{1}{2}\left[\frac{3}{2} + \frac{1}{2}r\right] \tag{4.29}$$

ergibt sich folgende Interpolationsvorschrift des QUICK-Verfahrens

$$\phi_f^{\text{QUICK}} = \phi_{\text{U}} + \frac{1}{4}\left[\frac{3}{2}\left(\phi_{\text{D}} - \phi_{\text{U}}\right) + \frac{1}{2}\left(\phi_{\text{U}} - \phi_{\text{UU}}\right)\right]$$

$$\phi_f^{\text{QUICK}} = \phi_{\text{U}} + \frac{3}{8}\phi_{\text{D}} - \frac{2}{8}\phi_{\text{U}} - \frac{1}{8}\phi_{\text{UU}} \tag{4.30}$$

Die QUICK-Interpolation [39] ist von der Fehlerordnung $o\left(\Delta x^3\right)$, allerdings neigt die Lösung zum Über- bzw. Unterschießen bei hohen Gradienten von ϕ. In diesen Situationen kann die QUICK-Interpolation auch zu nicht-konservativer Diskretisierung führen.

Ein Über- und Unterschießen der Lösung wird durch die Verwendung von TVD-Verfahren vermieden [21, 68]. Diese Verfahren beruhen auf der Gesamtvariation (Total Variation) der zu bestimmenden Strömungsgröße ϕ im Strömungsgebiet:

$$TV\left(\phi\right) = \int\limits_V |\nabla\phi|\,\mathrm{d}V = \sum_{i=1}^{N} |\phi_{i+1} - \phi_i| \tag{4.31}$$

Dabei wird über alle N Zellen des Rechengitters summiert. Die Grundidee der TVD-Verfahren lautet, dass die Gesamtvariation von ϕ im Rechengebiet zu minimieren ist.

Um die Grundidee zu realisieren, werden Verfahren niedriger und höherer Fehlerordnung in geeigneter Weise kombiniert [21, 68], also beispielweise

$$\phi_f^{TVD} = \phi_f^{\text{UDS}} + \varphi\left(r\right)\left(\phi_f^{\text{CDS}} - \phi_f^{\text{UDS}}\right) \tag{4.32}$$

Durch die Flux-Limiter-Funktion $\varphi\left(r\right)$ wird bestimmt, wann das Verfahren niedriger und wann das Verfahren höherer Ordnung genutzt wird. Dabei wird $\varphi\left(r\right)$ so formuliert, dass in Bereichen mit kleinen und mittleren Gradienten von ϕ das Verfahren hoher Ordnung, etwa CDS, angewandt wird. In Bereichen mit großen Gradienten von ϕ wird durch $\varphi\left(r\right)$ auf das Verfahren niedriger Ordnung, beispielsweise UDS, gewechselt, um das Über- und Unterschießen der Lösung zu vermeiden.

Außerdem muss $\varphi\left(r\right)$ folgende Eigenschaften besitzen, damit die TVD-Interpolation von der Fehlerordnung $o\left(\Delta x\right)^2$ ist [68]:

$$
\begin{aligned}
\varphi(r) &> 0 & & \text{Für alle } r \\
r \le \varphi(r) &\le \min\left(2r,\,1\right) & & \text{für } 0 < r < 1 \\
1 \le \varphi(r) &\le \min\left(r,\,2\right) & & \text{für } r \ge 1 \\
\varphi(1) &= 1 \\
\frac{\varphi(r)}{r} &= \varphi\left(\frac{1}{r}\right)
\end{aligned}
\tag{4.33}
$$

Beispiele für Flux-Limiter-Funktionen sind

$$\text{minmod:} \qquad \varphi_{\text{mm}}(r) = \max\left[0, \min(1, r)\right]$$

$$\lim_{r \to \infty} \varphi_{\text{mm}}(r) = 1 \tag{4.34}$$

$$\text{van Leer:} \qquad \varphi_{\text{vL}}(r) = \frac{r - |r|}{1 + |r|}$$

$$\lim_{r \to \infty} \varphi_{\text{vL}}(r) = 2 \tag{4.35}$$

$$\text{MUSCL:} \qquad \varphi_{\text{MU}}(r) = \max\left[0, \min\left(2r, \frac{1}{2}(r-1), 2\right)\right]$$

$$\lim_{r \to \infty} \varphi_{\text{MU}}(r) = 2 \tag{4.36}$$

$$\text{superbee:} \qquad \varphi_{\text{sb}}(r) = \max\left[0, \min(2r, 1), \min(r, 2)\right]$$

$$\lim_{r \to \infty} \varphi_{\text{sb}}(r) = 2 \tag{4.37}$$

Weitere Informationen zu TVD-Verfahren können der Literatur entnommen werden [21, 68, 11, 23, 69].

4.1.5 Numerische Differentation

Bei der Diskretisierung der diffusiven Flüsse in (4.2) muss die numerische Ableitung von ϕ auf den Seitenflächen f der KV gebildet werden. Üblicherweise wird hierfür die schon vorgestellte CDS-Differentation genutzt

$$\left(\frac{\partial \phi}{\partial x}\right)_f = \frac{\phi_{i+1} - \phi_i}{x_{i+1} - x_i} \tag{4.38}$$

Dabei sind mit i und $i+1$ die Strömungsgrößen ϕ und Koordinaten x der Zellmittelpunkte in den beiden Kontrollvolumina indiziert, die durch f getrennt werden.

Für die numerische Berechnung des Gradienten $(\nabla\phi)_{\text{P}}$ im Zentralknoten P des betrachteten KV stehen verschiedene Möglichkeiten zur Verfügung. Beispielsweise kann der Gradient mit Hilfe des Gaußschen Satzes approximiert werden

$$(\nabla\phi)_{\text{P}} = \frac{1}{\Delta V} \oint_{\text{OF}} \phi \, \mathrm{d}\underline{A} = \frac{1}{\Delta V} \sum_f \phi_f \, \Delta\underline{A}_f \tag{4.39}$$

Die Werte ϕ_f auf den einzelnen Seitenflächen ΔA_f des KV können mit der CDS-Interpolation bestimmt werden. Ein weiteres häufig genutztes Verfahren zur Ermittlung des Gradienten in P ist die sogenannte Least-Square-Gradientenrekonstruktion. Dabei wird der Gradienten in einem Minimierungs-Problem mit Hilfe der Methode der kleinsten Quadrate ermittelt [1].

4.1.6 Numerische Integration im Raum

Zur vollständigen Diskretisierung von (4.2) sind auch geeignete Verfahren zur numerischen Integration festzulegen, die in der Modellgleichung zur numerischen Approximation der Integrale von Funktionen $G(\phi)$, $H(\phi)$ der Größe ϕ über das KV und seine Seitenflächen $f = n, o, s, w$ genutzt werden.

$$\int_{KV} G(\phi) \, dV = (G(\phi) \, \Delta V)_{KV} \tag{4.40}$$

$$\int_{i} H(\phi) \, dA = (H(\phi) \, \Delta A)_f \tag{4.41}$$

Dabei wird für die numerische Integration sehr häufig die Mittelpunktsregel für Volumen- und Flächenintegrale genutzt. In diesem Verfahren wird das Volumenintegral durch das Produkt von $G(\phi_P)$ und dem Volumeninhalt ΔV von KV gebildet. Das Flächenintegral wird entsprechend durch $H(\phi_f)$ und dem Flächeninhalt ΔA_f der Seitenfläche f approximiert

$$(G(\phi) \, \Delta V)_{KV} = G(\phi_P) \, \Delta V \tag{4.42}$$

$$(H(\phi) \, \Delta A)_f = H(\phi_f) \, \Delta A_f \tag{4.43}$$

Mit der Mittelpunktsregel sind beispielsweise die Flächenintegrale in (4.7) approximiert worden. Seltener genutzt werden die Trapez- und die Simpsonregel. Für ein Flächenintegral, etwa auf der Seitenfläche w, ergibt die Trapezregel

$$(H(\phi) \, \Delta A)_w = [H(\phi_{nw}) + H(\phi_{sw})] \, \frac{\Delta A_w}{2} \tag{4.44}$$

Die Simpson-Regel lautet für diese Fläche

$$(H(\phi) \, \Delta A)_w = [H(\phi_{nw}) + 4H(\phi_w) + H(\phi_{sw})] \, \frac{\Delta A_w}{6} \tag{4.45}$$

Die in (4.44) und (4.45) verwendeten weiteren Stützpunkte können Abb. 4.6 entnommen werden.

4.1.7 Komplexe Geometrien

Die Verfahren zur numerischen Interpolation, Differentiation und Integration sind hier für kartesische Rechengitter erläutert worden. Für numerische Simulationen auf komplexeren Gittern mit unregelmäßigen Zellen sind verschiedene Ergänzungen in den numerischen Methoden vorzunehmen, um die dadurch verursachten zusätzlichen Diskretisierungsfehler zu kompensieren. In der weiterführenden Literatur [15, 23, 69] können Einzelheiten nachgelesen werden.

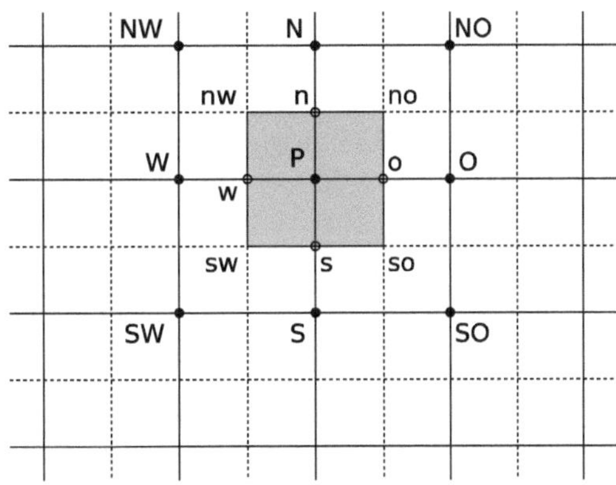

Abb. 4.6 Numerischen Integration: Benennung von Knoten und Flächen in der Umgebung eines KV

4.1.8 Numerische Integration in der Zeit

Grundidee der zeitlichen Integrationsverfahren Um (4.5) numerisch lösen zu können, müssen auch geeignete Verfahren zur numerischen Integration in der Zeit angegeben werden. Die Grundidee entsprechender Verfahren lässt sich gut verstehen, wenn (3.1) für eine inkompressible Strömung betrachtet wird. Sie lautet

$$\frac{\partial \phi}{\partial t} = \nabla \cdot \left(\frac{\Gamma}{\rho} \nabla \phi - \underline{u} \phi \right) + \frac{Q_\phi}{\rho} \tag{4.46}$$

Formal besitzt (4.46) eine deutliche Analogie zu einer gewöhnlichen, impliziten Differentialgleichung erster Ordnung

$$\frac{\mathrm{d}\phi}{\mathrm{d}t} = f\left(t, \phi(t)\right) \tag{4.47}$$

Die implizite Funktion $f\left(t, \phi(t)\right)$ entspricht der rechten Seite von (4.46), also den konvektiven und diffusiven Flüssen sowie dem Quellterm der Modellgleichung. Der Ausgangspunkt für die weiteren Überlegungen ist die Integration von (4.47) über ein Zeitintervall $\Delta t = t_{n+1} - t_n$. Es ergibt sich

$$\phi^{n+1} = \phi^n + \int_{t_n}^{t_{n+1}} f\left(t, \phi(t)\right) \mathrm{d}t \tag{4.48}$$

wobei die übliche Kurzschreibweise $\phi^n = \phi(t_n)$, $\phi^{n+1} = \phi(t_{n+1})$ berücksichtigt worden ist. Ist der Anfangswert $\phi^0 = \phi(t = 0)$ bekannt, kann eine numerische Lösung der Differentialgleichung durch die sukzessive Integration über m Zeitschritte Δt erreicht werden. In Abb. 4.7 ist diese Diskretisierung entlang der Zeitachse mit den Zeitpunkten t_{n-1}, t_n und t_{n+1} schematisch dargestellt.

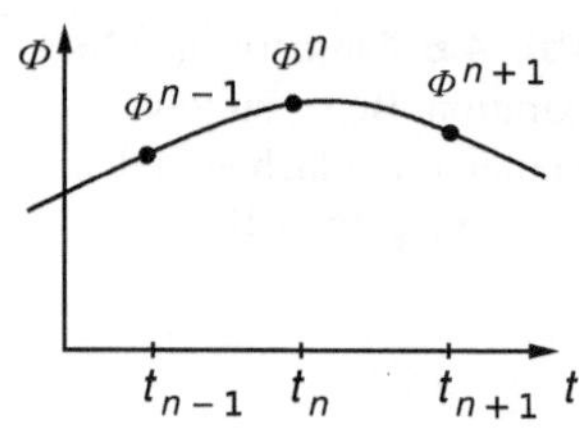

Abb. 4.7 Numerische Integration einer gewöhnlichen, impliziten Differentialgleichung erster Ordnung

In der Modellgleichung (4.46) hängt ϕ allerdings von t und $\underline{x}$ ab. Die Diskretisierung erfolgt also nicht nur entlang einer Zeitachse, sondern auf einem mehrdimensionalen Raumzeit-Gitter. In Abb. 4.8 ist die Indizierung der diskreten Werte ϕ auf einem x-t-Gitter skizziert. Beispielsweise bezeichnet bei ϕ_i^n der untere Index i den Ort x_i des Zentralknotens eines KV, während der obere Index n die betrachtete Zeitebene t_n angibt.

In Abb. 4.8 sind auch die Kausalbeziehungen zwischen den diskreten Größen ϕ_i^{n-1}, ϕ_{i-1}^n, ϕ_i^n usw. durch Pfeile angedeutet: Im Raum beeinflussen sich die Werte in den Stützstellen $i-1$, i und $i+1$ zu einer festen Zeit n gegenseitig (ausgezogene Pfeile), während in der Zeit eine Kausalkette zwischen der vorherigen Zeitebene, zum Beispiel $n-1$, als Ursache und der folgenden Zeitebene, zum Beispiel n, als Wirkung besteht (gestrichelte Pfeile).

Zwei-Ebenen-Verfahren In CFD-Simulationen werden überwiegend Zwei-Ebenen-Verfahren für die zeitliche Integration genutzt. Dabei werden die Werte zur neuen Zeitebene ϕ^{n+1} durch eine lineare Interpolation der Funktionswerte $f(t, \phi(t))$ auf den Zeitebenen t_n und t_{n+1} approximiert

$$\phi^{n+1} = \phi^n + \left[\alpha \cdot f(t_n, \phi^n) + (1-\alpha) \cdot f(t_{n+1}, \phi^{n+1})\right] \Delta t \qquad (4.49)$$

Durch die Spezifizierung des Parameters α ergeben sich folgende Integrationsverfahren:

- das <u>explizite Euler-Verfahren</u> durch die Festlegung $\alpha = 1$

$$\phi^{n+1} = \phi^n + f(t_n, \phi^n)\, \Delta t \qquad (4.50)$$

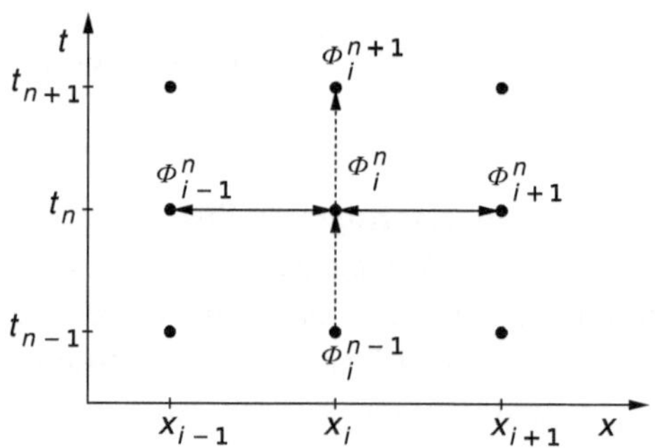

Abb. 4.8 Raum-Zeit-Gitter für die Integration einer eindimensionalen Modellgleichung

- das <u>implizite Euler-Verfahren</u> durch die Festlegung $\alpha = 0$

$$\phi^{n+1} = \phi^n + f\left(t_{n+1}, \phi^{n+1}\right) \Delta t \tag{4.51}$$

- das <u>Crank-Nicolson-Verfahren</u> [9] durch die Festlegung $\alpha = \frac{1}{2}$

$$\phi^{n+1} = \phi^n + \frac{1}{2}\left[f\left(t_n, \phi^n\right) + f\left(t_{n+1}, \phi^{n+1}\right)\right] \Delta t \tag{4.52}$$

Dabei ist zu beachten, dass beim impliziten Euler- und beim Crank-Nicolson-Verfahren implizite Probleme entstehen, da die gesuchte Größe ϕ^{n+1} über die zur neuen Zeit t^{n+1} auszuwertende Funktion $f\left(t_{n+1}, \phi^{n+1}\right)$ von sich selbst abhängt. Die Anwendung dieser beiden Verfahren erfordert dann üblicherweise eine iterative Lösung. Beim expliziten Euler-Verfahren ist dagegen keine Iteration notwendig, da die gesuchte Größe ϕ^{n+1} mit der Funktion $f\left(t_n, \phi^n\right)$ approximiert wird, die die bekannten Werte zur Zeit t_n enthält. Allerdings sind hier Stabilitätskriterien zu beachten, die die Größe von Δt einschränken. Die Stabilitätskriterien werden im nächsten Abschnitt besprochen.

Mehrebenen-Verfahren Neben den oben genannten Zwei-Ebenen-Verfahren bieten einige CFD-Programme auch Mehrebenen-Verfahren an. Sehr gebräulich ist dabei ein Verfahren, das bei der zeitlichen Integration Informationen aus drei aufeinander folgenden Zeitebenen t_{n-1}, t_n und t_{n+1} durch interpolierende Polynome auswertet [15]. Der gesuchte Wert ϕ^{n+1} wird dann mit den älteren Werten ϕ^{n-1} und ϕ^n sowie der Funktion $f\left(t_{n+1}, \phi^{n+1}\right)$ approximiert

$$\phi^{n+1} = \frac{4}{3}\phi^n - \frac{1}{3}\phi^{n-1} + \frac{2}{3}f\left(t_{n+1}, \phi^{n+1}\right) \Delta t \tag{4.53}$$

Das Verfahren wird als Backward-Differencing-Scheme zweiter Ordnung (BDS) bezeichnet. Auch hier entsteht ein implizites Problem, das iterativ gelöst werden muss.

4.1.9 Beispiel: Transiente, eindimensionale Modellgleichung

Die Anwendung der bisher vorgestellten numerischen Verfahren wird jetzt am Beispiel der quellfreien, transienten, eindimensionalen Modellgleichung demonstriert. Die Modellgleichung lautet

$$\frac{\partial \rho \phi}{\partial t} = \nabla \cdot \left(\Gamma \nabla \phi - \rho \underline{u} \phi\right) = f\left(t, \phi(t)\right) \tag{4.54}$$

Durch die Anwendung der FVM auf ein KV entsprechend Abb. 4.4 und der zeitlichen Integration über das Zeitintervall Δt folgt

$$\int\limits_{\mathrm{KV}} \rho \left(\phi^{n+1} - \phi^n\right) \mathrm{d}V = \int\limits_{t_n}^{t_n+\Delta t} \oint\limits_{\mathrm{OF}} \hat{n} \cdot \left(\Gamma \frac{\mathrm{d}\phi}{\mathrm{d}x} - \rho u \phi\right) \mathrm{d}A \mathrm{d}t \qquad (4.55)$$

Der konvektive und der diffusive Fluss werden mit der CDS-Differentation, der UDS-Interpolation und der Mittelpunktsregel räumlich diskretisiert, wobei die Bedingungen $\Delta x = \text{const}$, $A_\mathrm{o} = A_\mathrm{w} = 1$ und $u > 0$ berücksichtigt werden. Es ergibt sich die semi-diskretisierte Gleichung

$$\rho \left(\phi_\mathrm{P}^{n+1} - \phi_\mathrm{P}^n\right) \Delta x = \int\limits_{t}^{t+\Delta t} \left[\underbrace{\rho u \phi_\mathrm{W} - \Gamma \frac{\phi_\mathrm{P} - \phi_\mathrm{W}}{\Delta x}}_{\text{Seitenfläche w}} - \underbrace{\rho u \phi_\mathrm{P} + \Gamma \frac{\phi_\mathrm{O} - \phi_\mathrm{P}}{\Delta x}}_{\text{Seitenfläche o}} \right] \mathrm{d}t \qquad (4.56)$$

Jetzt ist noch die numerische Methode für die zeitliche Integration zu spezifizieren.

Methode 1: Euler-explizit Wird das explizite Euler-Verfahren nach (4.50) angewandt, lautet die vollständig diskretisierte Gleichung

$$\rho \left(\phi_\mathrm{P}^{n+1} - \phi_\mathrm{P}^n\right) \Delta x = \left[\rho u \phi_\mathrm{W}^n - \Gamma \frac{\phi_\mathrm{P}^n - \phi_\mathrm{W}^n}{\Delta x} - \rho u \phi_\mathrm{P}^n + \Gamma \frac{\phi_\mathrm{O}^n - \phi_\mathrm{P}^n}{\Delta x} - \right] \Delta t \qquad (4.57)$$

Wie in (4.14) für den stationären Fall werden die Terme für die einzelnen Stützstellen und Zeitebenen zusammengefasst. Es folgt

$$\phi_\mathrm{P}^{n+1} = \left(\frac{u \Delta t}{\Delta x} + \frac{\Gamma \Delta t}{\rho \left(\Delta x\right)^2}\right) \phi_\mathrm{W}^n + \left(1 - \frac{u \Delta t}{\Delta x} - \frac{2 \Gamma \Delta t}{\rho \left(\Delta x\right)^2}\right) \phi_\mathrm{P}^n$$
$$+ \left(\frac{\Gamma \Delta t}{\rho \left(\Delta x\right)^2}\right) \phi_\mathrm{O}^n \qquad (4.58)$$

In Kurzschreibweise lautet (4.58)

$$\phi_\mathrm{P}^{n+1} = a_\mathrm{W} \phi_\mathrm{W}^n + a_\mathrm{P} \phi_\mathrm{P}^n + a_\mathrm{O} \phi_\mathrm{O}^n \qquad (4.59)$$

Wie bereits erwähnt wurde, ist die schrittweise Integration dieser Gleichung ohne Iteration möglich, da die gesuchte neue Größe ϕ_P^{n+1} explizit aus den bekannten Größen ϕ_W^n, ϕ_P^n und ϕ_O^n berechnet werden kann. Die Stabilität der numerischen Integration erfordert allerdings, dass alle Koeffizienten a_W, a_P und a_O in (4.59) das gleiche Vorzeichen besitzen. Mit den in Abb. 4.4 angegebenen Parametern sind a_W und a_O in jedem Fall positiv, für a_P ergibt sich aber die Forderung

$$a_\mathrm{P} = 1 - \frac{u \Delta t}{\Delta x} - \frac{2 \Gamma \Delta t}{\rho \left(\Delta x\right)^2} > 0 \qquad (4.60)$$

Daraus folgt die sogenannte CFL-Bedingung für die Zeitschrittweite Δt

$$\Delta t < \frac{1}{\dfrac{u}{\Delta x} + \dfrac{2\Gamma}{\rho\,(\Delta x)^2}} \tag{4.61}$$

Der Term

$$\mathrm{Cou} = \frac{u\,\Delta t}{\Delta x} \tag{4.62}$$

wird als Courant-Zahl Cou bezeichnet.

CFL-Bedingung
Die CFL-Bedingung ist nach den deutschen Mathematikern R. Courant, K. Friedrichs und H. Lewy benannt, die sie 1928 erstmals formulierten [7]. In ihrer Veröffentlichung diskutieren sie die Möglichkeit, mit Hilfe von finiten Differenzen die Existenz von Lösungen für Differentialgleichungen der mathematischen Physik zu beweisen. Die also eigentlich durch eine theoretische Arbeit motivierte Bedingung hat dann später eine große Bedeutung in der CFD gewonnen.

Methode 2: Euler-implizit Wird das implizite Euler-Verfahren (4.51) angewandt, lautet die vollständig diskretisierte Gleichung

$$\rho\left(\phi_P^{n+1} - \phi_P^n\right)\Delta x = -\left[\left(\rho u \phi_P^{n+1} - \Gamma\,\frac{\phi_O^{n+1} - \phi_P^{n+1}}{\Delta x}\right)\right.$$
$$\left. - \left(\rho u \phi_W^{n+1} - \Gamma\,\frac{\phi_P^{n+1} - \phi_W^{n+1}}{\Delta x}\right)\right]\Delta t \tag{4.63}$$

Die Zusammenfassung der Terme für die einzelnen Stützstellen und Zeitebenen ergibt in diesem Fall

$$\left(1 + \frac{u\,\Delta t}{\Delta x} + \frac{2\Gamma\Delta t}{\rho\,(\Delta x)^2}\right)\phi_P^{n+1} = \left(\frac{u\,\Delta t}{\Delta x} + \frac{\Gamma\Delta t}{\rho\,(\Delta x)^2}\right)\phi_W^{n+1}$$
$$+ \phi_P^n + \left(\frac{\Gamma\Delta t}{\rho\,(\Delta x)^2}\right)\phi_O^{n+1}$$
$$a_P\phi_P^{n+1} = a_W\phi_W^{n+1} + \phi_P^n + a_O\phi_O^{n+1} \tag{4.64}$$

Jetzt ist für die schrittweise zeitliche Integration dieser Gleichung ein iteratives Vorgehen notwendig, da die gesuchte neue Größe ϕ_P^{n+1} von den ebenfalls unbekannten, neuen Größen ϕ_W^{n+1} und ϕ_O^{n+1} abhängt. Die Stabilität der numerischen Integration ist hier jedoch für beliebige Zeitschrittweiten Δt gegeben, da alle Koeffizienten a_W, a_P und a_O in (4.64) das gleiche Vorzeichen besitzen.

Anmerkungen Komplexere räumliche Diskretisierungsmethoden und zeitliche Integrationsverfahren können zu umfassenderen Stabilitätsbedingungen führen. Wird zum Beispiel die QUICK- statt der UDS-Interpolation im oben untersuchten Problem eingesetzt, folgt

$$
\rho\left(\phi_P^{n+1} - \phi_P^n\right)\Delta x = -\int_t^{t+\Delta t}\left[\underbrace{\rho u\left(\frac{3}{8}\phi_O + \frac{6}{8}\phi_P - \frac{1}{8}\phi_W\right) - \Gamma\frac{\phi_O - \phi_P}{\Delta x}}_{\text{Seitenfläche o}}\right]dt
$$

$$
+ \int_t^{t+\Delta t}\left[\underbrace{\rho u\left(\frac{3}{8}\phi_P + \frac{6}{8}\phi_W - \frac{1}{8}\phi_{WW}\right) + \Gamma\frac{\phi_P - \phi_W}{\Delta x}}_{\text{Seitenfläche w}}\right]dt \quad (4.65)
$$

In Verbindung mit dem expliziten Euler-Verfahren ergeben sich offensichtlich komplexere Vorfaktoren für die einzelnen Stützstellen und Zeitebenen.

4.2 Lösungsverfahren für Differenzengleichungen

Die vollständige räumliche und zeitliche Diskretisierung der stationären Modellgleichung wie in (4.15) und (4.18) ergibt für jedes KV im Strömungsgebiet eine Differenzengleichung in der formalen Kurzschreibweise

$$
a_P\phi_P = \sum_{NB} a_{NB}\phi_{NB} + \overline{Q}_{KV} \quad (4.66)
$$

Hier steht auf der rechten Seite die Summe der konvektiven und diffusiven Flüsse der benachbarten Kontrollvolumina NB, mit denen das KV durch die Diskretisierung gekoppelt wird. Für die transiente Modellgleichung ergibt sich entsprechend eine Differenzengleichung in der Kurzschreibweise

$$
a_P^{n+1}\phi_P^{n+1} = \sum_{NB}\left(a_{NB}^{n+1}\phi_{NB}^{n+1} + a_{NB}^n\phi_{NB}^n\right) + a_P^n\phi_P^n + \overline{Q}_{KV} \quad (4.67)
$$

Hier sind neben den Nachbarvolumen auch die Zeitebenen (in diesem Fall n und $n+1$) zu berücksichtigen. Die Koeffizienten a_P bzw. a_{NB} können ebenfalls implizit zeitabhängig sein, wenn zum Beispiel bei einem transienten Verhalten der Strömung die Interpolationsverfahren ihre Richtung transient ändern.

4.2.1 Stationäre Probleme

Lösungsmethoden Durch die Differenzengleichung (4.66) sind die gesuchten Größen ϕ_i in den Zentralknoten der einzelnen KV im Gitter miteinander verknüpft. Jede diskrete

Größe ϕ_i taucht im Zentralknoten P des eigenen KV (mit dem Vorfaktor a_{ii}) und in den Knoten NB = N, O, ... benachbarter KV (mit Vorfaktoren a_{ij}, $i \neq j$) auf. Die Gleichungen für alle N Kontrollvolumen KV im Strömungsgebiet lassen sich folgendermaßen in einer Matrix zusammenfassen

$$
\begin{pmatrix}
a_{11} & a_{12} & a_{13} & a_{14} & a_{15} & \cdots & a_{1N} \\
a_{21} & a_{22} & a_{23} & a_{24} & a_{25} & \cdots & a_{2N} \\
a_{31} & a_{32} & a_{33} & a_{34} & a_{35} & \cdots & a_{3N} \\
a_{41} & a_{42} & a_{43} & a_{44} & a_{45} & \cdots & a_{4N} \\
a_{51} & a_{52} & a_{53} & a_{54} & a_{55} & \cdots & a_{5N} \\
\vdots & \vdots & \vdots & \vdots & \vdots & \ddots & \vdots \\
a_{N1} & a_{N2} & a_{N3} & a_{N4} & a_{N5} & \cdots & a_{NN}
\end{pmatrix}
\cdot
\begin{pmatrix}
\phi_1 \\ \phi_2 \\ \phi_3 \\ \phi_4 \\ \phi_5 \\ \vdots \\ \phi_N
\end{pmatrix}
=
\begin{pmatrix}
Q_1 \\ Q_2 \\ Q_3 \\ Q_4 \\ Q_5 \\ \vdots \\ Q_N
\end{pmatrix}
\tag{4.68}
$$

Durch die Diskretisierung sind allerdings nur wenige KV direkt miteinander verknüpft, die Matrix ist deswegen schwach besetzt (für viele Elemente $i \neq j$ ist $a_{ij} = 0$) und besitzt eine sogenannte Bandstruktur, die üblicherweise erst nach einer Umordnung erkennbar ist. Symbolisch lässt sich das wie folgt darstellen

$$
\begin{pmatrix}
\times & \times & \times & 0 & 0 & \cdots & 0 \\
\times & \times & \times & \times & 0 & \cdots & 0 \\
\times & \times & \times & \times & \times & \cdots & 0 \\
0 & \times & \times & \times & \times & \cdots & 0 \\
0 & 0 & \times & \times & \times & \cdots & 0 \\
\vdots & \vdots & \vdots & \vdots & \vdots & \ddots & \vdots \\
0 & 0 & 0 & 0 & 0 & \cdots & \times
\end{pmatrix}
\cdot
\begin{pmatrix}
\phi_{h,1} \\ \phi_{h,2} \\ \phi_{h,3} \\ \phi_{h,4} \\ \phi_{h,5} \\ \vdots \\ \phi_{h,n}
\end{pmatrix}
=
\begin{pmatrix}
Q_1 \\ Q_2 \\ Q_3 \\ Q_4 \\ Q_5 \\ \vdots \\ Q_N
\end{pmatrix}
\tag{4.69}
$$

In einer kompakten Notation kann dafür

$$
\underline{\underline{A}}_\phi \cdot \underline{\phi}_h = \underline{Q}
\tag{4.70}
$$

geschrieben werden. Die numerische lineare Algebra stellt mehrere Möglichkeiten bereit, um diese Gleichung zu lösen.

1. Die direkte Lösung ergibt sich formal durch die Multiplikation der Gleichung mit der inversen Matrix $\underline{\underline{A}}_\phi^{-1}$

$$
\underline{\underline{A}}_\phi^{-1} \cdot \underline{\underline{A}}_\phi \cdot \underline{\phi}_h = \underline{\underline{A}}_\phi^{-1} \cdot \underline{Q}
$$
$$
\underline{\phi}_h = \underline{\underline{A}}_\phi^{-1} \cdot \underline{Q}
\tag{4.71}
$$

Allerdings ist dieser Weg bei heute typischen Gittergrößen sehr rechenaufwendig und wird deswegen selten gewählt.

2. Stattdessen wird das Problem in CFD üblicherweise iterativ gelöst. Das Grundschema eines iterativen Lösungsansatzes beruht auf der Identität

$$\underline{\underline{D}} \cdot \underline{\phi}_h = \underline{\underline{D}} \cdot \underline{\phi}_h - \left(\underline{\underline{A}}_\phi \cdot \underline{\phi}_h - \underline{Q} \right) \tag{4.72}$$

Darin ist $\underline{\underline{D}}$ die Matrix der Diagonalelemente von $\underline{\underline{A}}$. Aus diesem Ansatz ergibt sich durch Multiplikation mit der Inversen $\underline{\underline{D}}^{-1}$ eine Iterationsformel für den gesuchten Vektor $\underline{\phi}_h$, beispielsweise

$$\underline{\phi}_h^{(k+1)} = \underline{\phi}_h^{(k)} - \underline{\underline{D}}^{-1} \left(\underline{\underline{A}}_\phi \cdot \underline{\phi}_h^{(k)} - \underline{Q} \right)$$

$$\underline{\phi}_h^{(k+1)} = \underline{\underline{D}}^{-1} \cdot \underline{Q} - \left(\underline{\underline{D}}^{-1} \cdot \underline{\underline{A}}_\phi - \underline{\underline{\delta}} \right) \cdot \underline{\phi}_h^{(k)} \tag{4.73}$$

Der Ausdruck in den Klammern gibt die sogenannten Residuen $\underline{R}_h^{\phi,(k)}$ des Iterationsprozesses im Iterationsschritt k an

$$\underline{R}_h^{\phi,(k)} = \left(\underline{\underline{A}} \cdot \underline{\phi}_h^{(k)} - \underline{Q} \right) \tag{4.74}$$

Der Iterationsprozess wird solange fortgesetzt, bis das Gesamt-Residuum, kurz Residuum $R_h^{\phi,(k)} = \left| \underline{R}_h^{\phi,(k)} \right|$ einen bestimmten, vorgegebenen Wert R_{Ab}^ϕ unterschreitet, $0 < R_h^{\phi,(k)} < R_{\mathrm{Ab}}^\phi$. Der bei Iterationsabbruch erreichte Wert des Lösungsvektors $\underline{\phi}_h^{(*)}$ definiert dabei den Iterationsfehler $\varepsilon_{\mathrm{num}}^{(*)}$

$$\varepsilon_{\mathrm{num}}^{(*)} = \left| \underline{\phi}_h - \underline{\phi}_h^{(*)} \right| \tag{4.75}$$

Häufig verwendete Iterationsverfahren In CFD-Programmen werden unter anderem folgende Iterationsverfahren genutzt [63]:

- das <u>Jacobi-Verfahren</u>, bei dem das Gleichungssystem (4.69) nach folgendem Schema iteriert wird

$$\underline{\phi}_h^{(k+1)} = \underline{\underline{D}}^{-1} \cdot \underline{Q} - \left(\underline{\underline{D}}^{-1} \cdot \underline{\underline{A}}_\phi - \underline{\underline{\delta}} \right) \cdot \underline{\phi}_h^{(k)}$$

$$\phi_i^{(k+1)} = \frac{Q_i}{a_{ii}} - \sum_{j=1, j \neq i}^{N} \frac{a_{ij}}{a_{ii}} \phi_j^{(k)} \tag{4.76}$$

- das <u>Gauß-Seidel-Verfahren</u>, hier wird das Gleichungssystem (4.69) folgendermaßen iteriert

$$\underline{\phi}_h^{(k+1)} = \underline{\underline{D}}^{-1} \cdot \underline{Q} - \underline{\underline{D}}^{-1} \cdot \left[\left(\underline{\underline{U}} \cdot \underline{\underline{A}}_\phi \right) \cdot \underline{\phi}_h^{(k+1)} + \left(\underline{\underline{L}} \cdot \underline{\underline{A}}_\phi - \underline{\underline{\delta}} \right) \cdot \underline{\phi}_h^{(k)} \right]$$

$$\phi_i^{(k+1)} = \frac{Q_i}{a_{ii}} - \sum_{j=1}^{i-1} \frac{a_{ij}}{a_{ii}} \phi_j^{(k+1)} - \sum_{j=i+1}^{N} \frac{a_{ij}}{a_{ii}} \phi_j^{(k)} \tag{4.77}$$

Das bedeutet, dass bei der Lösung der Zeile für $\phi_i^{(k+1)}$ die im Iterationsschritt $k+1$ bereits berechneten Werte $\phi_j^{(k+1)}$ (angedeutet durch $j < i$) in den Nachbarzellen berücksichtigt werden.

- die konjugierte Gradienten-Verfahren, im Weiteren kurz Gradienten-Verfahren genannt. Diese Verfahren basieren auf der Funktion $F\left(\underline{\phi}_h\right)$

$$F\left(\underline{\phi}_h\right) = \underline{\phi}_h^T \cdot \underline{Q} - \frac{1}{2}\underline{\phi}_h^T \cdot \underline{\underline{A}}_\phi \cdot \underline{\phi}_h \tag{4.78}$$

Die Verfahren suchen das Minimum von $F\left(\underline{\phi}_h\right)$ über die Gradientenbedingung

$$\nabla F\left(\underline{\phi}_h\right) = 0$$

Eigenschaften des Gleichungssystems Wenn die durch Diskretisierung entstandenen Gleichungen folgende der in Abschn. 1.3 genannten Eigenschaften besitzen, verläuft das iterative Verfahren üblicherweise stabil und führt zur gewünschten Lösung.

E1 Beschränktheit: Darunter werden folgende Bedingungen für die Koeffizienten a_P aller Zentralknoten im Gitter und der Koeffizienten a_NB der jeweiligen Nachbarknoten NB verstanden: Alle Koeffizienten in einer Differenzengleichung sollen das gleiche Vorzeichen besitzen, außerdem soll a_P der Summe der Nachbarkoeffizienten entsprechen

$$\mathrm{sign}\,(a_\mathrm{P}) = \mathrm{sign}\,(a_\mathrm{NB}) \tag{4.79}$$

$$a_\mathrm{P} = \sum_\mathrm{NB} a_\mathrm{NB} \tag{4.80}$$

Durch diese Bedingungen wird gewährleistet, dass im betrachteten KV kein lokaler Extremwert der gesuchten Größe ϕ entstehen kann.

E2 Konservativität: Diese Eigenschaft wird durch die Konsistenz der Flüsse an den Grenzflächen benachbarter KV erreicht, siehe Abb. 4.2.

E3 Konvergenz: Damit das iterative Verfahren schneller konvergiert, wird die Diagonaldominanz der Matrix $\underline{\underline{A}}$ häufig durch eine Linearisierung des Quellterms erhöht. Dabei bedeutet Diagonaldominanz, dass die einzelnen Diagonalelemente a_{ii} jeweils größer sind als die Summe der restlichen Elemente a_{ij} der Zeile i der Matrix $\underline{\underline{A}}$ sind. Eine diagonaldominante Matrix erfüllt somit die Bedingung

$$\sum_{j\neq i,\, j=1}^{N} a_{ij} < a_{ii} \tag{4.81}$$

für alle $i = 1, \ldots, N$. Zur Erhöhung der Diagonaldominanz wird der Quellterm wie folgt approximiert

$$\overline{Q}_\mathrm{KV}\Delta V = Q_\mathrm{U} + Q_\mathrm{P}\phi_\mathrm{P}\,, \qquad Q_\mathrm{P} < 0 \tag{4.82}$$

Abb. 4.9 Definition von drei
Gittern für das Multigrid-
Verfahren

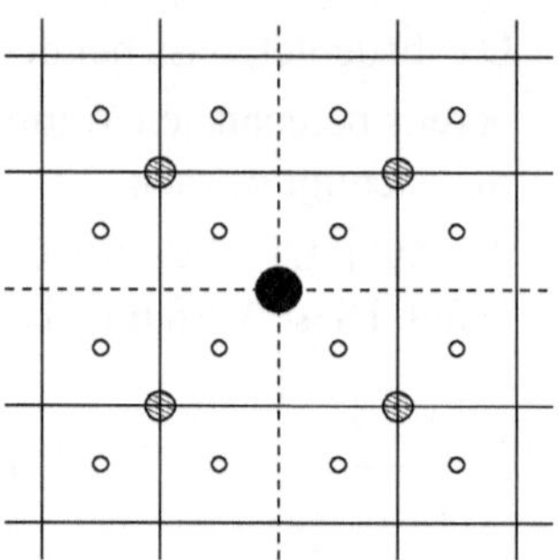

Darin enthält Q_U den von ϕ unabhängigen und Q_P den von ϕ abhängigen Teil des
Quellterms. Falls die Differenzengleichung die Voraussetzungen für die Beschränkt-
heit erfüllt, folgt

$$\frac{\sum a_\mathrm{NB}}{a_\mathrm{P} - Q_\mathrm{P}} \begin{cases} \leq 1 & \text{für alle KV} \\ < 1 & \text{für min. 1 KV} \end{cases} \tag{4.83}$$

Diese Bedingung ist hinreichend für die Konvergenz des iterativen Lösungsverfahrens.

Konvergenzbeschleunigung Um die iterative Lösung des Gleichungssystems zu beschleunigen, werden in einer CFD-Simulation üblicherweise folgende Möglichkeiten
genutzt:

- die Verwendung von Mehrgitter- bzw. Multigrid-Verfahren und
- die Vorkonditionierung des zu lösenden Gleichungssystems.

Bei der iterativen Lösung des Gleichungsystems mit dem Gauß-Seidel-Verfahren nimmt
das Residuum $R_h^{\phi,(k)}$ zu Beginn der Iteration rasch ab. Nach einer Weile verringert sich
jedoch die Konvergenzrate, das Residuum nimmt deutlich langsamer ab. Das liegt daran,
dass nach dem Start der Iteration zuerst die kurzreichweitigen, lokalen Fehler zwischen
benachbarten Gitterzellen abgebaut werden. Es verbleiben dann noch die langreichweitigen Fehler im Gitter, die nur langsam zurückgehen.

Um dieses Problem zu überwinden und nahezu konstante Konvergenzraten bis zum
Iterationsabbruch zu erzielen, können sogenannte Multigrid-Verfahren genutzt werden.
Die Grundidee dieser Verfahren ist, dass aus dem ursprünglichen Rechengitter mit einer
charakteristischen Gitterweite h weitere gröbere Rechengitter mit Gitterweiten von beispielsweise $2h$, $4h$, usw. erzeugt werden. In Abb. 4.9 ist das für drei Gitter dargestellt. Aus
dem feinsten Gitter (Zellmittelpunkte offen) ergeben sich durch das Zusammenfassen von
jeweils vier Kontrollvolumina die Zellen des nächst gröberen Gitters (Zellmittelpunkte
schraffiert). Diese können schließlich zum gröbsten Gitter (Zellmittelpunkte voll) zusammengefasst werden.

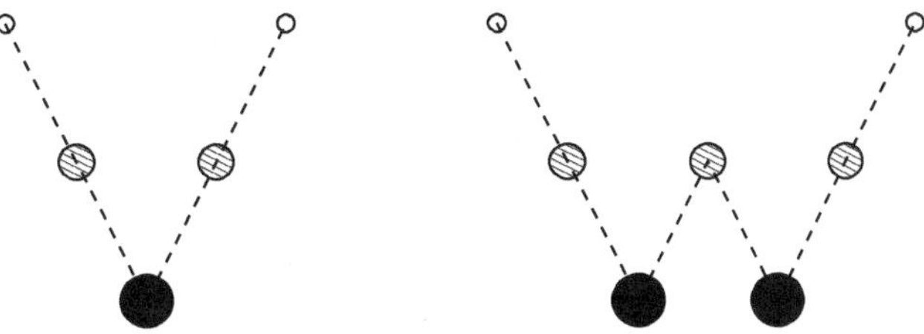

Abb. 4.10 Multigrid-Zyklen: V-Zyklus (links) und W-Zyklus (rechts)

Während des Iterationsprozesses werden Lösungen im Wechsel auf den verschiedenen Gittern berechnet, wobei zwischen diesen Gittern Informationen über die jeweiligen Lösungen ausgetauscht werden. Aus den langreichweitigen Fehlern des feinen Gitters werden dann kurzreichweitige Fehler auf einem gröberen Gitter, die dort schneller abklingen. In Abb. 4.10 sind Beispiele für mögliche Multigrid-Zyklen für den Wechsel zwischen den drei in Abb. 4.9 gezeigten Gittern angegeben.

Die Konvergenzrate eines iterativen Verfahrens kann außerdem durch die Vorkonditionierung des Gleichungssystems erhöht werden. Dieser Ansatz beruht auf der schon diskutierten Tatsache, dass eine Diagonaldominanz der Matrix $\underline{\underline{A}}$ zu einer besseren Konvergenzrate führt. Um jetzt die Diagonaldominanz von $\underline{\underline{A}}$ zu erhöhen, wird das Gleichungssystem mit einer Vorkonditioniermatrix $\underline{\underline{K}}$ multipliziert

$$\left(\underline{\underline{K}} \cdot \underline{\underline{A}}_\phi\right) \cdot \underline{\phi}_h = \underline{\underline{K}} \cdot \underline{Q} \tag{4.84}$$

Es gibt verschiedene Vorkonditioniermatrizen, die für diesen Zweck genutzt werden, zum Beispiel

$$\underline{\underline{K}} = \underline{\underline{D}}^{-1}$$

Die Vorkonditioniermatrix $\underline{\underline{K}}$ sollte $\underline{\underline{A}}^{-1}$ mit geringstmöglichem Aufwand bestmöglich approximieren. Deswegen können auch iterative Gleichungslösungsverfahren wie das Jacobi- oder das Gauß-Seidel-Verfahren als Vorkonditionierer eingesetzt werden.

Unterrelaxation Iterative Lösungsverfahren neigen gelegentlich zu instabilem Verhalten, beispielsweise wenn die diskretisierten Modellgleichungen stark nichtlinear sind. Die Instabilität macht sich unter anderem durch ein schnelles und starkes Ansteigen des Residuums R_h^ϕ bemerkbar. In diesen Fällen kann das iterative Verfahren durch die sogenannte Unterrelaxation stabilisiert werden. Bei der Unterrelaxation beispielsweise des Gauß-Seidel-Verfahrens wird die folgende Iterationsvorschrift angewandt

$$\phi_i^{(k+1)} = \alpha \left(\frac{Q_i}{a_{ii}} - \sum_{j=1}^{i-1} \frac{a_{ij}}{a_{ii}} \phi_j^{(k+1)} - \sum_{j=i+1}^{N} \frac{a_{ij}}{a_{ii}} \phi_j^{(k)} \right) + (1 - \alpha)\, \phi_i^{(k)} \tag{4.85}$$

Der neue Wert $\phi_i^{(k+1)}$ wird also zum Teil direkt aus dem alten Wert $\phi_i^{(k)}$ gewonnen. Die Unterrelaxation wird durch den Unterrelaxationsparameter α kontrolliert. Mit $\alpha = 1$ folgt das ursprüngliche Gauß-Seidel-Verfahren, die Stabilisierung ergibt sich für Werte $0 < \alpha < 1$. Allerdings verringert sich durch die Unterrelaxation die Konvergenzrate des Verfahrens.

<u>Anmerkung:</u> Für das Gauß-Seidel-Verfahren können auch Werte $1 < \alpha < 2$ eingesetzt werden. Diese Wahl führt dann zur sogenannten sukzessiven Überrelaxation (Successive Over Relaxation, SOR). In diesem Fall wird die Konvergenzrate erhöht, das Iterationsverfahren aber nicht stabilisiert.

4.2.2 Transiente Probleme

Die Lösung der Differenzengleichung (4.66), die mit einem impliziten Verfahren für die Zeitintegration diskretisiert wurde, erfolgt in zwei Schritten. Zuerst wird das Gleichungssystem für eine feste Zeit t^{n+1} mit den eben vorgestellten Methoden gelöst. Danach erfolgt die Zeitintegration für den nächsten Zeitschritt, also der Übergang von t^{n+1} zur nächsten Zeitebene t^{n+2}, usw.

4.3 Praktikum: Konvektion eines Skalars

Die in diesem Kapitel vorgestellten Methoden werden jetzt zur Lösung eines einfachen Konvektionsproblems in zwei Dimensionen genutzt.

Problembeschreibung Die transiente zweidimensionale Modellgleichung (4.3) soll für die in Abb. 4.11 skizzierte Strömungskonfiguration gelöst werden. Für das Problem sollen folgende Vereinfachungen gelten: $\rho = \text{const}$, $\underline{u} = \text{const}$, $\Gamma = 0$ und $Q_\phi = 0$. Damit lautet die zu diskretisierende Gleichung für ein KV und einen Zeitschritt Δt

$$\left(\phi^{t+\Delta t} - \phi^t\right)_{\text{KV}} \Delta V = \int_t^{t+\Delta t}\int_{\text{w}} u\phi_{\text{w}}\, dA\, dt - \int_t^{t+\Delta t}\int_{\text{n}} v\phi_{\text{n}}\, dA\, dt$$

$$- \int_t^{t+\Delta t}\int_{\text{o}} u\phi_{\text{o}}\, dA\, dt + \int_t^{t+\Delta t}\int_{\text{s}} v\phi_{\text{s}}\, dA\, dt \qquad (4.86)$$

Abb. 4.11 Konfiguration des zweidimensionalen Konvektionsproblems

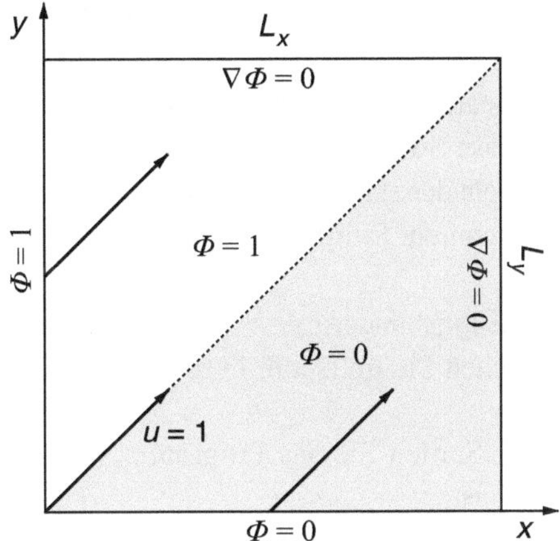

Werden die Integrale jeweils mit der Mittelpunktsregel approximiert, folgt

$$\left(\phi_P^{t+\Delta t} - \phi_P^t\right) \Delta x \Delta y = \int_t^{t+\Delta t} u\phi_w\, \Delta y\, \mathrm{d}t - \int_t^{t+\Delta t} v\phi_n\, \Delta x\, \mathrm{d}t$$

$$- \int_t^{t+\Delta t} u\phi_o\, \Delta y\, \mathrm{d}t + \int_t^{t+\Delta t} v\phi_s\, \Delta x\, \mathrm{d}t \tag{4.87}$$

Da $\underline{u}$ gegeben ist, muss bei der weiteren Diskretisierung von (4.87) festgelegt werden, welches numerische Verfahren für die Integration in der Zeit genutzt werden soll und durch welches Interpolationsverfahren die Werte von ϕ auf den Seitenflächen des KV approximiert werden.

Das in Abb. 4.11 skizzierte Strömungsgebiet hat die Abmessungen $L_x = L_y = 0{,}1\,\mathrm{m}$, das Geschwindigkeitsfeld $\underline{u} = (u,\, v),\, u = v,\, \|\underline{u}\| = 1\,\mathrm{m/s}$ im Gebiet wird dabei als bekannt vorausgesetzt. In der Strömung wird ϕ nur konvektiv transportiert, wobei die in Abb. 4.11 gegebenen Randbedingungen gelten sollen. Damit ist klar, dass das Strömungsgebiet in der exakten Lösung durch die gestrichelt gezeichnete Diagonale getrennt wird. In der Simulation soll zur Startzeit $t_0 = 0$ die Verteilung $\phi^0 = 0$ im gesamten Strömungsgebiet vorgegeben werden, die sich mit zunehmender Zeit an das erwartete Endergebnis annähert. Schließlich stellt sich nach $t > \sqrt{L_x^2 + L_y^2}/\|\underline{u}\| = 0{,}141\,s$ ein stationärer Zustand entsprechend Abb. 4.11 ein.

Im Folgenden finden Sie Hinweise, wie die CFD-Simulation auf der Grundlage von (4.87) mit ANSYS FLUENT und mit OpenFOAM durchgeführt wird. Die dabei erzielten Ergebnisse erlauben einen Vergleich der verschiedenen Methoden im Hinblick auf die Genauigkeit der jeweiligen Simulation.

4.3.1 Lösung mit ANSYS FLUENT

Die Bearbeitung des Problems mit ANSYS FLUENT wird etwas umständlich erscheinen. Da diese Software für die Lösung deutlich komplexerer Probleme konzipiert ist, können Sie viele der standardmäßig beim Start von ANSYS FLUENT vorliegenden Einstellungen übernehmen. Einige Einstellungen müssen allerdings deaktiviert werden.

Lösungshinweise

Gehen Sie im Detail in folgenden Schritten vor:

1. Starten Sie das Programm, berücksichtigen Sie, dass Ihr Problem in 2D zu lösen ist.
2. Verwenden Sie zuerst das im Praktikum *Ebenes, quadratisches Strömungsgebiet*, Abschn. 2.5, erzeugte Gitter mit 50×50 Zellen, laden Sie dazu die Datei `QuadFlowDom-050.msh` in ANSYS FLUENT (Menü `File > Read > Mesh`).
3. Wählen Sie `General > Scale`, um das Menü `Scale Mesh` zu öffnen. Skalieren Sie das Gitter auf die Größe $0{,}1 \, \text{m} \times 0{,}1 \, \text{m}$, geben Sie dazu entsprechende Skalierungsfaktoren an (Abb. 4.12a).
4. Geben Sie eine transiente Formulierung des numerischen Modells vor, wählen Sie dazu in `Define > General > Time` die Option `Transient` aus.
5. Spezifizieren Sie das numerische Modell. Da die Strömung (das Geschwindigkeitsfeld $\underline{u}$) als bekannt vorausgesetzt wird, muss kein numerisches Modell der Strömung spezifiziert werden. Stattdessen wird die Bewegung eines Skalars ϕ entsprechend (4.87) untersucht. Die Modellgleichung kann in ANSYS FLUENT durch die Wahl `Define > User-Defined > Scalars ...` aktiviert werden. Hinweis: In der Standard-Vorgabe wird an den Einströmrändern Diffusion berücksichtigt, diese Option (`Inlet Diffusion`) muss abgewählt werden (Abb. 4.12b).
6. Passen Sie die Materialeigenschaften des strömenden Fluides so an, dass keine Diffusion auftritt: Die Diffusionskonstante muss auf den Wert 0 gesetzt werden (beachten Sie auch die Ausgabe in der Konsole). Die Materialeigenschaften Dichte ρ und Viskosität η des Fluids (in diesem Fall Luft) sind für die Lösung nicht von Bedeutung, Sie müssen sie nicht ändern (Abb. 4.12c).
7. Setzen Sie die Randbedingungen (Zugang über `Define > Boundary Conditions ...`) entsprechend den Angaben in Abb. 4.11. Die Ränder `unten` und `links` werden als Geschwindigkeits-Einlass gesetzt (Randbedingung `velocity-inlet` statt `wall`). Hier sind passende Randbedingungen für das konstante Geschwindigkeitsfeld $\underline{u}$ vorzugeben. Öffnen Sie den Reiter `Momentum` und wählen Sie die Formulierung der Randbedingung, zum Beispiel `Magnitude and Direction`. Geben Sie entsprechende Werte vor, in diesem Fall den Betrag (`Magnitude`) $u = 1 \, \text{m/s}$ und die Richtung (`X-Component of Flow Direction = Y-Component of Flow Direction = 1`, Abb. 4.13a). Ge-

Abb. 4.12 Konvektionsproblem mit ANSYS FLUENT: Adaption Setup

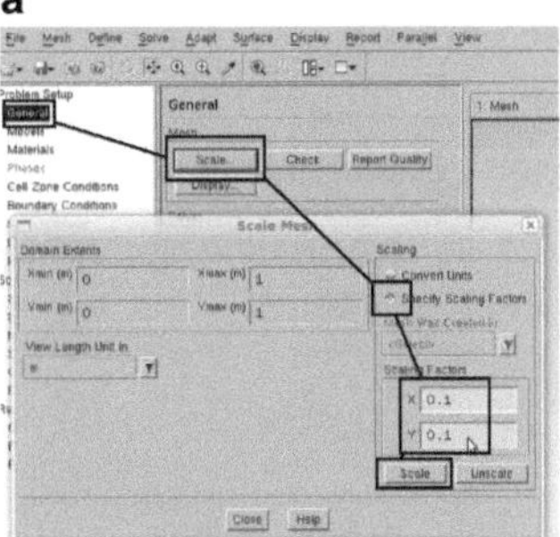

Gitter skalieren

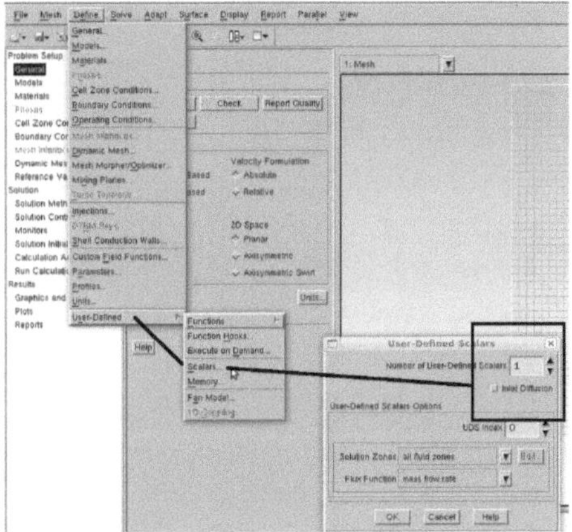

Transportgleichung anwählen

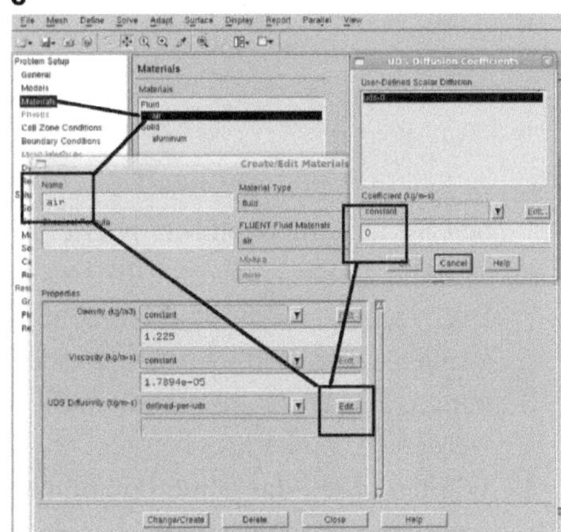

Stoffwerte

Abb. 4.13 Konvektionsproblem mit ANSYS FLUENT: Randbedingungen

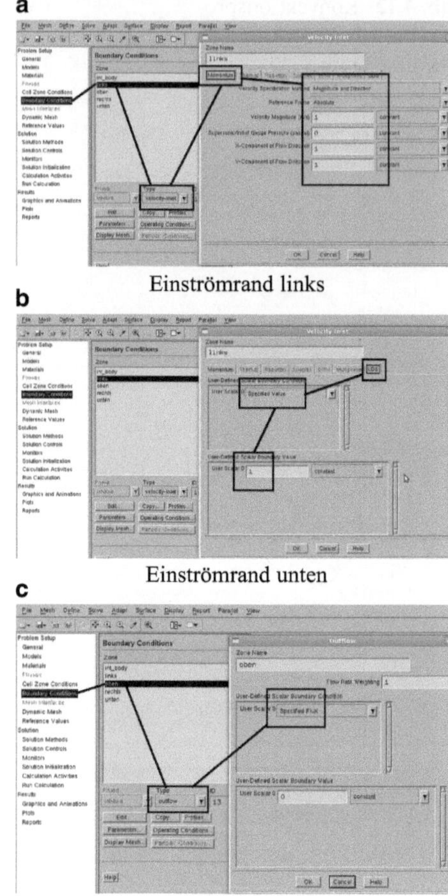

Einströmrand links

Einströmrand unten

Ausströmränder

ben Sie anschließend Randwerte für ϕ vor. Spezifizieren Sie im Reiter UDS $\phi = 1$ (Rand links, Abb. 4.13b) bzw. $\phi = 0$ (Rand unten). UDS steht hier für User-Defined Scalar und ist nicht mit der UDS-Interpolation zu verwechseln! Die Ränder oben und rechts werden als Nullgradienten-Rand gesetzt (Randbedingung outflow), hier können die Vorgaben von ANSYS FLUENT übernommen werden (Abb. 4.13c).

8. Wählen Sie das Interpolationsschema für die Lösung des Konvektionsproblems (Zugang über Solution > Solution Methods > Spatial Discretization > User Scalar 0). Beginnen Sie mit der UDS-Interpolation (First Order Upwind) entsprechend (4.23). Hinweis: Die weiteren in diesem Fenster angegebenen Methoden werden bei der späteren Berechnung nicht berücksichtigt (Abb. 4.14a). Wählen Sie das BDS-Verfahren (4.53)

Abb. 4.14 Konvektionsproblem mit ANSYS FLUENT: Numerik

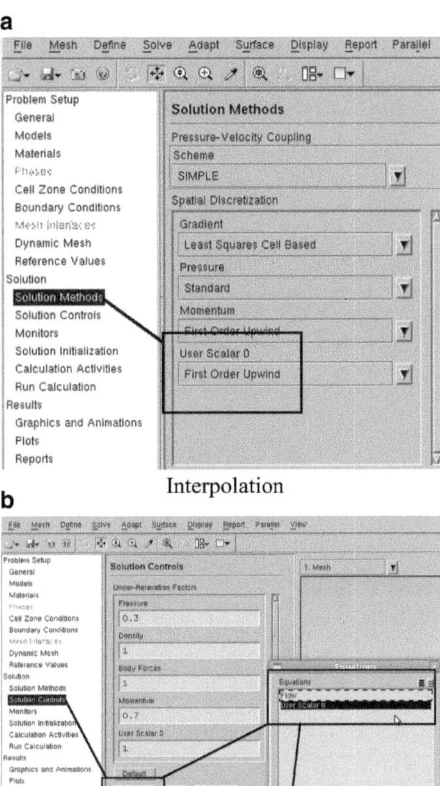

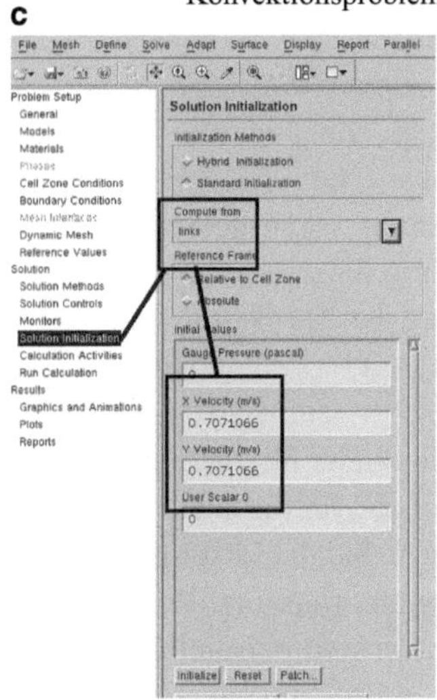

Abb. 4.15 Konvektionsproblem mit ANSYS FLUENT: Simulation und Auswertung

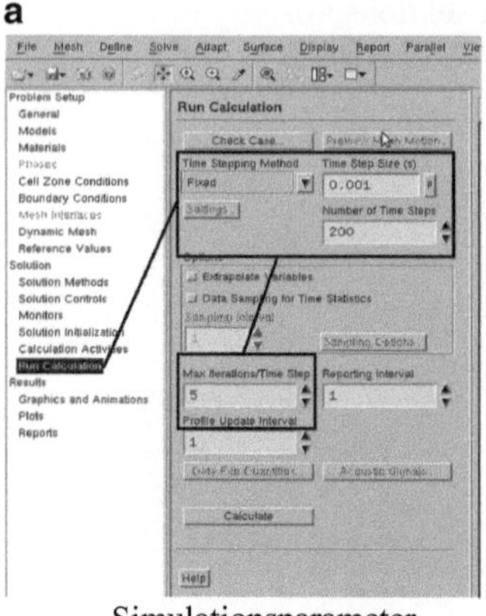

Simulationsparameter

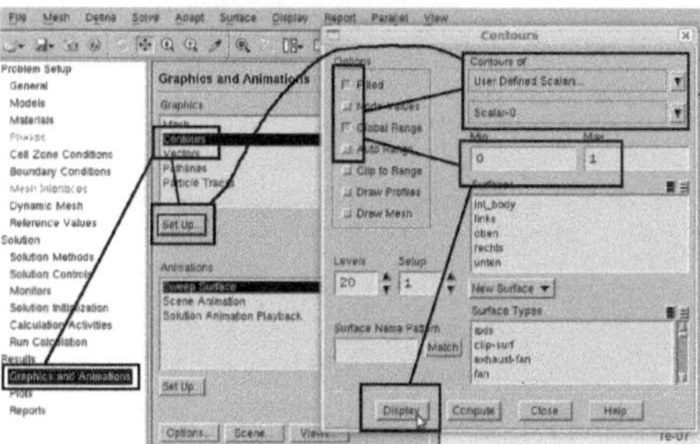

Grafische Darstellung

für die Zeitintegration (Option `Second Order Implicit` bei `Transient Formulation`).

9. Spezifizieren Sie das Konvektionsproblem, indem Sie die zu lösende Transportgleichung (Zugang über `Solve > Solution Controls > Equations ...`) auswählen. Hinweis: Da die Strömung und damit das Geschwindigkeitsfeld als bekannt vorausgesetzt wird, sind die Kontinuitäts- und die Navier-Stokes-Gleichung (bezeichnet als `Flow`) abzuwählen (Abb. 4.14b).

10. Die Vorgabe des Geschwindigkeitsfeldes erfolgt durch eine Initialisierung von $\underline{u}$ entsprechend der oben genannten Werte (Zugang über `Solution > Solution Initialisation ...`). Sie können diese Werte von einem der Einströmränder übernehmen. Hinweis: Da die Strömung nicht berechnet wird, ändern sich die für die Geschwindigkeit initialisierten Werte nicht mehr (Abb. 4.14c).

11. Berechnen Sie die Lösung des Problems, wählen Sie dabei eine Zeitschrittweite Δt so, dass die transiente Rechnung in wenigen hundert Zeitschritten beendet ist. In Abb. 4.15a sind beispielhaft einige Einstellungen angegeben, mit denen die unten gezeigten Ergebnisse erzielt wurden.

12. Werten Sie die Ergebnisse aus, stellen Sie zum Beispiel die Verteilung des Skalars im Strömungsgebiet dar. Dazu öffnen Sie das Menü `Results > Graphics`

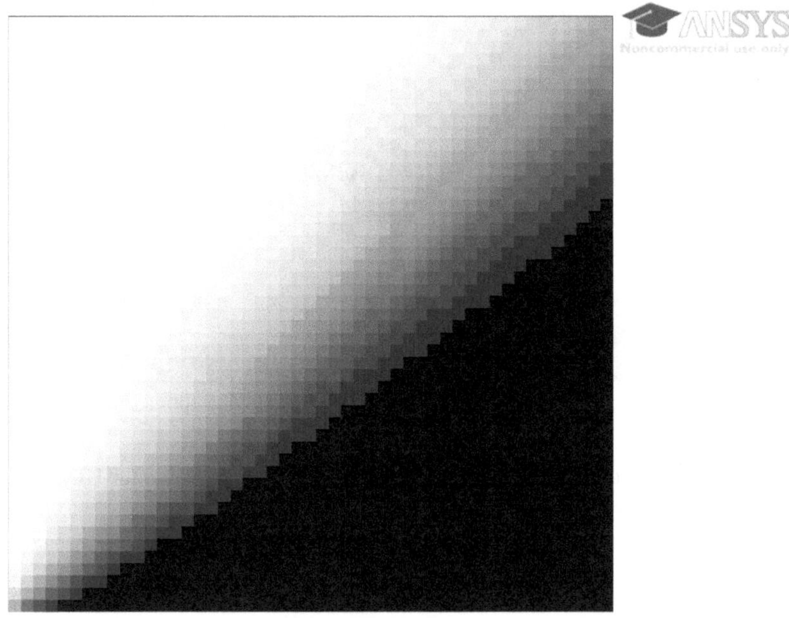

Abb. 4.16 Konvektionsproblem mit ANSYS FLUENT: Ergebnis (Verteilung von ϕ) für UDS-Interpolation auf dem Gitter mit 50×50 Zellen, weiß: $\phi = 1$, schwarz: $\phi = 0$

and Animation > Contours > Setup, wählen dort Contours of > User Defined Scalars. Für die Darstellungen in Abb. 4.16–4.18 sind folgende Einstellungen (Options) gegenüber der Standardeinstellung von ANSYS FLUENT geändert worden: Filled anwählen, Node Values abwählen (damit werden die wirklich berechneten Zellwerte gezeigt, andernfalls ergibt sich eine geglättete Darstellung der Ergebnisse), Auto Range abwählen und als Wertebereich Min 0 und Max 1 angeben (Abb. 4.15b).

13. Für die Verteilung des transportierten Skalars ϕ im Strömungsgebiet sollten Sie das in Abb. 4.16 dargestellte Ergebnis finden (im Menü Results > Graphics and Animation > Colormap kann mit Currently Defined > grey die Grauscale gewählt werden).

14. Untersuchen Sie auch folgende Aspekte:
    - Wie sehen die Verteilungen von ϕ auf den feineren Gittern QuadFlowDom-100.msh und QuadFlowDom-200.msh mit 100×100 und 200×200 Zellen aus? Führen Sie dazu die CFD-Simulationen auf diesen Gittern aus. Welche Unterschiede stellen Sie fest? Auf welchem Gitter entspricht die Lösung am besten der erwarteten exakten Lösung?

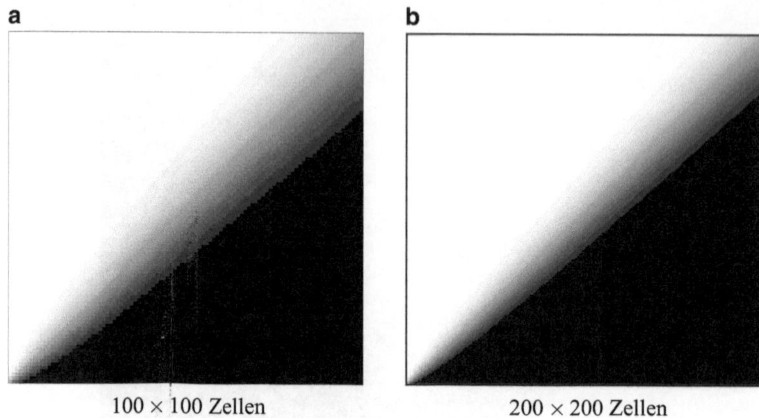

Abb. 4.17 Konvektionsproblem mit ANSYS FLUENT: Ergebnisse für UDS-Interpolation auf unterschiedlichen Gittern, weiß: $\phi = 1$, schwarz: $\phi = 0$

- Wie wirkt sich das Interpolationsverfahren auf die Güte der Ergebnisse aus? Führen Sie dazu CFD-Simulationen mit anderen möglichen Interpolationsschemen, zum Beispiel LUDS (in ANSYS FLUENT als `Second Order UDS` bezeichnet) entsprechend (4.27) oder QUICK entsprechend (4.30) aus. Hinweis: Bei `Second Order UDS` müssen Sie auch das numerische Verfahren zur Bestimmung der Gradienten angeben, dies erfolgt im Menüpunkt `Solution > Solution Methods > Spatial Discretization > Gradient`). Vergleichen Sie die Ergebnisse auch mit den UDS-Resultaten auf den unterschiedlichen Gittern.

Diskussion Das in Abb. 4.16 dargestellte Ergebnis der CFD-Simulation mit der UDS-Interpolation auf dem Gitter mit 50×50 Zellen zeigt, dass das berechnete Ergebnis deutlich von der theoretischen Lösung abweicht. Der Sprung von $\phi = 0$ zu $\phi = 1$ ist stark verschmiert, wie es aufgrund der durch die UDS-Interpolation verursachten numerischen Diffusion, siehe (4.25), erwartet werden konnte. Die numerische Diffusion führt auch dazu, dass die Breite des Übergangsbereichs mit $0 < \phi < 1$ entlang der Diagonalen von unten links nach oben rechts immer größer wird.

Die Simulationen auf den beiden anderen Gittern und mit anderen Interpolationsverfahren ergeben die in Abb. 4.17 und 4.18 dargestellten Verteilungen von ϕ. Die schon in Abschn. 4.1 diskutierten Eigenschaften der einzelnen Interpolationsverfahren machen sich deutlich bemerkbar:

- Die durch die UDS-Interpolation verursachte numerische Diffusion nimmt auf den beiden feineren Gittern mit 100×100 bzw. 200×200 Zellen nur langsam ab, Abb. 4.17. Die Grenze zwischen den beiden Teilgebieten $\phi = 1$ und $\phi = 0$ ist auch auf diesen

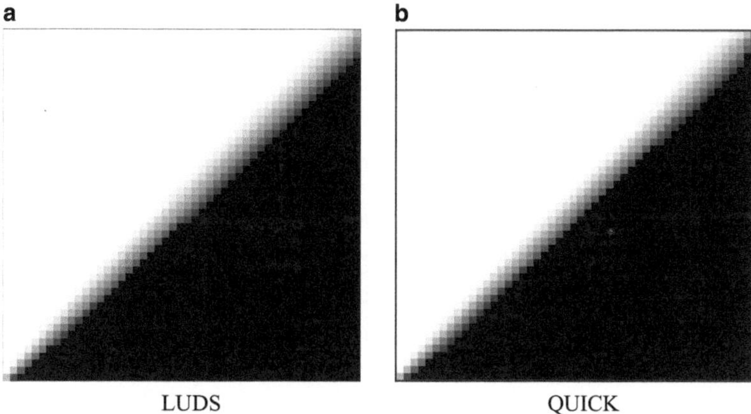

Abb. 4.18 Konvektionsproblem mit ANSYS FLUENT: Ergebnisse für unterschiedliche Interpolationsverfahren auf dem Gitter mit 50×50 Zellen, weiß: $\phi = 1$, schwarz: $\phi = 0$

Gittern noch verschmiert. Der Übergangsbereich weitet sich auch auf diesen Gittern von unten links nach oben rechts auf, allerdings nimmt die mittlere Breite offensichtlich mit zunehmender Gitterauflösung ab.

- Die Verwendung der LUDS- und der QUICK-Interpolation führt bereits auf dem Gitter mit 50×50 Zellen zu einem deutlich besseren Ergebnis, siehe Abb. 4.18, die Grenze zwischen den Teilgebieten ist hier nur noch über wenige Kontrollvolumina verschmiert, die Breite des Übergangsbereichs nimmt im Gegensatz zu den Ergebnissen der UDS-Interpolation nur minimal zu.

Offensichtlich hat es für die Qualität der Lösung einige Vorteile, wenn Sie ein Interpolationsverfahren mit höherer Fehlerordnung wählen. Allerdings können diese Verfahren auch von Nachteil sein. Um diesen Aspekt genauer zu beleuchten, müssen Sie die Lösungen des Problems quantitativ auswerten. Untersuchen Sie dazu die Profile von ϕ entlang einer Profillinie von $(x_1, y_1) = (0\,\text{m}, 0{,}1\,\text{m})$ nach $(x_2, y_2) = (0{,}1\,\text{m}, 0\,\text{m})$.

Eine entsprechende Grundlinie für das Profil können Sie über den Menüpunkt `Surface > Line/Rake` definieren. Dort spezifizieren Sie den Start- und Endpunkt der Linie und geben ihr einen Namen, zum Beispiel `diagonale`. Stellen Sie den Verlauf von ϕ entlang dieser Profillinie dar. Dazu wählen Sie das Menü `Results > Plots > XY Plots` und spezifizieren dort die darzustellende Größe über die Auswahl `Y Axis Functions > User Defined Scalars ... > Scalar-0`. Verzichten Sie auf die glättende Darstellung der Daten, indem Sie die Option `Node Values` abwählen. Wählen Sie die Grundlinie des Profils über die Auswahl `Surfaces > diagonale` an, dann können Sie das Profil mit Print darstellen. Hinweis: Um das Profil mit einem anderen Programm, etwa `gnuplot`, darzustellen, können Sie eine Wertetabelle des Profils abspeichern, indem Sie die Option `Write to File` anwählen und dann `Write` drücken.

Abb. 4.19 Konvektionsproblem mit ANSYS FLUENT:
Profile von ϕ

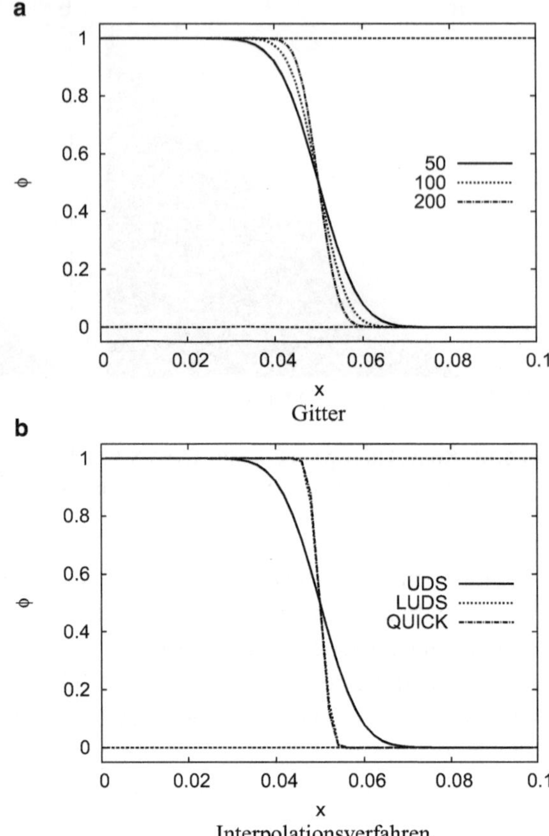

Die Profile für ϕ sind in Abb. 4.19 zu sehen, dabei zeigt Abb. 4.19a den Einfluss des
Gitters auf die CFD-Simulation mit UDS-Interpolation, während Abb. 4.19b die Auswir-
kungen verschiedener Interpolationsverfahren für die CFD-Simulation auf dem Gitter mit
50×50 Zellen verdeutlicht.

Die Profile von ϕ auf den drei Gittern mit 50×50, 100×100 bzw. 200×200 Zellen,
Abb. 4.19a, zeigen nochmals, wie die Breite des Übergangsbereichs $0 < \phi < 1$ mit
zunehmender Gitterauflösung abnimmt. Dieser Aspekt wird in Abschn. 4.4 noch genauer
untersucht.

Bei den Profilen der drei Interpolationsverfahren UDS, LUDS und QUICK in
Abb. 4.19b wird beobachtet, dass die LUDS- und die QUICK-Interpolation wie bereits oben beschrieben den theoretisch erwarteten Sprung von $\phi = 1$ auf $\phi = 0$ bei $x = 0$
deutlich besser auflösen als die UDS-Interpolation. Allerdings kommt es in den mit LUDS
bzw. QUICK erzielten Ergebnissen auch zu einem leichten Über- ($\phi > 1$) bzw. Unterschießen der Lösung ($\phi < 0$) in unmittelbarer Nähe des Übergangs. Das bedeutet, dass
die numerisch berechneten Werte etwas außerhalb des physikalisch sinnvollen Bereichs
liegen.

Abb. 4.20 Konvektionsproblem mit OpenFOAM:
Numerische Parameter

a
```
ddtSchemes
{
    default Euler;
}

...

divSchemes
{
    default         none;
    div(phi,T)      Gauss upwind;
}
```
Eintragungen in fvSchemes

b
```
application scalarTransportFoam;

startFrom       startTime;

startTime       0;

stopAt          endTime;

endTime         0.2;

deltaT          0.00025;

writeControl    timeStep;

writeInterval   200;
```
Eintragungen in controlDict

c
```
gradSchemes
{
    default         Gauss linear;
}

divSchemes
{
    default         none;
    div(phi,T)      Gauss linearUpwind grad(phi);
}
```
Eintragungen für LUDS-Interpolation

4.3.2 Lösung mit OpenFOAM

Führen Sie die CFD-Simulation in OpenFOAM durch, verwenden Sie dabei den für diese
Problemstellung geeigneten Löser `scalarTransportFoam`. Dieser Löser führt CFD-
Simulationen auf Basis von (4.87) durch, dabei wird das Skalar als $\phi = T$ bezeichnet.

Lösungshinweise

Gehen Sie in folgenden Schritten vor:

1. Bereiten Sie die Simulation vor, indem Sie die Verzeichnisse `constant/` und
   `system/` und `0/` anlegen. Durch Eintragungen im Verzeichnis `constant/`
   `polyMesh` wird das Gitter wie im Praktikum *Ebenes, quadratisches Strömungsgebiet*, Abschn. 2.5, generiert.
2. Im Verzeichnis `system/` werden die Dateien `controlDict`, `fvSchemes` und
   `fvSolution` vorläufig wie im Tutorial für den Löser `scalarTransportFoam`
   (zu finden in `../OpenFOAM-2.0.x/tutorials/basic`) angelegt.
3. Spezifizieren Sie die numerischen Verfahren für die Zeitintegration und die Interpolation durch entsprechende Eintragungen in der Datei `system/fvSchemes`.

Abb. 4.21 Konvektionsproblem mit OpenFOAM:
Randbedingungen, Startwerte

a
```
dimensions      [0 1 -1 0 0 0 0];

internalField   uniform (0.70711 0.70711 0);

boundaryField
{
    unten
    {
        type            fixedValue;
        value           uniform (0.70711 0.70711 0);
    }

    ...

    vorneUndHinten
    {
        type            empty;
    }
}
```

Eintragungen in U

b
```
dimensions      [0 0 0 1 0 0 0];

internalField   uniform 0;

boundaryField
{
    unten
    {
        type            fixedValue;
        value uniform         0;
    }

    ...

    oben
    {
        type            zeroGradient;
    }

    ...

    vorneUndHinten
    {
        type            empty;
    }
}
```

Eintragungen in T

Wählen Sie zuerst das implizite Euler-Verfahren (`Euler`) und die UDS-Interpolation (`upwind`), die anderen Eintragungen in `fvSchemes` müssen nicht geändert werden (Abb. 4.20a).

4. Die Eintragungen in `fvSolution`, die das iterative Lösungsverfahren des diskretisierten Gleichungssystems steuern, werden nicht geändert.

5. Spezifizieren Sie die Startzeit t_0, die Zeitschrittweite Δt und die Stoppzeit t_1 der transienten CFD-Simulation durch entsprechende Eintragungen in der Datei `system/controlDict`. Wählen Sie dabei die Zeitschrittweite Δt so, dass die transiente Rechnung in wenigen hundert Zeitschritten $n = (t_1 - t_0)/\Delta t$ beendet ist. Die Parameter, mit denen die nachfolgend gezeigten Ergebnisse erzielt wurden, sind in Abb. 4.20b gegeben.

6. Geben Sie die das konstante Geschwindigkeitsfeld wie in Abb. 4.11 vor, indem Sie in der Datei `0/U` innerhalb des Strömungsgebiets (`internalField`) und auf allen Rändern (`boundaryField` mit `unten` etc.) jeweils entsprechende Werte für die x- und y-Komponente der Strömungsgeschwindigkeit setzen. Die z-Komponente bleibt für die zweidimensionale Rechnung auf dem Wert 0. Beachten Sie, dass auf den beiden Seitenflächen `vorne` und `hinten` keine Werte festge-

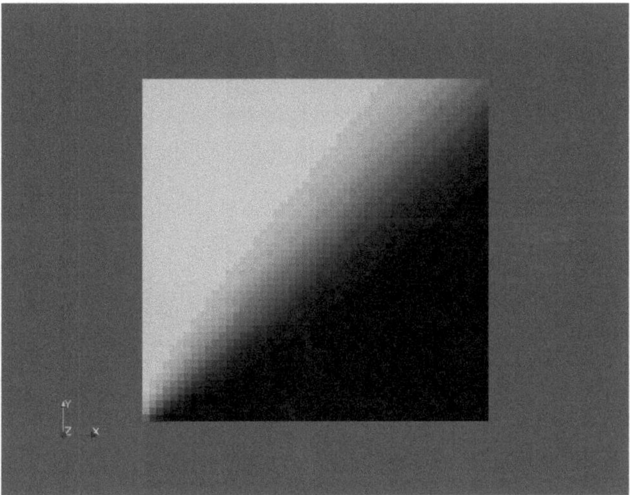

Abb. 4.22 Konvektionsproblem mit OpenFOAM: Ergebnis (Verteilung von ϕ) für UDS-Interpolation auf dem Gitter mit 50×50 Zellen, weiß: $\phi = 1$, schwarz: $\phi = 0$

legt werden müssen. Beispielhaft sind einige Eintragungen in 0/U in Abb. 4.21a angegeben.

7. Setzen Sie die Randbedingungen für das konvektiv transportierte Skalar $\phi = T$ nach den Angaben in Abb. 4.11, indem Sie in der Datei 0/T auf den Rändern (boundaryField unten bzw. links) jeweils entsprechende Werte für das Skalar ($T = 0$ auf unten bzw. $T = 1$ auf links) vorgeben. Als Anfangsbedingung setzen Sie $T = 0$ innerhalb des gesamten Strömungsgebiets (internalField). Beachten Sie, dass auch hier auf den beiden Seitenflächen vorne und hinten keine Werte festgelegt werden müssen. Beispielhaft sind einige Eintragungen in 0/T in Abb. 4.21b angegeben.

8. Führen Sie die CFD-Simulation aus, indem Sie scalarTransportFoam starten. Falls die Simulation abgebrochen wird und eine Fehlermeldung in der Konsole erscheint, müssen ein oder mehrere Einstellungen aus Schritt 3 bis 7 modifiziert und scalarTransportFoam erneut gestartet werden.

9. Werten Sie die Ergebnisse in paraFoam aus. Für die Verteilung des transportierten Skalars ϕ im Strömungsgebiet sollten Sie das in Abb. 4.22 dargestellte Ergebnis finden.

10. Untersuchen Sie auch folgende Aspekte:
    - Wie sehen die Verteilungen von ϕ auf auf den feineren Gittern mit 100×100 und 200×200 Zellen aus? Führen Sie dazu die CFD-Simulationen auf diesen Gittern durch. Welche Unterschiede stellen Sie fest? Auf welchem Gitter entspricht die Lösung am besten der erwarteten exakten Lösung?

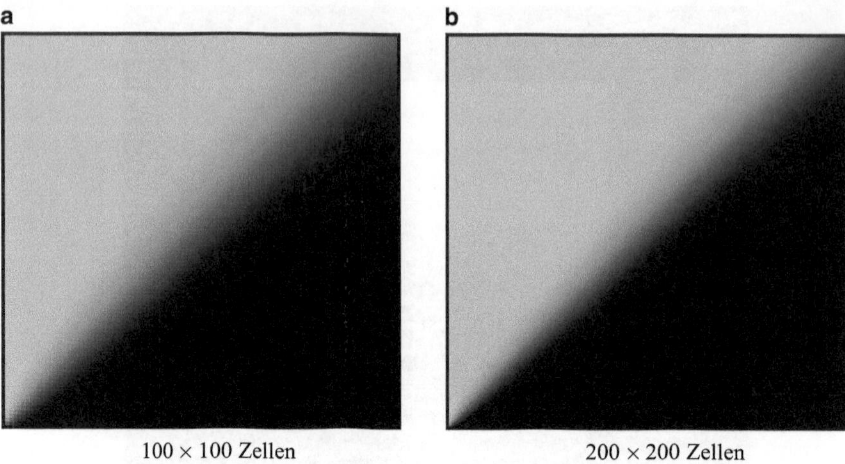

a   b

100 × 100 Zellen   200 × 200 Zellen

Abb. 4.23 Konvektionsproblem mit OpenFOAM: Ergebnisse für UDS-Interpolation auf unterschiedlichen Gittern, weiß: $\phi = 1$, schwarz: $\phi = 0$

- Wie wirkt sich das Interpolationsverfahren auf die Güte der Ergebnisse aus? Führen Sie dazu CFD-Simulationen mit anderen möglichen Interpolationsschemen, zum Beispiel LUDS entsprechend (4.27) oder QUICK entsprechend (4.30) aus. Hinweis: Die Auswahl von LUDS erfordert die Angabe des Interpolationsverfahrens (`linearUpwind`), die Spezifikation der numerischen Methode für die Gradientenbildung wird durch den Eintrag bei `gradSchemes` definiert und muss entsprechend referenziert (Eintrag `grad(phi)`)werden, Abb. 4.20c. Vergleichen Sie die Ergebnisse auch mit den UDS-Resultaten auf den unterschiedlichen Gittern.

Diskussion Das Ergebnis der CFD-Simulation mit der UDS-Interpolation auf dem Gitter mit 50×50 Zellen in Abb. 4.22 zeigt, dass das berechnete Ergebnis deutlich von der theoretischen Lösung abweicht. Der Sprung von $\phi = 0$ zu $\phi = 1$ ist stark verschmiert, wie es aufgrund der durch die UDS-Interpolation verursachten numerischen Diffusion, siehe (4.25), auch erwartet werden konnte. Die numerische Diffusion führt auch dazu, dass die Breite des Übergangsbereichs mit $0 < \phi < 1$ entlang der Diagonalen von unten links nach oben rechts immer größer wird.

Die Simulationen auf den beiden anderen Gittern und mit anderen Interpolationsverfahren ergeben die in Abb. 4.23 und 4.24 dargestellten Verteilungen von ϕ. Die schon in Abschn. 4.1 diskutierten Eigenschaften der einzelnen Interpolationsverfahren machen sich deutlich bemerkbar:

- Die durch die UDS-Interpolation verursachte numerische Diffusion nimmt auf den beiden feineren Gittern mit 100×100 bzw. 200×200 Zellen nur langsam ab, Abb. 4.23.

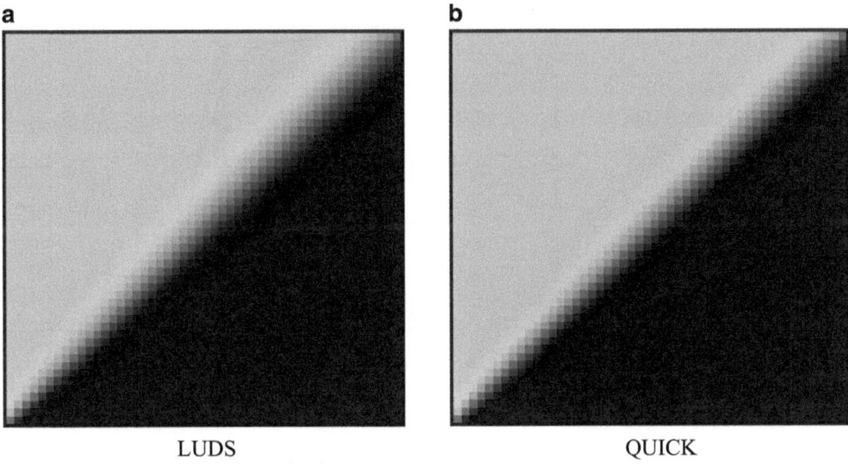

Abb. 4.24 Konvektionsproblem mit OpenFOAM: Ergebnisse für unterschiedliche Interpolationsverfahren auf dem Gitter mit 50×50 Zellen, weiß: $\phi = 1$, schwarz: $\phi = 0$

Die Grenze zwischen den beiden Teilgebieten $\phi = 1$ und $\phi = 0$ ist auch auf diesen Gittern noch verschmiert. Der Übergangsbereich weitet sich auch auf diesen Gittern von unten links nach oben rechts auf, allerdings nimmt die mittlere Breite offensichtlich mit zunehmender Gitterauflösung ab.

- Die Verwendung der LUDS- und der QUICK-Interpolation führt bereits auf dem Gitter mit 50×50 Zellen zu einem deutlich besseren Ergebnis, siehe Abb. 4.24, die Grenze zwischen den Teilgebieten ist hier nur noch über wenige Kontrollvolumina verschmiert, die Breite des Übergangsbereichs nimmt im Gegensatz zu den Ergebnissen der UDS-Interpolation nur minimal zu.

Offensichtlich hat es für die Qualität der Lösung einige Vorteile, wenn Sie ein Interpolationsverfahren mit höherer Fehlerordnung wählen. Allerdings können diese Verfahren auch von Nachteil sein. Um diesen Aspekt genauer zu beleuchten, müssen Sie die Lösungen des Problems quantitativ auswerten. Untersuchen Sie dazu die Profile von ϕ entlang einer Profillinie von $(x_1, y_1) = (0\,\text{m}, 0{,}1\,\text{m})$ nach $(x_2, y_2) = (0{,}1\,\text{m}, 0\,\text{m})$.

Eine entsprechende Darstellung des Profils können über das Menü `Filters > Alphabetical > Plot Over Line` erzeugen. Spezifizieren Sie im Reiter `Properties` zuerst die Grundlinie des Profils mit den oben genannten Koordinaten für den Start- und den Endpunkt. Wählen Sie anschließend im Reiter `Display` die darzustellende Größe `T`. Hinweis: Um das Profil mit einem anderen Programm, etwa `gnuplot`, darzustellen, können Sie eine Wertetabelle des Profils über das Menü `File > Save Data` abspeichern.

Die Profile für ϕ sind in Abb. 4.25 zu sehen, dabei zeigt Abb. 4.25a den Einfluss des Gitters auf die CFD-Simulation mit UDS-Interpolation, während Abb. 4.25b die Auswir-

Abb. 4.25 Konvektionsproblem mit OpenFOAM: Profile von ϕ

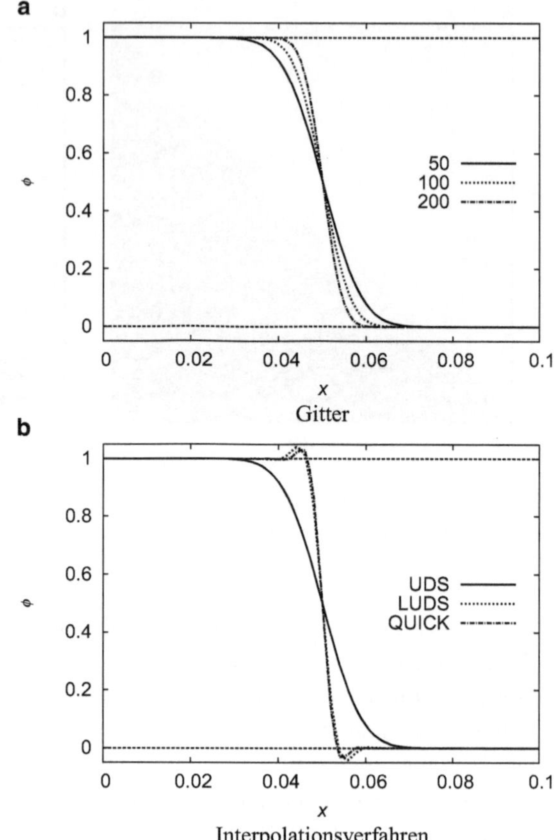

kungen verschiedener Interpolationsverfahren für die CFD-Simulation auf dem Gitter mit 50×50 Zellen verdeutlicht.

Die Profile von ϕ auf den drei Gittern mit 50×50, 100×100 bzw. 200×200 Zellen, Abb. 4.25a, zeigen nochmals, wie die Breite des Übergangsbereichs $0 < \phi < 1$ mit zunehmender Gitterauflösung abnimmt. Dieser Aspekt wird in Abschn. 4.4 noch genauer untersucht.

Bei den Profilen der drei Interpolationsverfahren UDS, LUDS und QUICK in Abb. 4.25b wird beobachtet, dass die LUDS- und die QUICK-Interpolation wie bereits oben beschrieben den theoretisch erwarteten Sprung von $\phi = 1$ auf $\phi = 0$ bei $x = 0$ deutlich besser auflösen als die UDS-Interpolation. Allerdings kommt es in den mit LUDS bzw. QUICK erzielten Ergebnissen auch zu einem merklichen Über- ($\phi > 1$) bzw. Unterschießen der Lösung ($\phi < 0$) in unmittelbarer Nähe des Übergangs. Das bedeutet, dass die numerisch berechneten Werte etwas außerhalb des physikalisch sinnvollen Bereichs liegen.

4.3.3 Fazit

Das betrachtete einfache Beispiel zeigt, wie wichtig die Auswahl eines geeigneten Interpolationsverfahrens für die Qualität der numerischen Ergebnisse und die Stabilität der numerischen Lösung ist. Verfahren geringer Fehlerordnung führen dort, wo sich die betrachteten Strömungsgrößen stark ändern, zu sehr unscharfen Ergebnissen. Allerdings werden keine lokalen Extremwerte erzeugt, die die Stabilität der iterativen Lösung beeinträchtigen können. Verfahren hoher Fehlerordnung lösen die steilen Übergänge besser auf, produzieren aber lokale Maxima oder Minima, die außerhalb des physikalisch sinnvollen Wertebereichs einer Strömungsgröße liegen können.

4.4 Genauigkeit und Güte

4.4.1 Fehlerdefinition

Nachdem eine CFD-Simulation beendet ist und die Ergebnisse vorliegen, stellt sich die Frage nach der Genauigkeit und Güte der berechneten Strömungsgrößen. Während der Modellentwicklung und Lösung werden verschiedene Approximationen gemacht, die hier nochmals in kompakter Form zusammengefasst sind:

- Das Ziel von CFD-Simulationen ist es, die Werte einer realen physikalischen Größe ϕ_{phys} zu ermitteln, die in der Originalströmung vorliegt. In den Simulationen wird ϕ_{phys} durch eine Modellgröße ϕ repräsentiert.
- Es werden mathematische Modelle eingeführt, in denen Erhaltungssätze für ϕ in Form von Differentialgleichungen DGL (ϕ) berücksichtigt werden. Die Lösung der DGL wird im Allgemeinen eine Funktion von Zeit, Ort und weiteren Modellparametern sein, $\phi = f\left(t, \vec{r}, P_{mod}\right)$.
- Da die Erhaltungssätze aufgrund ihrer komplexen, nichtlinearen Struktur üblicherweise nicht analytisch lösbar sind, werden stattdessen in einem numerischen Modell diskrete Werte ϕ_h in den Stützstellen eines Rechengitters bestimmt. Dazu werden die Differenzengleichungen des numerischen Modells iterativ gelöst, wobei in jedem Iterationsschritt noch ein gewisses Residuum R_h^{ϕ} vorliegt.

Diese Approximationen führen zu entsprechenden Fehlern im Modell:

- Die Abweichung zwischen ϕ_{phys} und ϕ ist der <u>Modellfehler</u> ε_{mod} des numerischen Modells

$$\varepsilon_{mod} = \phi_{phys} - \phi \tag{4.88}$$

- Der Unterschied zwischen ϕ und ϕ_h ist der <u>numerische Fehler</u> $\varepsilon_{\mathrm{num}}$ des Modells. Er entspricht im Wesentlichen dem normierten Residuum $R_h^\phi = \left| \underline{R}_h^\phi \right|$ von ϕ

$$\varepsilon_{\mathrm{num}} = \phi - \phi_h = R_h^\phi \qquad (4.89)$$

- Der numerische Fehler kann in zwei Anteile zerlegt werden, den <u>Diskretisierungsfehler</u> ε_h und den <u>Iterationsfehler</u> $\varepsilon_{\mathrm{it}}$. Dabei geht der erste auf die Diskretisierung der Modellgleichung, der zweite auf die in der Regel unvollständige Konvergenz bei der iterativen Lösung der Modellgleichungen zurück

$$\varepsilon_{\mathrm{num}} = \varepsilon_h + \varepsilon_{\mathrm{it}} \qquad (4.90)$$

- Schließlich ergeben alle Fehler in Summe den <u>Gesamtfehler</u> $\varepsilon_{\mathrm{ges}}$ des Modells

$$\varepsilon_{\mathrm{ges}} = \varepsilon_{\mathrm{num}} + \varepsilon_{\mathrm{mod}}$$
$$\varepsilon_{\mathrm{ges}} = \phi_{\mathrm{phys}} - \phi_h \qquad (4.91)$$

Die einzelnen Fehler des numerischen Modells werden auf unterschiedliche Weise beurteilt.

4.4.2 Fehlerbeurteilung

Iterationsfehler und Konvergenz Das normierte Residuum R_h^ϕ der Größe ϕ wird verursacht durch die Diskretisierung (ε_h) der Modellgleichungen und durch unvollständige Konvergenz ($\varepsilon_{\mathrm{it}}$) der Iteration. Dabei kann das Residuum folgendermaßen abgeschätzt werden

$$R_h^\phi = \frac{\sum_N \left(\sum_{\mathrm{NB}} \left| a_{\mathrm{NB}}\phi_{\mathrm{NB}} + S_u - (a_{\mathrm{P}} - S_p) \phi_{\mathrm{P}} \right| \right)}{\sum_N \left| (a_{\mathrm{P}} - S_p) \phi_{\mathrm{P}} \right|} \qquad (4.92)$$

Im Zähler wird der innere Summand zuerst für jedes KV ausgewertet (Summe über die Nachbarzellen NB des KV), anschließend werden die Resultate für alle N Kontrollvolumina des Rechengitters aufaddiert. Während des Iterationsprozesses wird das Residuum nach jedem Iterationsschritt bestimmt. Das Ziel der Iteration ist es, R_h^ϕ zu minimieren. Während der iterativen Annäherung an die Lösung ändert sich das Zwischenergebnis $\phi_h^{(k)}$ von Iterationsschritt zu Iterationsschritt, wobei $R_h^{\phi,k}$ allmählich abnehmen soll. Häufig wird die Annäherung an die Lösung als konvergiert (das heißt hinreichend genau) betrachtet, wenn $R_h^{\phi,k}$ um drei bis vier Größenordnungen reduziert werden konnte. Die Iteration wird in diesem Fall abgebrochen. Somit sollte in diesem Fall die Bedingung

$$\varepsilon_{\mathrm{it}} \ll \varepsilon_h \qquad (4.93)$$

erfüllt sein. Allerdings bleibt $\varepsilon_{\mathrm{it}}$ endlich, da praktisch nie eine vollständige Konvergenz des iterativen Lösungsverfahrens erreicht wird.

Diskretisierungsfehler Die Analyse des Diskretisierungsfehlers ε_h ist deutlich schwieriger. Für bestimmte, aber nicht alle Strömungsprobleme kann ε_h mit einer sogenannten Richardson-Extrapolation [54, 56] aus den konvergierten Lösungen ϕ_h mit $\varepsilon_{it} \ll \varepsilon_h$ des Problems abgeschätzt werden. Dabei wird vorausgesetzt, dass ε_h in diesem Fall den größten Teil des numerischen Fehlers ε_{num} ausmacht und proportional zum führenden Term einer Taylorreihenentwicklung mit dem Diskretisierungsparameter h ist, also

$$\varepsilon_h \simeq \varepsilon_{num} = \phi - \phi_h = C\, h^p + \text{T.h.O.} \tag{4.94}$$

Bei der Richardson-Extrapolation wird jetzt weiterhin angenommen, dass der Parameter C unabhängig vom Diskretisierungsparameter h ist. Also kann aus den Lösungen ϕ_h, $\phi_{\beta h}$, $\phi_{\beta^2 h}$ auf drei sukzessive vergröberten Gittern mit dem konstanten Verhältnis β des Diskretisierungsparameters vom jeweils feineren und gröberen Gitter die exakte Lösung ϕ jeweils wie folgt abgeschätzt werden

$$\phi = \phi_h + C\, h^p + \text{T.h.O.}$$
$$\phi = \phi_{\beta h} + C\, (\beta h)^p + \text{T.h.O.}$$
$$\phi = \phi_{\beta^2 h} + C\, (\beta^2 h)^p + \text{T.h.O.} \tag{4.95}$$

Daraus ergibt sich die Bedingung

$$\phi_h - \phi_{\beta h} = C\left[(\beta h)^p - h^p\right]$$
$$\phi_{\beta h} - \phi_{\beta^2 h} = C\left[(\beta^2 h)^p - (\beta h)^p\right]$$

Es folgt

$$\frac{\phi_{\beta h} - \phi_{\beta^2 h}}{\phi_h - \phi_{\beta h}} = \frac{\beta^p \left[(\beta h)^p - h^p\right]}{\left[(\beta h)^p - h^p\right]} = \beta^p$$

Jetzt ist es möglich, aus den bekannten Lösungen ϕ_h, $\phi_{\beta h}$, $\phi_{\beta^2 h}$ mit dem ebenfalls bekannten Wert β die Fehlerordnung p des Verfahrens zu bestimmen

$$p = \frac{\log\left(\dfrac{\phi_{\beta h} - \phi_{\beta^2 h}}{\phi_h - \phi_{\beta h}}\right)}{\log(\beta)} \tag{4.96}$$

Der Diskretisierungsfehler ε_h kann wie folgt approximiert werden

$$\phi_h + c h^p = \phi_{\beta h} + c\,(\beta h)^p$$
$$\varepsilon_h \simeq c h^p = \frac{\phi_h - \phi_{\beta h}}{\beta^p - 1} \tag{4.97}$$

Die exakte Lösung ϕ ist schließlich durch folgende Beziehung abschätzbar

$$\phi \simeq \phi_h + \frac{\phi_h - \phi_{\beta h}}{\beta^p - 1} \tag{4.98}$$

Leider ist die Wahl des Diskretisierungsparameters h nicht in jedem Fall eindeutig. Für stationäre Probleme kann h aus dem mittleren Volumen $\overline{\Delta V}$ der KV im Rechengitter abgeleitet werden

$$h = \sqrt[3]{\overline{\Delta V}} \tag{4.99}$$

Bei instationären Problemen muss auch die Zeitschrittweite Δt berücksichtigt werden. Zwei mögliche Festlegungen des Diskretisierungsparameters sind

$$h = \sqrt[4]{\frac{V_{\text{Gitter}}}{n_{\text{Gitter}}} \cdot u_{ch}\Delta t} \tag{4.100}$$

$$h = \sqrt{\Delta x^2 + \Delta y^2 + \Delta z^2 + (u_{ch}\Delta t)^2} \tag{4.101}$$

Bei der Anwendung der Richardson-Extrapolation sollte außerdem beachtet werden, dass die Abschätzung der Fehlerordnung nur dann zulässig ist, wenn die Lösung des Problems monoton konvergiert. Außerdem kann die Richardson-Extrapolation nicht bei jedem Problem angewendet werden. Speziell bei komplexen Strömungen (Turbulenz, hohe Gradienten in den Strömungsgrößen etc.) ist sie problematisch [58, 59].

Der von Roache [57] eingeführte Gitterkonvergenz-Index (Grid Convergence Index, kurz GCI) ist ein Maß für die numerische Unsicherheit in den Ergebnissen einer CFD-Simulation. Der GCI ist folgendermaßen definiert

$$\text{GCI} = F_{\text{s}}\,\frac{|\varepsilon|}{r^p - 1} \tag{4.102}$$

Darin gibt ε die relative Abweichung der Ergebnisse für eine Strömungsgröße ϕ auf zwei unterschiedlichen Gittern an

$$\varepsilon = \frac{\phi_{\beta h} - \phi_h}{\phi_h} \tag{4.103}$$

Der Sicherheitsfaktor F_{s} wird üblicherweise auf den Wert $F_{\text{s}} = 3$ gesetzt [58, 59]. Um den GCI eines CFD-Modells zu ermitteln, reichen also die Ergebnisse von entsprechenden CFD-Simulationen auf zwei verschiedenen Gittern aus, für die Fehlerordnung des Modells können Schätzungen auf Basis einer Taylorreihenentwicklung, wie etwa in (4.25), genutzt werden. Über den GCI kann dann zumindest die numerisch bedingte Unschärfe der Simulationsergebnisse geschätzt werden.

Gesamtfehler Um schließlich den Gesamtfehler des Modells zu bewerten, muss die gesuchte reale physikalische Größe ϕ_{phys} mindestens punktuell bekannt sein. Häufig wird ϕ_{phys} in Referenzexperimenten gemessen. Der Vergleich von ϕ_{phys} und ϕ_h wird als Validierung bezeichnet. Das Ergebnis der Validierung ist deshalb ein deutliches Indiz dafür, wie genau ein numerisches Modell die physikalische Realität beschreibt.

4.4.3 Beispiel: Konvektion eines Skalars

Anhand der in Abschn. 4.3 diskutierten CFD-Simulationen soll jetzt die Fehlerordnung der UDS-Interpolation ermittelt werden. Dazu werden die Daten aus den Simulationen mit der UDS-Interpolation auf den Gittern mit 50×50, 100×100 und 200×200 Zellen ausgewertet. In diesem Fall ist $\beta = 2$, der Diskretisierungsparameter h ergibt sich aus der Gitterweite Δx_{200} des feinsten Gitters

$$h = \Delta x_{200} = 0{,}1\,\text{m}/200 = 0{,}5\,\text{mm}$$

Um die Fehlerordnung des CFD-Modells zu bestimmen, werden nun fehlerbehaftete Werte ϕ_h, ϕ_{2h} und ϕ_{4h} von den drei Gittern benötigt. Dazu werden in jedem Gitter an zwei Stützstellen $P1: (x; y) = (0{,}045\,\text{m}; 0{,}055\,\text{m})$ und $P2: (x; y) = (0{,}04\,\text{m}; 0{,}06\,\text{m})$ im Übergangsbereich $0 < \phi < 1$ jeweils die berechneten Werte für das Skalar ϕ abgelesen.

In ANSYS FLUENT setzen Sie die Stützstelle über den Menüpunkt `Surface > Point`. Dort spezifizieren Sie die Koordinaten und den Namen des Punktes, zum Beispiel `stuetzstelle`. Anschließend bestimmen Sie den Wert von ϕ an der Stützstelle über das Menü `Results > Reports > Surface Integrals`. Spezifizieren Sie dort die darzustellende Größe über die Auswahl `Field Variable > User Defined Scalars ... > Scalar-0`. Wählen Sie `Report Type > Vertex Average` und geben Sie die Stützstelle über die Auswahl `Surfaces > stuetzstelle` an, dann können Sie den Wert mit `Compute` ermitteln.

In `paraFoam` werten Sie die Ergebnisse an der Stützstelle über das Menü `Filters > Alphabetical > Probe Location` aus. Spezifizieren Sie im Reiter `Properties` zuerst die Koordinaten der Stützstelle. Anschließend können Sie im Reiter `Information` die Werte der zu untersuchenden Größe `T` ablesen.

In Tab. 4.1 sind die so für die beiden Stützstellen $P1 = (0{,}045; 0{,}055)$ und $P2 = (0{,}04; 0{,}06)$ ermittelten Werte zusammengefasst. Es zeigt sich, dass die Ergebnisse mit ANSYS FLUENT und OpenFOAM in beiden Punkten fast identisch sind, was aufgrund der Einfachheit des Problems auch nicht weiter verwundert. Um nun die Fehlerordnung der UDS-Interpolation mit der Richardson-Extrapolation zu bestimmen, werden die Werte aus Tab. 4.1 in (4.96) eingesetzt. Dabei wird ϕ_h jeweils aus dem Gitter mit 200×200 Zellen, ϕ_{2h} aus dem Gitter mit 100×100 Zellen und ϕ_{4h} aus dem Gitter mit 50×50 Zellen genommen. Dann ergibt sich beispielsweise mit den Ergebnissen aus ANSYS FLUENT

Tab. 4.1 Auswertung der CFD-Simulationen mit UDS-Interpolation

Gitter	$P1 = (0{,}045;\ 0{,}055)$		$P2 = (0{,}04;\ 0{,}06)$	
	ANSYS FLUENT	OpenFOAM	ANSYS FLUENT	OpenFOAM
50×50	0,757	0,758	0,917	0,921
100×100	0,839	0,841	0,976	0,977
200×200	0,920	0,921	0,998	0,998
p	0,02	0,05	1,42	1,42
GCI_1	26 %	26 %	7 %	6 %
GCI_2	29 %	30 %	18 %	17 %

im Punkt $P1$ die Fehlerordnung

$$p = \frac{\log\left(\dfrac{\phi_{2h} - \phi_{4h}}{\phi_h - \phi_{2h}}\right)}{\log(\beta)} = \frac{\log\left(\dfrac{0{,}839 - 0{,}757}{0{,}920 - 0{,}839}\right)}{\log(2)} = 0{,}02$$

Die weiteren Werte für die Fehlerordnung in ANSYS FLUENT und OpenFOAM sind in Tab. 4.1 angegeben. Es fällt auf, dass die Fehlerordnung in beiden CFD-Modellen deutlich variiert, im Punkt $P1$, der näher am erwarteten Sprung liegt, ist sie deutlich geringer als im Punkt $P2$. Hier zeigen sich die oben genannten Schwierigkeiten der Richardson-Extrapolation in der Nähe von Unstetigkeiten des Strömungsfeldes. In Punkt $P2$ bewegt sich die Fehlerordnung mit $p \simeq 1{,}4$ in der erwarteten Größenordnung.

Wird der GCI für beide Modelle mit der erwarteten Fehlerordnung $p_{\mathrm{ex}} = 1$ entsprechend (4.102) und (4.103) geschätzt, ergibt sich beispielsweise mit den Ergebnissen aus OpenFOAM im Punkt $P2$

$$\varepsilon_1 = \frac{\phi_{2h} - \phi_h}{\phi_h} = \frac{0{,}977 - 0{,}998}{0{,}998} = -0{,}02$$

$$GCI_1 = F_{\mathrm{s}} \frac{3\,|\varepsilon_1|}{r^p - 1} = 3 \cdot \frac{|-0{,}02|}{2^1 - 1} = 0{,}06 = 6\,\%$$

$$\varepsilon_2 = \frac{\phi_{4h} - \phi_{2h}}{\phi_{2h}} = \frac{0{,}921 - 0{,}977}{0{,}977} = -0{,}06$$

$$GCI_2 = F_{\mathrm{s}} \frac{|\varepsilon_2|}{r^p - 1} = 3 \cdot \frac{|-0{,}06|}{2^1 - 1} = 0{,}18 = 18\,\%$$

Die weiteren Werte für GCI_1 bzw. GCI_2 in ANSYS FLUENT und OpenFOAM sind ebenfalls in Tab. 4.1 angegeben. Es ist gut zu erkennen, dass der GCI in jedem Punkt für beide CFD-Modelle eine vernünftige Schätzung der Abweichung zwischen dem Wert des jeweils gröberen Gitters (100×100 für GCI_1 bzw. 50×50 für GCI_2) und der exakten Lösung $\phi_{\mathrm{ex}} = 1$ ergibt.

Teil II

Anwendungen

In Abschn. 3.3 sind mathematische Modelle für Strömungen Newtonscher Fluide vorgestellt worden. In diesem Kapitel werden nun die Lösungsverfahren diskutiert, mit denen (3.17)–(3.19) für das allgemeine Problem bzw. (3.20) und (3.21) für eine inkompressible, isotherme Strömung in CFD-Modellen üblicherweise gelöst werden.

5.1 Lösungsansätze

Bei den Lösungsverfahren wird zwischen druck- und dichtebasierten Algorithmen unterschieden. In Tab. 5.1 sind die wesentlichen Elemente dieser unterschiedlichen Lösungsansätze in einer Kurzübersicht zusammengefasst.

In druckbasierten Algorithmen werden zuerst die Strömungsgrößen $\underline{u}$, p, h und T berechnet. Da p nicht direkt aus den Modellgleichungen bestimmt werden kann, müssen spezielle numerische Verfahren genutzt werden. Einige dieser Verfahren werden in Abschn. 5.2 beschrieben. Ist ρ ebenfalls eine variable Strömungsgröße, wird sie über die thermische Zustandsgleichung aus p und T ermittelt. Druckbasierte Algorithmen werden

Tab. 5.1 Lösungsalgorithmen für kompressible und inkompressible Strömungen Newtonscher Fluide

druckbasierte Löser	dichtebasierte Löser
ρ konstant oder aus (3.8)	ρ aus (3.17)
$\underline{u}$ aus (3.21) oder (3.18)	$\underline{u}$ aus (3.18)
h, T aus Gln. (3.19), (3.9)	h, T aus Gln. (3.19), (3.9)
$p \rightarrow$ Abschn. 5.2	p aus (3.8)
sequentielle oder gekoppelte Lösung	gekoppelte Lösung

R. Schwarze, *CFD-Modellierung*, DOI 10.1007/978-3-642-24378-3_5,
© Springer-Verlag Berlin Heidelberg 2013

vor allem in CFD-Simulationen von inkompressiblen Strömungen eingesetzt. Sie können aber auch zur Lösung der kompressiblen Strömungsgleichungen genutzt werden.

Bei dichtebasierten Lösern werden dagegen zuerst die Strömungsgrößen ρ, $\underline{u}$, h und T errechnet, während hier p in einem Zwischenschritt aus ρ und T bestimmt wird. Dichtebasierte Algorithmen werden fast ausschließlich zur Berechnung kompressibler Strömungen eingesetzt. Weitere Einzelheiten können der Literatur entnommen werden, in diesem Buch werden sie jedoch nicht ausführlicher beschrieben.

Die iterative Lösung des Gleichungssystems erfolgt dann entweder gekoppelt oder sequentiell. Bei der gekoppelten Lösung werden die Gleichungen des CFD-Modells gleichzeitig gelöst, alle Unbekannten können also in einer Matrix $\underline{\underline{A}}$ entsprechend (4.70) zusammengefasst werden. Gekoppelte Lösungsverfahren werden in der Regel eingesetzt, wenn die drei Modellgleichungen der Strömung stark gekoppelt sind, wie etwa bei kompressiblen Strömungen.

Bei der sequentiellen Lösung werden die Gleichungen des mathematischen Modells dagegen nacheinander gelöst. In diesem Fall wird für jede unbekannte Strömungsgröße ϕ jeweils eine eigene Matrix $\underline{\underline{A}}_\phi$ entsprechend (4.70) formuliert und gelöst. Durch sogenannte äußere Iterationen wird berücksichtigt, dass die einzelnen Gleichungen miteinander gekoppelt sind. Sequentielle Lösungsverfahren werden üblicherweise eingesetzt, wenn die Modellgleichungen nur schwach miteinander gekoppelt sind, beispielsweise bei inkompressiblen Strömungen.

5.2 Druckbasierte Algorithmen

5.2.1 Übersicht

Druckbasierte Algorithmen nutzen überwiegend gekoppelte Lösungsalgorithmen, sequentielle Lösungsalgorithmen mit einer Druck-Poisson-Gleichung oder sequentielle Lösungsalgorithmen mit einer Druckkorrektur-Gleichung. Bei der sequentiellen Lösung der Grundgleichungen ergibt sich das oben angesprochene Problem, dass die gesuchte Strömungsgröße p nicht direkt aus einer der Modellgleichungen bestimmt werden kann. Deshalb muss für diese Verfahren eine weitere Modellgleichung für p entwickelt werden. Als Modellgleichung kann dabei entweder die Druck-Poisson- oder eine Druckkorrektur-Gleichung genutzt werden.

5.2.2 Verfahren mit Druck-Poisson-Gleichung

Die Druck-Poisson-Gleichung als Modellgleichung für den Druck ergibt sich, indem die Divergenz der Navier-Stokes-Gleichung gebildet wird. Bei inkompressiblen Strömungen folgt aus (3.21)

$$\rho \, \nabla \cdot \left[\frac{\partial \underline{u}}{\partial t} + \nabla \cdot (\underline{u}\,\underline{u}) \right] = \nabla \cdot \left[-\nabla p + \eta \, \Delta \underline{u} + \rho \, \underline{g} \right]$$

$$\Delta p = \nabla \cdot \left[\eta \, \Delta \underline{u} - \rho \nabla \cdot (\underline{u}\,\underline{u}) - \rho \frac{\partial \underline{u}}{\partial t} \right] \tag{5.1}$$

Für die konvergierte Lösung einer inkompressiblen Strömung vereinfacht sich diese Gleichung zu

$$\Delta p = -\rho \, \nabla \cdot \left[\nabla \cdot (\underline{u}\,\underline{u}) \right] \tag{5.2}$$

da dann auch die Kontinuitätsgleichung (3.20) erfüllt sein muss. In sequentiellen Lösungsverfahren müssen aber Druckgleichungen in der Form von (5.1) gelöst werden, da während der iterativen Annäherung an die gesuchte Lösung die Kontinuitätsgleichung (3.20) noch nicht erfüllt sein muss. Da die korrekte Implementierung von (5.1) außerdem mit größerem numerischen Aufwand verbunden ist, werden in vielen CFD-Programmen stattdessen die im nächsten Abschnitt diskutierten Druckkorrektur-Verfahren genutzt.

5.2.3 Druckkorrektur-Verfahren

Druckkorrektur-Gleichung In einem Druckkorrektur-Verfahren sind die diskretisierte Kontinuitäts- und Navier-Stokes-Gleichung, beispielsweise für eine stationäre, inkompressible, isotherme Strömung

$$[\nabla \cdot \underline{u}]_{\mathrm{KV}} = 0 \tag{5.3}$$

$$\rho \, [\nabla \cdot (\underline{u}\,\underline{u})]_{\mathrm{KV}} = -[\nabla p]_{\mathrm{KV}} - \eta \, [\Delta \underline{u}]_{\mathrm{KV}} \tag{5.4}$$

in jedem äußeren Iterationsschritt (n), $(n+1)$, usw. erfüllt. In den Gleichungen steht $[\ldots]_{\mathrm{KV}}$ für die FVM-Diskretisierung der jeweiligen Terme in einem KV. Die prinzipielle Schwierigkeit bei der sequentiellen Lösung von (5.3) und (5.4) besteht nun darin, dass $\underline{u}^{(n+1)}$ und $p^{(n+1)}$ nicht gleichzeitig bekannt sind, sondern nacheinander bestimmt werden müssen. In einem Druckkorrektur-Verfahren wird deshalb ein innerer Prädiktor-Korrektor-Algorithmus genutzt, um die beiden gesuchten Größen nacheinander zu berechnen.

Wenn $\underline{u}^{(n)}$ und $p^{(n)}$ im Iterationsschritt (n) bekannt sind, werden zuerst die nächsten Werte $\underline{u}^{(*)}$ und $p^{(*)}$ geschätzt, danach werden Korrekturen $\underline{u}^{(K)}$ und $p^{(K)}$ bestimmt. Schließlich ergeben sich die Werte $\underline{u}^{(n+1)}$ und $p^{(n+1)}$ im nächsten Iterationsschritt $(n+1)$ aus

$$\underline{u}^{(n+1)} = \underline{u}^{(*)} + \underline{u}^{(K)} \tag{5.5}$$

$$p^{(n+1)} = p^{(*)} + p^{(K)} \tag{5.6}$$

Ein einfacher Prädiktor-Korrektor-Algorithmus umfasst folgende Punkte

1. Eine Druckschätzung $p^{(*)}$, etwa durch

$$p^{(*)} = p^{(n)} \tag{5.7}$$

2. Die Schätzung der Geschwindigkeit $\underline{u}^{(*)}$, beispielsweise mit (5.4) in der Formulierung

$$\rho \left[\nabla \cdot \left(\underline{u}^{(*)} \underline{u}^{(*)} \right) \right]_{\mathrm{KV}} = - \left[\nabla p^{(n)} \right]_{\mathrm{KV}} - \eta \left[\Delta \underline{u}^{(*)} \right]_{\mathrm{KV}} \tag{5.8}$$

3. Die Formulierung des Zusammenhangs zwischen Geschwindigkeits- und Druckkorrektur, die ebenfalls aus (5.4) abgeleitet werden kann

$$\rho \left[\nabla \cdot \left(\underline{u}^{(K)} \underline{u}^{(K)} \right) \right]_{\mathrm{KV}} = - \left[\nabla p^{(K)} \right]_{\mathrm{KV}} - \eta \left[\Delta \underline{u}^{(K)} \right]_{\mathrm{KV}}$$

Die Auswertung der nach der Diskretisierung vorliegenden algebraischen Gleichung ermöglicht es, die Geschwindigkeits- durch die Druckkorrektur auszudrücken

$$\underline{u}^{(K)} = \underline{f} \left(p^{(K)} \right) \tag{5.9}$$

4. Die Formulierung der Druckkorrektur-Gleichung, die aus $\underline{u}^{(*)}$, $\underline{u}^{(K)}$ und der Kontinuitätsgleichung

$$\left[\nabla \cdot \underline{u}^{(n+1)} \right]_{\mathrm{KV}} = \left[\nabla \cdot \underline{u}^{(*)} \right]_{\mathrm{KV}} + \left[\nabla \cdot \underline{u}^{(K)} \right]_{\mathrm{KV}} = 0$$

folgt. Wird $\underline{u}^{(K)}$ durch $p^{(K)}$ ausgedrückt

$$0 = \left[\nabla \cdot \underline{u}^{(*)} \right]_{\mathrm{KV}} + \left[\nabla \cdot \underline{f} \left(p^{(K)} \right) \right]_{\mathrm{KV}}$$

kann die Druckkorrektur-Gleichung bestimmt werden

$$p^{(K)} = h \left(\underline{u}^{(*)} \right) \tag{5.10}$$

Sie beschreibt, wie $p^{(K)}$ in den einzelnen Stützstellen des Gitters aus den diskreten Werten von $\underline{u}^{(*)}$ in diesen Stützstellen errechnet werden kann.

Ablauf Die Gleichungen (5.5)–(5.10) werden sequentiell in folgenden Schritten gelöst

1. Startwerte $\underline{u}^{(n)}$ und $p^{(n)}$ sind bekannt, Druck mit (5.7) schätzen
2. Geschwindigkeit $\underline{u}^{(*)}$ im Prädiktor-Schritt mit (5.8) bestimmen
3. Druckkorrektur $p^{(K)}$ gemäß (5.10) berechnen
4. Geschwindigkeitskorrektur $\underline{u}^{(K)}$ gemäß (5.9) bestimmen
5. Endwerte $\underline{u}^{(n+1)}$ und $p^{(n+1)}$ entsprechend (5.5) und (5.6) ermitteln

Einzelne Verfahren Das in der CFD bisher am häufigsten genutzte Druckkorrektur-Verfahren ist der SIMPLE-Algorithmus [49] (SIMPLE für Semi Implizit Method for Pressure Linked Equations). SIMPLE nutzt eine Druckkorrektur-Gleichung (5.10), in der einige unbekannte Terme, die sich aus der Diskretisierung und dem Ablauf des Algorithmus ergeben, vernachlässigt werden. Aufgrund dieser Vereinfachungen ist eine Unterrelaxation sowohl der Geschwindigkeit als auch des Drucks notwendig, um die Konvergenz des iterativen Lösungsprozesses zu gewährleisten. Die Strömungsgrößen zum Iterationsschritt $(n + 1)$ werden daher wie folgt berechnet

$$\underline{u}^{(n+1)} = \alpha_u \left(\underline{u}^{(*)} + \underline{u}^{(K)} \right) + (1 - \alpha_u)\, \underline{u}^{(n)} \tag{5.11}$$

$$p^{(n+1)} = p^{(n)} + \alpha_p\, p^{(K)} \tag{5.12}$$

Darin sind α_u und α_p die Unterrelaxationsfaktoren für die Geschwindigkeit und den Druck.

SIMPLE-Algorithmus
Die Vorstellung des SIMPLE-Algorithmus durch S. H. Patankar [48] war sicher einer der wichtigsten Beiträge in der Entwicklung von CFD. Noch heute ist Patankar einer der am häufigsten zitierten Autoren in Naturwissenschaft und Technik (aktuell wird in etwa 17500 Arbeiten auf das Buch [48] verwiesen).

In der Literatur sind verschiedene Erweiterungen des SIMPLE-Algorithmus vorgestellt worden, um die Leistungsfähigkeit des Druckkorrektur-Verfahrens für bestimmte Strömungskonfigurationen zu verbessern. Eine solche Variante ist der SIMPLEC-Algorithmus [10] (SIMPLEC für SIMPLE Corrected). In diesem Verfahren werden die in SIMPLE vernachlässigten Terme beibehalten und ihre Beiträge durch bekannte Werte approximiert. Der SIMPLEC-Algorithmus benötigt deswegen keine Unterrelaxation.

Ein weiteres, in CFD-Simulationen häufig genutztes Druckkorrektur-Verfahren ist der PISO-Algorithmus [28] (PISO für Pressure-Implicit Split-Operator). Die PISO-Schleife beginnt wie der SIMPLE-Algorithmus mit einem Prädiktor- und einem ersten Korrektor-Schritt, wobei in diesem ersten Schritt die gleichen Druck- und Geschwindigkeitskorrekturen wie in SIMPLE genutzt werden. Danach wird im PISO-Algorithmus aber ein zweiter Korrektor-Schritt durchlaufen, aus dem sich zweite Korrekturen $\underline{u}^{(2K)}$, $p^{(2K)}$ ergeben. Außerdem werden die im ersten Schritt vernachlässigten Terme der Druckkorrektur-Gleichung im zweiten Korrektorschritt auf Basis der Geschwindigkeitskorrektur $\underline{u}^{(K)}$ approximiert und berücksichtigt. Schließlich werden die Endwerte $\underline{u}^{(n+1)}$ und $p^{(n+1)}$ unter Berücksichtigung von $\underline{u}^{(K)}$ und $\underline{u}^{(2K)}$ bzw. $p^{(K)}$ und $p^{(2K)}$ berechnet.

5.3 Praktikum: Nischenströmung

Mit Hilfe der in Abschn. 5.2 vorgestellten Druckkorrektur-Verfahren soll jetzt die zweidimensionale Nischenströmung in CFD-Simulationen berechnet werden.

Problembeschreibung In Abb. 5.1 ist die Konfiguration dieser Strömung skizziert. An drei feststehenden Wänden (links, rechts und unten) gilt die Haftbedingung $\underline{u} = 0$, der Deckel wird dagegen mit endlicher Geschwindigkeit $u_x = u_D$ bewegt. In der Nische stellt sich dadurch eine rezirkulierende Strömung ein, in den Ecken bilden sich außerdem sekundäre Rezirkulationsgebiete aus.

Für dieses Strömungsproblem gibt es eine Vielzahl von Referenzlösungen in der Literatur, siehe zum Beispiel die Arbeit von Ghia et al. [18]. Später werden diese Daten genutzt, um die hier erzielten Ergebnisse zu überprüfen.

Die Modellgleichungen der zweidimensionalen stationären laminaren Strömung lauten

$$\nabla \cdot \underline{u} = 0 \tag{5.13}$$

$$\rho \left[\nabla \cdot (\underline{u}\,\underline{u}) \right] = -\nabla p + \eta \, (\Delta \underline{u}) \tag{5.14}$$

5.3.1 Lösung mit OpenFOAM

Führen Sie die CFD-Simulation in OpenFOAM in folgenden Schritten durch, verwenden Sie dabei den für diese Problemstellung geeigneten Löser `simpleFoam`. Beachten Sie auch die Hinweise zum Praktikum *Konvektion eines Skalars* in Abschn. 4.3.

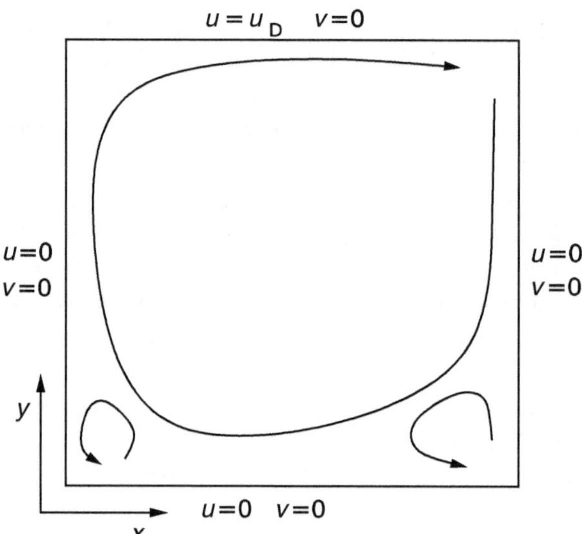

Abb. 5.1 Konfiguration der zweidimensionalen Nischenströmung

Abb. 5.2 Nischenströmung
mit OpenFOAM: Laminare
Strömung

a
```
RASModel        laminar;

turbulence      off;

printCoeffs     on;
```
Eintragungen in `RASProperties`
b
```
transportModel  Newtonian;

nu              nu [ 0 2 -1 0 0 0 0 ] 0.0001;
```
Eintragungen in `transportProperties`

Lösungshinweise

1. Bereiten Sie die Simulation vor, indem Sie die Verzeichnisse `constant/`,
   `system/` und `0/` anlegen. Durch Eintragungen im Verzeichnis `constant/`
   `polyMesh` wird das Gitter mit 200×200 Zellen wie Praktikum *Ebenes, quadra-*
   tisches Strömungsgebiet, Abschn. 2.5, generiert.

2. Konzipieren Sie das numerische Modell: Spezifizieren Sie das stationäre Problem
   durch eine Wahl von u_D, ρ und η so, dass die Reynolds-Zahl $Re = \rho\, u_D\, L/\eta =$
   1000 erreicht wird, wenn L die Kantenlänge des quadratischen Strömungsgebiets
   ist. Passende Angaben sind zum Beispiel $u_D = 1\,\mathrm{m/s}$ und $v = 10^{-4}\,\mathrm{m^2/s}$.
   Da nur Re betrachtet wird, müssen Ihre Stoffwerte zu keinem konkreten Fluid
   passen.

3. Im Verzeichnis `constant/` werden die Dateien `RASProperties` und
   `transportProperties` vorläufig wie im Tutorial `airFoil2D` für den
   Löser `simpleFoam` (zu finden in `../OpenFOAM-2.0.x/tutorials/`
   `incompressible/`) angelegt.

4. Spezifizieren Sie die laminare Strömung durch den Eintrag `laminar` bei
   `RASmodel` in der Datei `RASProperties`, Abb. 5.2a.

5. Geben Sie das Newtonsche Fließgesetz (3.11) und die kinematische Viskosität des
   Newtonschen Fluids durch entsprechende Einträge bei `transportModel` und
   `nu` in der Datei `transportProperties` an, Abb. 5.2b.

6. Im Verzeichnis `system/` werden die Dateien `controlDict`, `fvSchemes`
   und `fvSolution` ebenfalls vorläufig wie in einem der Tutorials für den Löser
   `simpleFoam` angelegt.

7. Wählen Sie die numerischen Verfahren für das Problem durch entsprechende Eintragungen in `fvSchemes`. Spezifizieren Sie die stationäre Strömung durch den
   Eintrag `steadyState`. Wählen Sie die LUDS-Interpolation (`linearUpwindV`)
   zur Diskretisierung des konvektiven Terms, die anderen Eintragungen in
   `fvSchemes` müssen nicht geändert werden, Abb. 5.3a.

8. Öffnen Sie die Datei `fvSolution`. Die Eintragungen zeigen Folgendes an:
   Zur Lösung des Systems der Druck-Gleichungen entsprechend (4.70) wird ein
   Multigrid-Verfahren, siehe Abschn. 4.2, genutzt, das über den Eintrag `GAMG` bei
   `p` aufgerufen wird, Abb. 5.4a. Übernehmen Sie diese Eintragungen auch für die

Abb. 5.3 Nischenströmung mit OpenFOAM: Diskretisierungverfahren und Iterationsparameter

a
```
ddtSchemes
{
    default         steadyState;
}

gradSchemes
{
    default         Gauss linear;
}

divSchemes
{
    default         none;
    div(phi,U)      Gauss linearUpwindV grad(U);
    div((nuEff*dev(T(grad(U)))))) Gauss linear;
}
```

Eintragungen in `fvSchemes`

b
```
application     simpleFoam;

startFrom       startTime;

startTime       0;

stopAt          endTime;

endTime         2000;

deltaT          1;
```

Eintragungen in `controlDict`

Lösung der Gleichungssysteme für die Geschwindigkeitskomponenten u bzw. v (Aufruf bei `U`).

9. Die u-, v- und p-Gleichungen sind entsprechend dem SIMPLE-Algorithmus, siehe Abschn. 5.2.3, gekoppelt (Eintragung `SIMPLE`), die Unterrelaxation nach (5.11) und (5.12) erfolgt mit den Parametern $\alpha_u = 0,7$ und $\alpha_p = 0,3$ (Eintragungen bei `relaxationsFactors`). Diese Werte können beibehalten werden. Setzen Sie die Abbruchkriterien R_{Ab}^{ϕ} für die Residuen für p, u und v jeweils auf 10^{-5}, geben Sie außerdem eine Referenzzelle und einen Referenzwert für p an, Abb. 5.4c (Eintragungen bei `residualControl`).

10. Setzen Sie in `controlDict` den Startpunkt der Iteration auf 0 (Eintragung bei `startFrom` und `startTime`) und die maximale Zahl an Interationsschritten auf 5000 (Eintragung bei `stopAt` und `endTime`), Abb. 5.3b.

11. Geben Sie die Randbedingungen für das Geschwindigkeitsfeld entsprechend Abb. 5.1 vor, indem Sie die Datei `0/U` anlegen und dort auf den jeweiligen Rändern die passenden Angaben machen, Abb. 5.5a. Legen Sie außerdem die Datei `0/p` an, dort geben Sie auf allen Rändern die Bedingung $\nabla_n p = 0$ vor, Abb. 5.5b.

12. Führen Sie die CFD-Simulation aus, indem Sie `simpleFoam` starten. Notieren Sie nach Beendigung der Simulation die benötigten Iterationsschritte und die benötigte Rechenzeit (`Execution Time`).

13. Untersuchen Sie folgende Fragen:
    - Wie wirkt sich ein Wechsel bei den Lösungsverfahren für die Gleichungssysteme vom Multigrid- zu Gradienten-Verfahren auf die benötigten Iterationsschritte und die benötigte Rechenzeit aus? Die Gradienten-Verfahren werden wie in

Abb. 5.4 Nischenströmung
mit OpenFOAM: Eintragungen
in `fvSolution`

a
```
solvers
{
    p
    {
        solver          GAMG;
        tolerance       1e-06;
        relTol          0.1;
        smoother        GaussSeidel;
        nPreSweeps      0;
        nPostSweeps     2;
        cacheAgglomeration true;
        nCellsInCoarsestLevel 10;
        agglomerator    faceAreaPair;
        mergeLevels     1;
    }
```
Spezifizierung Multigrid-Verfahren

b
```
p
{
    solver          PCG;
    preconditioner  DIC;
    tolerance       1e-06;
    relTol          0;
}

U
{
    solver          PBiCG;
    preconditioner  DILU;
    tolerance       1e-05;
    relTol          0;
}
```
Spezifizierung Gradientenverfahren

c
```
SIMPLE
{
    nNonOrthogonalCorrectors 0;

    pRefCell        0;
    pRefValue       0;

    residualControl
    {
        p               1e-5;
        U               1e-5;
    }
}

relaxationFactors
{
    default         0;
    p               0.3;
    U               0.7;
}
```
Druckkorrektur-Verfahren

Abb. 5.4b dargestellt durch die Eintragung `PCG` bei p bzw. `PBiCG` bei U in der Datei `fvSolution` aufgerufen.

- Wie viele Iterationsschritte und welche Rechenzeit ist erforderlich, wenn Sie die Simulationen mit dem Multigrid- und den Gradienten-Verfahren auch auf den beiden anderen im Praktikum *Ebenes, quadratisches Strömungsgebiet* generierten Gittern ausführen?
- Wie sieht das Ergebnis der Strömungssimulation aus, wie gut stimmen Ihre Ergebnisse mit bekannten Daten überein?

Diskussion Der Verlauf der Residuen R_u und R_p der u- und der p-Gleichungen in den Simulationen mit dem Multigrid- (GAMG) und den Gradienten-Verfahren (CG) ist in

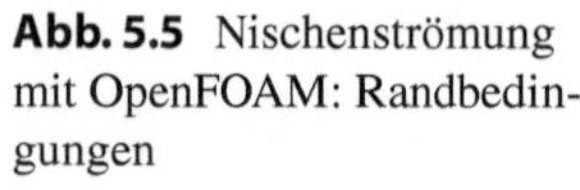

Abb. 5.5 Nischenströmung
mit OpenFOAM: Randbedin-
gungen

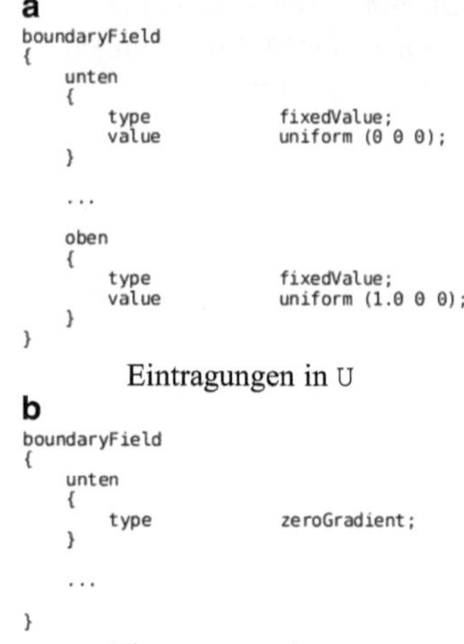

Abb. 5.6 Nischenströmung
mit OpenFOAM: Verlauf der
Residuen, GAMG: Multigrid-
Verfahren, CG: Gradienten-
Verfahren

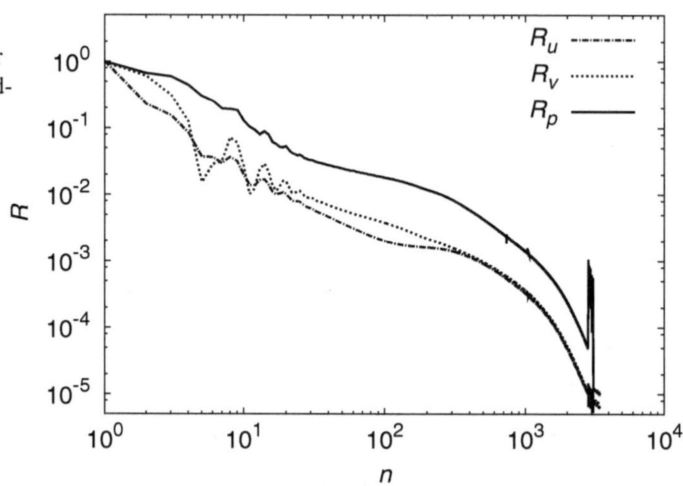

Abb. 5.6 dargestellt[1]. Es ergibt sich der typische Verlauf für eine stabile iterative Lösung
des Gleichungssystems. Die Residuen nehmen im Verlauf der Iteration ab und unterschreiten schließlich das vorgegebene Abbruchkriterium. Die Iteration wird dann abgebrochen
und das Ergebnis der Simulation steht fest. Die Verläufe der Residuen bei den beiden
unterschiedlichen Lösungsverfahren unterscheiden sich nur sehr gering.

---

[1] Hinweis: Falls Sie ähnliche grafische Darstellungen der Residuenverläufe generieren wollen, können Sie das OpenFOAM-Utility `foamJob` nutzen, um `simpleFoam` im Hintergrund zu starten.
Die Ausgaben während der CFD-Simulation werden dann in der Datei `log` im case-Verzeichnis
gespeichert. Die Datei kann anschließend mit dem OpenFOAM-Utility `foamLog` ausgewertet werden.

Tab. 5.2 Nischenströmung mit OpenFOAM: Iterationsschritte n_{Iter} und Rechenzeiten t_{comp}

	GAMG		CG	
Gitter	n_{Iter}	t_{comp}	n_{Iter}	t_{comp}
50 × 50 Zellen	803	4 s	772	5 s
100 × 100 Zellen	1789	34 s	1606	72 s
200 × 200 Zellen	3827	299 s	3448	1366 s

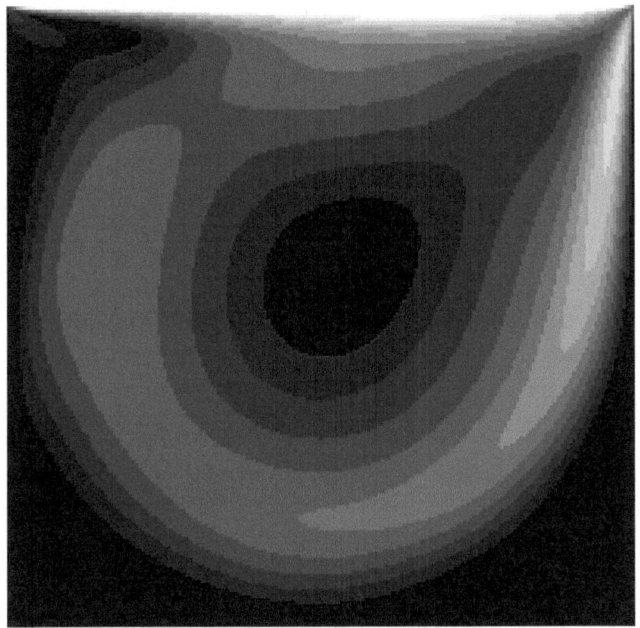

Abb. 5.7 Nischenströmung mit OpenFOAM: Geschwindigkeitsfeld

Allerdings zeigen sich merkliche Unterschiede bei der Zahl der bis zum Iterations-abbruch notwendigen Iterationsschritte n_{Iter} und bei der benötigten Rechenzeit t_{comp}, Tab. 5.2. Das Multigrid-Verfahren benötigt auf jedem Gitter etwas mehr Iterationsschrit-te, dafür ist die bis zum Iterationsabbruch erforderliche Rechenzeit speziell auf dem mittleren und dem feinen Gitter wesentlich geringer als bei den Simulationen mit den Gradienten-Verfahren. Dieser Befund bestätigt den generellen Trend, dass in modernen CFD-Programmen die Multigrid-Verfahren die üblichen Lösungsverfahren sind [69]. Allerdings kann es bei bestimmten Problemen durchaus von Vorteil sein, auch andere Lösungsverfahren zu erproben, um die Konvergenz des Verfahrens zu beschleunigen und so Rechenzeiten zu verkürzen.

Das in der Simulation auf dem Gitter mit 200 × 200 Zellen ermittelte Geschwindig-keitsfeld besitzt die erwartete Struktur, Abb. 5.7. Es existiert ein großes Rezirkulationsge-

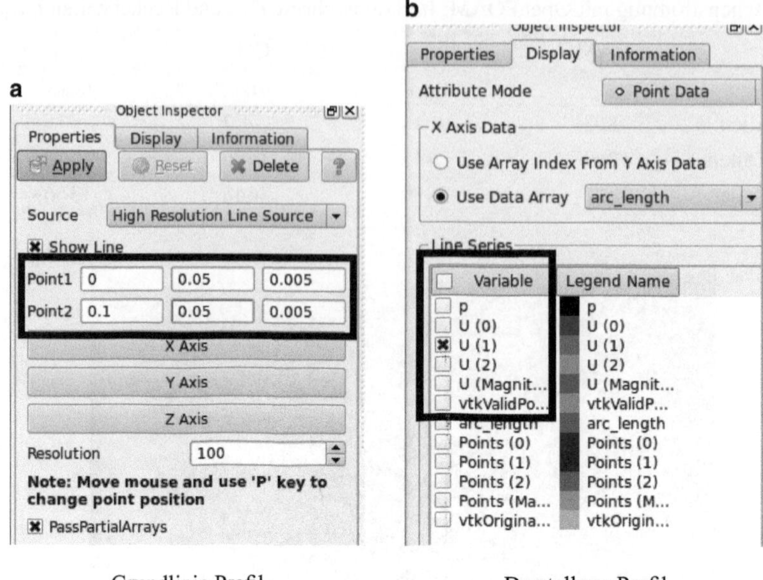

Grundlinie Profil　　　　　　　　　　Darstellung Profil

Abb. 5.8　Nischenströmung mit OpenFOAM: Auswertung Simulationsergebnisse

biet in der Nische, dabei werden die höchsten Geschwindigkeiten direkt an der bewegten oberen Wand gefunden.

Um die Ergebnisse quantitativ mit bekannten Daten, wie etwa von Ghia et al. [18], vergleichen zu können, wird im Menü `Filters > Alphabetical > Plot Over Line`, Reiter `Properties` zuerst die Grundlinie eines geeigneten Profils, in diesem Fall mit dem `Startpunkt` bei $x = 0\,\mathrm{m}$, $y = 0{,}05\,\mathrm{m}$, $z = 0{,}005\,\mathrm{m}$ und dem Endpunkt bei $x = 0{,}1\,\mathrm{m}$, $y = 0{,}05\,\mathrm{m}$, $z = 0{,}005\,\mathrm{m}$, definiert, Abb. 5.8a. Anschließend kann der Verlauf einer Geschwindigkeitskomponente entlang dieser Profillinie dargestellt werden, indem im Reiter `Display` die entsprechende Größe, hier `U(1)` entsprechend u_y, für die Darstellung anwählt wird, Abb. 5.8b. In Abb. 5.9 sind das berechnete Geschwindigkeitsprofil $u_y\,(x,\ y = 0{,}05\,\mathrm{mm})$ (OpenFOAM) und die entsprechenden Referenzwerte aus Ghia et al. [18] dargestellt. Die Übereinstimmung zwischen den Ergebnissen aus OpenFOAM und den Referenzwerten ist offenkundig sehr gut. Vergleichen Sie auch die Profile aus den Simulationen auf den anderen Gittern mit den Referenzwerten.

5.3.2　Lösung mit ANSYS FLUENT

Führen Sie die CFD-Simulation in ANSYS FLUENT durch, gehen Sie dabei in den unten beschriebenen Schritten vor, um die Lösung zu berechnen. Beachten Sie auch die Hinweise zum Praktikum *Konvektion eines Skalars* in Abschn. 4.3.

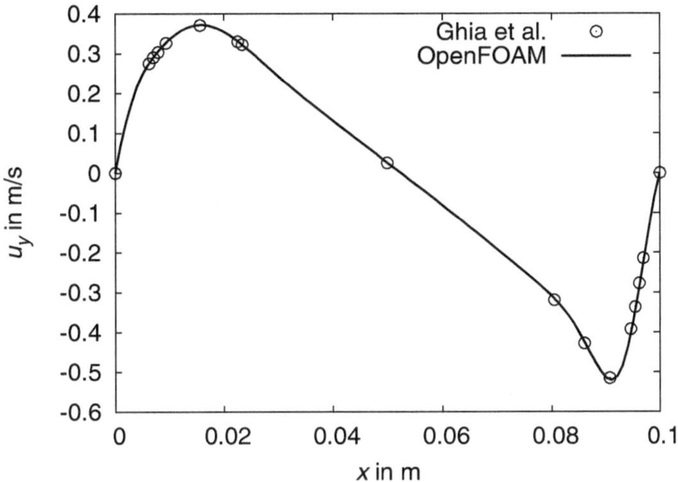

Abb. 5.9 Nischenströmung mit OpenFOAM: Geschwindigkeitsprofil u_y $(x,\ y = 0{,}05\,\text{mm})$

Lösungshinweise

1. Starten Sie ANSYS FLUENT und berücksichtigen Sie, dass Ihr Problem in 2D zu lösen ist.

2. Verwenden Sie zuerst das im Praktikum *Ebenes, quadratisches Strömungsgebiet*, Abschn. 2.5, erzeugte Gitter mit 200 × 200 Zellen, laden Sie dazu die Datei `QuadFlowDom-200.msh` in ANSYS FLUENT (Menü `File > Read > Mesh`). Skalieren Sie das Gitter auf die Größe 0,1 m × 0,1 m.

3. Formulieren Sie das numerische Modell: Spezifizieren Sie das stationäre Problem durch eine Wahl von u_D, ρ und η so, dass die Reynolds-Zahl $Re = \rho\, u_D\, L/\eta = 1000$ erreicht wird, wenn L die Kantenlänge des quadratischen Strömungsgebiets ist. Passende Angaben sind zum Beispiel $u_D = 1\,\text{m/s}$, $\rho = 10\,\text{kg/m}^3$ und $\eta = 10^{-3}\,\text{Pa}\cdot\text{s}$, Abb. 5.10a. Da nur Re betrachtet wird, müssen Ihre Stoffwerte zu keinem konkreten Fluid passen. Setzen Sie die Randbedingungen (Zugang über `Define > Boundary Conditions ...`) entsprechend Abb. 5.1. Um eine Geschwindigkeit am Rand oben vorzugeben, editieren Sie den Rand im Menü `Problem Setup > Boundary Conditions > Zone` (der Typ `wall` muss nicht geändert werden). Wählen Sie die Optionen `Moving Wall` und `Translational` und geben Sie anschließend die Wandgeschwindigkeit mit `Speed 1` vor. Achten Sie darauf, dass die Richtung der Wandbewegung korrekt gewählt wird, sie muss entlang der x-Achse sein, Abb. 5.10b.

4. Koppeln Sie die einzelnen Gleichungen der gesuchten Strömungsgrößen p, u und v mit dem SIMPLE-Algorithmus, siehe Abschn. 5.2.3. Sie können SIMPLE über das Menü `Solution > Solution Methods > Pressure-Velocity Coupling > Scheme` anwählen. Geben Sie außerdem die LUDS-

Abb. 5.10 Nischenströmung mit ANSYS FLUENT: Konfiguration

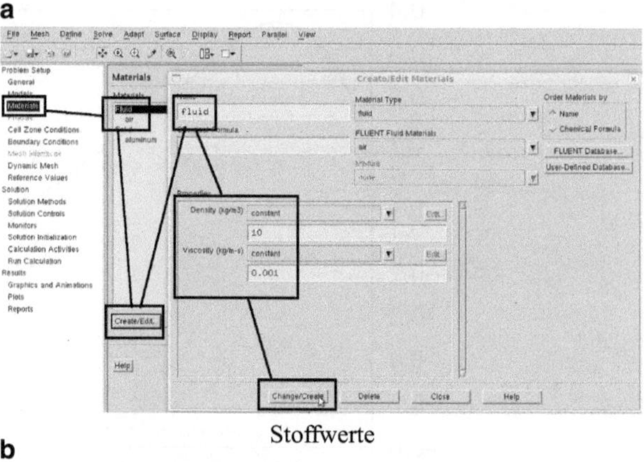

Stoffwerte

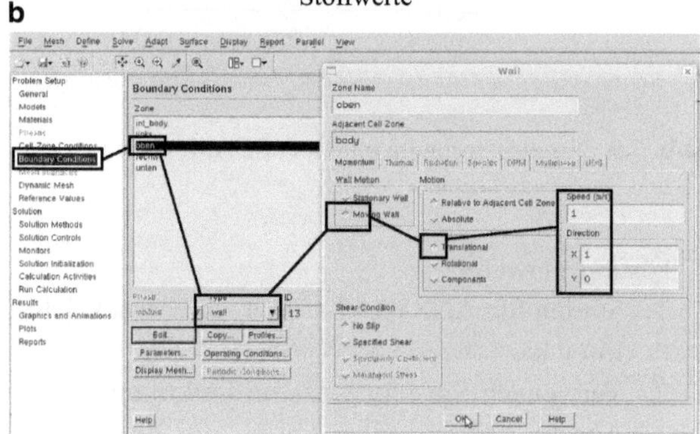

Randbedingungen

Interpolation (`Second Order Upwind`) bei `Spatial Discretization > Momentum` an, Abb. 5.11a. Zur Bestimmung der Gradienten bei der LUDS-Interpolation wird das Verfahren `Green-Gauss Node Based` (bei `Spatial Discretization > Gradient`) verwendet, das auf der numerischen Auswertung des Gaußschen Satzes beruht.

5. Öffnen Sie das Menü `Solution > Solution Controls`. Hier sind die Parameter für die Unterrelaxation nach (5.11) und (5.12) angegeben. Die gesetzten Werte $\alpha_p = 0{,}3$ (`Pressure`) und $\alpha_u = 0{,}7$ (`Momentum`) müssen nicht geändert werden. ANSYS FLUENT nutzt Multigrid-Verfahren, siehe Abschn. 4.2, um die Gleichungssysteme für p, u und v entsprechend (4.70) zu lösen. Sie können die Einstellungen für die Multigrid-Verfahren überprüfen, indem Sie das Menü `Solution > Solution Controls > Advanced ...` öffnen.

6. Setzen Sie die Abbruchkriterien der Residuen für u und v jeweils auf $R^u_{\mathrm{Ab}} = R^v_{\mathrm{Ab}} = 10^{-5}$. Um diese Werte einzutragen, öffnen Sie das Menü `Monitors > Residuals - Print, Plot` über den Schalter `Edit ...`, Die Angaben sind dann in der Rubrik `Equations` zu machen. Für den Druck p kann

Abb. 5.11 Nischenströmung
mit ANSYS FLUENT: Nume-
rische Parameter

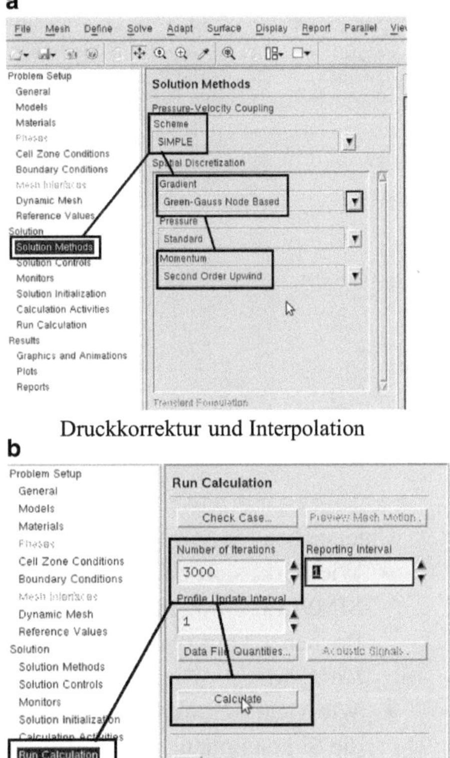

Druckkorrektur und Interpolation

Iteration

kein Abbruchkriterium gesetzt werden, stattdessen überprüft ANSYS FLUENT
das Residuum der Kontinuitätsgleichung. Der dort standardmäßig gesetzte Wert
von $R_{\mathrm{Ab}}^{m} = 10^{-3}$ kann beibehalten werden.

7. Initialisieren Sie p, u und v jeweils auf den Wert 0 (Menü `Solution` >
   `Solution Initialization`). Berechnen Sie dann die Lösung (Menü
   `Solution` > `Run Calculation`). Geben Sie eine hinreichend große Zahl an
   Iterationsschritten (`Number of Iterations`) vor, beispielsweise 3000, und
   starten Sie die Rechnung (`Calculate`), Abb. 5.11b. Wenn Sie eine konvergierte
   Lösung erreicht haben, erscheint in der Konsole der Hinweis `solution is`
   `converged`.

8. Notieren Sie nach Beendigung der Simulation die benötigten Iterationsschritte. Ermitteln Sie außerdem die benötigte Rechenzeit, indem Sie über das Textinterface
   (Konsolen-Eingabe) den Befehl `report` > `system` > `proc-stats` eingeben. In der Konsole erscheint dann eine Tabelle mit einigen Informationen über die
   Simulation, unter anderem ist die benötigte CPU-Zeit aufgelistet.

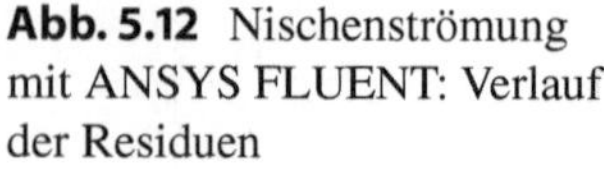

Abb. 5.12 Nischenströmung
mit ANSYS FLUENT: Verlauf
der Residuen

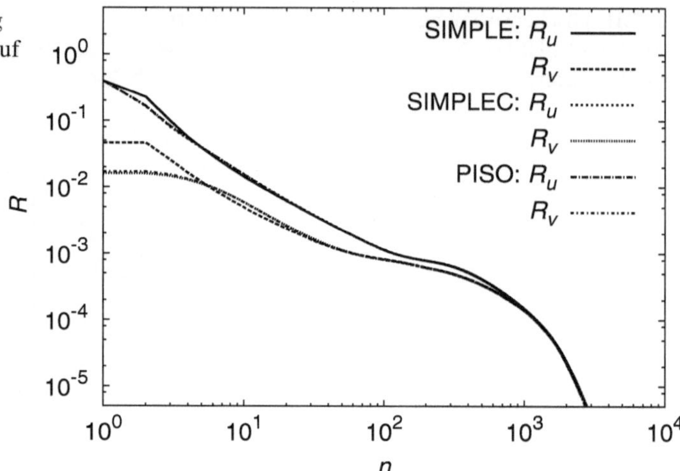

9. Untersuchen Sie folgende Fragen:

- Wie wirkt sich ein Wechsel des Druckkorrektur-Verfahrens von SIMPLE auf
  SIMPLEC bzw. PISO auf die benötigten Iterationsschritte und die benötigte
  Rechenzeit aus? Sie können diese über das Menü `Solution > Solution
  Methods > Pressure-Velocity Coupling > Scheme` anwählen.
- Wie viele Iterationsschritte und welche Rechenzeit ist erforderlich, wenn Sie
  die Simulationen mit SIMPLE, SIMPLEC und PISO auch auf den beiden ande-
  ren im Praktikum *Ebenes, quadratisches Strömungsgebiet* generierten Gittern
  ausführen?
- Wie sieht das Ergebnis der Strömungssimulation aus, wie gut stimmen Ihre Ergebnisse mit bekannten Daten überein?

Diskussion Der Verlauf der Residuen R_u und R_v der u- und der v-Gleichungen in den
Simulationen mit SIMPLE, SIMPLEC und PISO ist in Abb. 5.12 dargestellt [2]. Es ergibt
sich der typische Verlauf für eine stabile iterative Lösung des Gleichungssystems. Die Residuen nehmen im Verlauf der Iteration ab und unterschreiten schließlich das vorgegebene
Abbruchkriterium. Die Iteration wird dann abgebrochen und das Ergebnis der Simulation
steht fest. Die Verläufe der Residuen bei den drei eingesetzten Druckkorrektur-Verfahren
unterscheiden sich insgesamt nur gering, die Verläufe der Residuen von SIMPLEC und
PISO sind sogar fast identisch.

Allerdings zeigen sich merkliche Unterschiede bei der Zahl der bis zum Iterationsabbruch notwendigen Iterationsschritte n_{Iter} und in der benötigten Rechenzeit t_{comp},

---

[2] Hinweis: Falls Sie ähnliche grafische Darstellungen der Residuenverläufe generieren wollen,
können Sie über das Menü File > Write > Start Transcript eine Datei anlegen, in der die
Konsolen-Ausgaben während der CFD-Simulation gespeichert werden. Der Inhalt der Datei kann
anschließend nach ein wenig Vorbereitung beispielsweise mit gnuplot dargestellt werden.

Tab. 5.3 Nischenströmung mit OpenFOAM: Iterationsschritte n_{Iter} und Rechenzeiten t_{comp}

	SIMPLE		SIMPLEC		PISO	
Gitter	n_{Iter}	t_{comp}	n_{Iter}	t_{comp}	n_{Iter}	t_{comp}
50×50 Zellen	434	8 s	552	10 s	479	10 s
100×100 Zellen	956	34 s	1159	43 s	1045	44 s
200×200 Zellen	2429	305 s	2973	382 s	2545	412 s

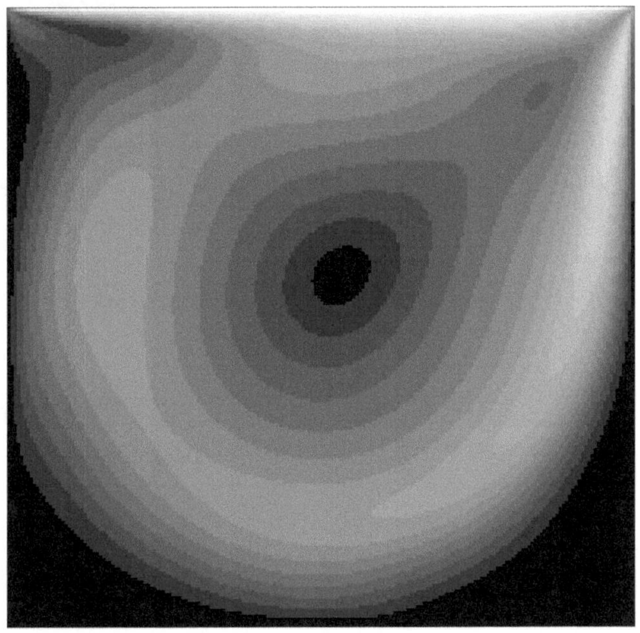

Abb. 5.13 Nischenströmung mit ANSYS FLUENT: Geschwindigkeitsfeld

Tab. 5.3. SIMPLE benötigt auf jedem Gitter weniger Iterationsschritte und auch weniger Rechenzeit bis zum Iterationsabbruch als SIMPLEC oder PISO. Dieser Befund bestätigt den generellen Trend, dass in modernen CFD-Programmen überwiegend der SIMPLE-Algorithmus zur Simulation von stationären Strömungsproblemen genutzt wird. Andere Druckkorrektur-Verfahren liefern in vielen Fällen keine schnellere Lösung. Allerdings kann es bei bestimmten Problemen durchaus von Vorteil sein, ein anderes Druckkorrektur-Verfahren zu erproben, um die Konvergenz der Lösung zu beschleunigen und so Rechenzeiten zu verkürzen.

Das in der Simulation auf dem Gitter mit 200×200 Zellen ermittelte Geschwindigkeitsfeld besitzt die erwartete Struktur, Abb. 5.13. Es existiert ein großes Rezirkulationsgebiet in der Nische, dabei werden die höchsten Geschwindigkeiten direkt an der bewegten oberen Wand gefunden.

Abb. 5.14 Nischenströmung
mit ANSYS FLUENT: Aus-
wertung Simulationsergebnisse

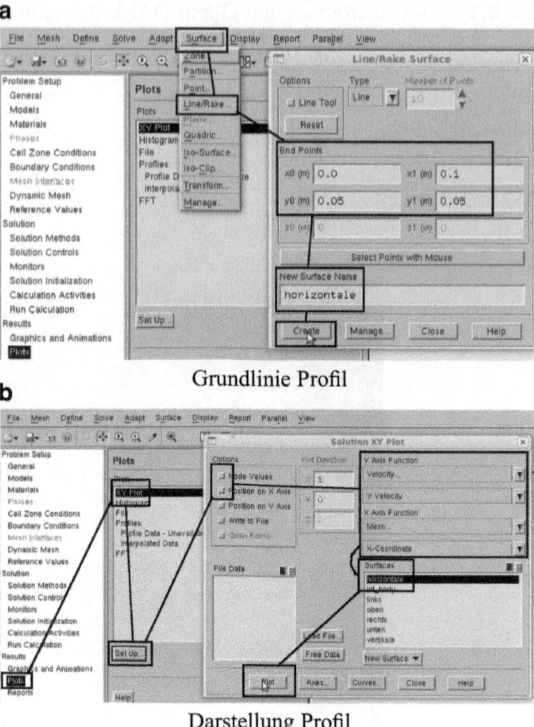

Grundlinie Profil

Darstellung Profil

Um Ihre Ergebnisse auch quantitativ mit den Daten von Ghia et al. [18] vergleichen zu können, definieren Sie im Menü `Surface > Line/Rake` jeweils eine vertikale und eine horizontale Profillinie durch den Mittelpunkt des Volumens, Abb. 5.14a. Anschließend kann der Verlauf einer Geschwindigkeitskomponente entlang dieser Profillinien (im Beispiel entlang der oben definierten Profillinie `horizontale`) dargestellt werden, dazu wählen Sie das Menü `Results > Plots > XY Plots` und wählen dort die entsprechenden Größen für die Darstellung aus. Verzichten Sie auf die glättende Darstellung der Daten, indem Sie die Option `Node Values` abwählen. Stellen Sie außerdem die Koordinaten entlang der Profillinie dar, hierzu müssen Sie die Option `Position on X Axis` abwählen und dann eine passende Auswahl unter `X Axis Function` treffen, Abb. 5.14b.

In Abb. 5.15 sind das berechnete Geschwindigkeitsprofil u_y (x, $y = 0{,}05\,\mathrm{mm}$) (ANSYS FLUENT) und die entsprechenden Referenzwerte aus Ghia et al. [18] dargestellt. Die Übereinstimmung zwischen den Ergebnissen aus ANSYS FLUENT und den Referenzwerten ist gut, nur im Bereich des Geschwindigkeitsmaximums sind leichte Abweichungen zu erkennen. Vergleichen Sie auch die Profile aus den Simulationen auf den anderen Gittern mit den Referenzwerten.

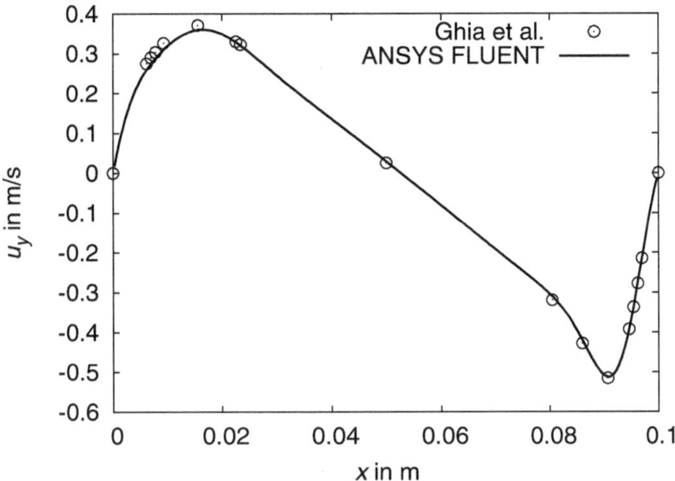

Abb. 5.15 Nischenströmung mit ANSYS FLUENT: Geschwindigkeitsprofil u_y $(x,\ y = 0{,}05\,\text{mm})$

5.3.3 Fazit

Die CFD-Simulation der Nischenströmung zeigt eine sehr gute qualitative und quantitative Übereinstimmung zwischen den berechneten Geschwindigkeitsprofilen und den Resultaten der Referenzuntersuchungen. Der in den Geschwindigkeitsprofilen gefundene Modellfehler ist sehr gering, da keine wesentlichen vereinfachenden Annahmen getroffen wurden. Im Vergleich der verschiedenen numerischen Löser zeigt sich, dass das Multigrid-Verfahren schneller konvergiert als das Gradienten-Verfahren (Simulationen mit Open-FOAM). Dagegen gibt es beim Vergleich der verschiedenen Druckkorrektur-Verfahren kaum Unterschiede im Rechenaufwand für die Rechnungen mit SIMPLE, SIMPLEC und PISO (Simulationen mit ANSYS FLUENT). Deswegen wird in CFD-Simulationen von stationären Strömungen in der Regel SIMPLE genutzt. Bei transienten Strömungen wird dagegen auch PISO recht häufig eingesetzt.

Turbulente Strömungen 6

In CFD-Simulationen werden häufig turbulente Strömungen untersucht. In diesem Kapitel wird gezeigt, wie mathematische Modelle für diese Strömungen formuliert werden können. Da Turbulenz ein sehr komplexes Phänomen ist, werden physikalische Modelle eingeführt, die das zu lösende Strömungsproblem zum Teil stark vereinfachen. Die Grundlagen der unterschiedlichen Modelle werden vorgestellt. Schließlich wird ein Ausblick auf aktuelle Entwicklungen bei der Turbulenzmodellierung gegeben.

6.1 Physikalische Grundlagen

Bevor in den nächsten Abschnitten die CFD-Modellierung von turbulenten Strömungen diskutiert wird, sollen zuerst wesentliche Aspekte von turbulenten Strömungen wiederholt werden.

Eigenschaften turbulenter Strömungen In Abb. 6.1 ist schematisch angedeutet, welche Struktur eine laminare bzw. eine turbulente Strömung stromab einer plötzlichen Querschnittserweiterung besitzt. Die innere Struktur der laminaren Strömung ist wohlgeordnet, in ihr können Stromlinien wie in Abb. 6.1a beobachtet werden. Im Gegensatz dazu weist eine turbulente Strömung eine stochastisch schwankende Struktur auf, die durch Wirbelstrukturen gekennzeichnet ist (durchgezogene Linien in Abb. 6.1b). Erst im Reynolds-Mittel zeigt sich in der turbulenten Strömung eine Struktur, die der einer laminaren Strömung ähnelt (gestrichelte Linien in Abb. 6.1b).

Turbulente Strömungen treten in Natur und Technik sehr häufig auf. Die Strömung in einen Bach oder Fluss, Rauchsäulen über einem Schornstein, Wirbelstürme in der Atmosphäre wie in Abb. 6.2 sind bekannte Beispiele aus der alltäglichen Erfahrung. Der Umschlag von einer laminaren zu einer turbulenten Strömung kann sehr gut an einem Wasserhahn beobachtet werden, der nur hinreichend langsam geöffnet werden muss.

R. Schwarze, *CFD-Modellierung*, DOI 10.1007/978-3-642-24378-3_6,
© Springer-Verlag Berlin Heidelberg 2013

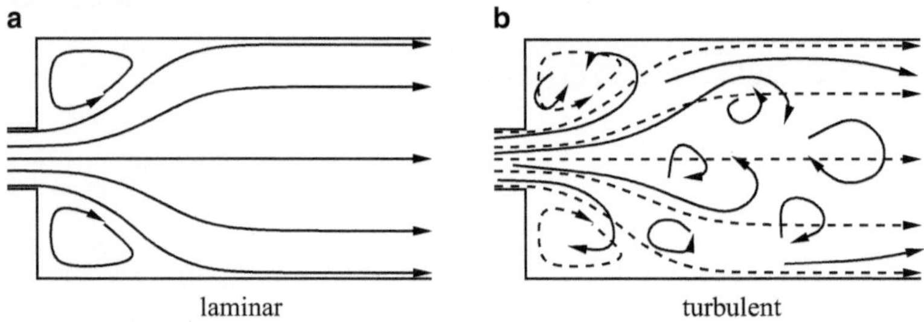

Abb. 6.1 Laminare und turbulente Strömung

Abb. 6.2 Der große, rote Fleck, ein Wirbelsturm in der Jupiter-Atmosphäre, ist ein bekanntes Beispiel für eine turbulente Strömung. Die stark verwirbelte Struktur der Strömung ist gut zu erkennen. NASA, mit freundlicher Genehmigung von / courtesy of nasaimages.org

Turbulente Strömungen besitzen folgende Eigenschaften:

- Sie sind stark verwirbelt, wobei die Wirbel bzw. die Turbulenzelemente eine kontinuierliche Größenverteilung besitzen.
- Die Strömungsgrößen ϕ schwanken stochastisch in Raum und Zeit, sie können dabei entsprechend der Reynolds-Zerlegung

$$\phi = \overline{\phi} + \phi' \tag{6.1}$$

in einen Mittelwert $\overline{\phi}$ und die stochastische Fluktuation ϕ' zerlegt werden.
- Turbulente Strömungen sind bis auf sehr wenige Ausnahmen dreidimensional.

- Physikalische Erhaltungsgrößen (Impuls, Energie, Konzentration, etc.) werden in turbulenten Strömungen stärker als in entsprechenden laminaren Strömungen durchmischt, dieser Effekt wird als *turbulente Diffusion* bezeichnet.
- Die turbulente Diffusion des Impulses nivelliert die Gradienten der mittleren Geschwindigkeiten in turbulenten Strömungen.
- In turbulenten Strömungen entwickelt sich für die kinetische Energie eine Energiekaskade, im Mittel gibt es dabei einen Energietransfer von den großen zu immer kleineren Turbulenzelementen.

Turbulente Strömungen können grob eingeteilt werden in

1. freie turbulente Strömungen, die zum Beispiel in Form von Freistrahlen, freien Scherschichten oder Nachlaufströmungen hinter stumpfen Körpern auftreten,
2. turbulente Grenzschichten, die sich beispielsweise an überströmten Platten ausbilden, und
3. turbulente, thermische Konvektionsströmungen.

Diese drei Typen von turbulenten Strömungen besitzen jeweils bestimmte charakteristische Merkmale [61]. So weiten sich turbulente Freistrahlen durch die turbulente Diffusion in ähnlicher Weise auf, das Verhältnis der mittleren Maximal- zur mittleren Geschwindigkeit entlang der Strahlachse kann deshalb durch bekannte Korrelationen beschrieben werden. Entsprechend kann das mittlere Geschwindigkeitsprofil im wandnahen Bereich von turbulenten Grenzschichten sehr häufig durch das sogenannte universelle Wandgesetz beschrieben werden.

In komplexen Strömungen treten häufig mehrere dieser Typen nebeneinander auf. Beispielsweise sind in der Strömung um einen PKW turbulente Grenzschichten (direkt an der vorderen und seitlichen PKW-Kontur) aber auch abgelöste, freie Scherschichten und Nachlaufströmungen (hinter dem PKW-Heck, stromab der Außenspiegel) vorhanden.

Skalen in turbulenten Strömungen Bei der Modellierung von turbulenten Strömungen ist zu beachten, dass diese Strömungen durch verschiedene Geschwindigkeits- und Zeitskalen charakterisiert werden. Die mittlere Strömung besitzt eine charakteristische Geschwindigkeits- und Zeitskala U_M, L_M, die aus der jeweiligen Strömungskonfiguration ermittelt werden können. So ergeben sich U_M und L_M für eine Rohrströmung aus dem Rohrdurchmesser D mit $L_M = D$ und dem fließenden Volumenstrom $\dot{V}$ als $U_M = 4\,\dot{V}/\pi D^2$.

Die Turbulenz der Strömung weist dagegen ein kontinuierliches Spektrum an Geschwindigkeits- und Zeitskalen auf. Für die Modellierung von turbulenten Strömungen werden sowohl die Skalen U_T und L_T der größten Turbulenzelemente, die in der Strömung vorliegen, als auch die Skalen U_D und L_D der kleinsten Turbulenzelemente betrachtet. Die Längenskala L_D wird Kolmogorov-Skala genannt. In der Regel korrelieren

U_T und L_T mit den Skalen U_M, L_M der mittleren Strömung, die größten Turbulenzelemente weisen also eine Abhängigkeit von der betrachteten Strömungskonfiguration auf. Dagegen besitzen U_D und L_D einen eher universellen Charakter, da der durch diese Skalen charakterisierte Dissipationsbereich einer turbulenten Strömung im Allgemeinen nur von der Reynolds-Zahl der betrachteten Strömung, nicht aber von einer bestimmten Strömungskonfiguration abhängt.

Mittlere Turbulenzgrößen In CFD-Simulationen werden häufig nur die Mittelwerte der interessierenden Strömungsgrößen gesucht. Die Strömung wird in diesem Fall durch die mittlere Strömungsgeschwindigkeit $\overline{u}$ und den mittleren Druck $\overline{p}$ beschrieben. Außerdem muss die Turbulenz der Strömung durch geeignete Mittelwerte dargestellt werden. Hierfür werden unter anderem folgende Größen genutzt:

- die Reynolds-Spannungen $\underline{\underline{\tau}}^{\mathrm{RS}}$

$$\underline{\underline{\tau}}^{\mathrm{RS}} = -\overline{\underline{u}'\,\underline{u}'} \tag{6.2}$$

- die in den turbulenten Schwankungen enthaltene spezifische kinetische Energie k

$$k = \frac{1}{2}\, Sp\left(\underline{\underline{\tau}}^{\mathrm{RS}}\right) = \frac{1}{2}\left(\underline{u}'\right)^2 \tag{6.3}$$

In der Literatur wird k abkürzend als *turbulente kinetische Energie* bezeichnet.
- die mittlere Dissipation ε, kurz *Dissipation* von k, die sowohl den Energietransfer in der Energiekaskade als auch die Dissipation der kinetischen Energie in den kleinsten Turbulenzelementen beschreibt.

Erfahrungstatsachen Turbulente Strömungen werden aufgrund ihrer Bedeutung für angewandte Strömungsprobleme seit vielen Jahrzehnten intensiv untersucht. Da es jedoch bisher noch nicht gelungen ist, eine geschlossene theoretische Beschreibung für turbulente Strömungen zu entwickeln, müssen Erfahrungstatsachen genutzt werden, um geeignete physikalische Modelle für die Beschreibung turbulenter Strömungen zu formulieren. Für die weitere Diskussion sind vor allem folgende Beobachtungen von Bedeutung, die in vielen turbulenten Strömungen gemacht wurden:

- Die Dissipation ε ist unabhängig von der Größe der Turbulenzelemente.
- Die größten Turbulenzelemente liefern den Hauptbeitrag zur turbulenten kinetischen Energie k.
- Die Reynolds-Zahl Re_T der Turbulenz liegt etwa eine Größenordnung unter der Reynolds-Zahl Re_M der mittleren Strömung, $Re_T \simeq 0{,}1 \cdot Re_M$.
- Im Dissipationsbereich kompensieren sich der konvektive und der diffusive Impulsstrom, also ist die Reynolds-Zahl Re_D des Dissipationsbereichs $Re_D = U_D\,L_D/\nu \simeq 1$.

Durch eine Dimensionsanalyse ist leicht zu ermitteln, dass k durch eine charakteristische Geschwindigkeit U abgeschätzt werden kann

$$k \simeq o\left(U_T^2\right) \tag{6.4}$$

Dabei wird speziell U_T gewählt, weil die größten Turbulenzelemente den größten Beitrag zu k liefern. Entsprechend kann durch Dimensionsanalyse ermittelt werden, dass ε in etwa dem Quotienten U^3/L entspricht. Da ε unabhängig von der Größe der Turbulenzelemente ist, muss die Abschätzung für alle betrachteten Skalenbereiche gelten

$$\varepsilon \simeq \frac{U_M^3}{L_M} \simeq \left(\frac{U_T^3}{L_T} = \frac{k^{3/2}}{L_T}\right) \simeq \left(\frac{U_D^3}{L_D} = \frac{v^3}{L_D^4}\right) \tag{6.5}$$

In den einzelnen Ausdrücken sind bereits die Abschätzung von k bzw. die Reynolds-Zahl Re_D berücksichtigt. Aus (6.5) können sofort zwei Folgerungen für die Längenverhältnisse L_M/L_D bzw. L_T/L_D gezogen werden

$$\frac{L_M}{L_D} = \sqrt[4]{\frac{U_M^3 L_M^3}{v^3}} = Re_M^{3/4} \quad \text{mit} \quad Re_M = \frac{U_M L_M}{v} \tag{6.6}$$

$$\frac{L_T}{L_D} = \sqrt[4]{\frac{k^6}{v^3 \varepsilon^3}} = Re_T^{3/4} \quad \text{mit} \quad Re_T = \frac{k^2}{v\varepsilon} \tag{6.7}$$

Die so definierte Reynolds-Zahl der Turbulenz Re_T kann auch als das Verhältnis zweier Viskositäten interpretiert werden

$$Re_T = \frac{k^2}{v\varepsilon} = \frac{v_T}{v} \tag{6.8}$$

Die Wirbelviskosität v_T der Turbulenz, die auch turbulente Viskosität oder scheinbare Viskosität genannt wird, ist allerdings eine Größe, die (im Gegensatz zur Materialgröße kinematische Viskosität v) die Turbulenz, also die betrachtete Strömung, charakterisiert. Die Wirbelviskosität kann vor allem der Wirkung der großen Turbulenzelemente in einer Strömung zugeschrieben werden, deshalb wird sie durch die Geschwindigkeits- und Zeitskala U_T und L_T abgeschätzt

$$v_T \simeq U_T \cdot L_T \tag{6.9}$$

Zusammen mit der Relation zwischen Re_T und Re_M folgt daraus auch

$$v_T \simeq 0{,}1 \cdot U_M \cdot L_M \tag{6.10}$$

6.2   Numerische Modellierung turbulenter Strömungen

Einteilung der Modellansätze Die verschiedenen Modellansätze für turbulente Strömungen lassen sich anhand der von ihnen aufgelösten Strömungsstrukturen unterscheiden. In Abb. 6.3 wird dies schematisch am Energiespektrum $E(\lambda)$ der Turbulenz einer Strömung verdeutlicht. Dabei ist $\lambda = 2\pi/L$ die Wellenzahl einer Strömungsstruktur mit der Länge L, entsprechend sind λ_M, λ_T und λ_D die Wellenzahlen der oben diskutierten charakteristischen Längen L_M, L_T und L_D. Der näherungsweise isotrope Bereich mit $\lambda > \lambda_T$ hat einen universellen Charakter, d. h. der Verlauf des Spektrums ist hier für unterschiedliche Strömungen mit ähnlichen Reynolds-Zahlen in etwa gleich. Dagegen ist der Verlauf des Spektrums in der Nähe von λ_M strömungsspezifisch, hier erfolgt eine Anpassung an die makroskopischen Strömungsstrukturen der betrachteten Strömung. Der Inhalt des Energiespektrums entspricht insgesamt der turbulenten kinetischen Energie der Strömung, $k \sim \int_0^\infty E(\lambda)\, d\lambda$.

Bei der numerischen Modellierung von turbulenten Strömungen werden folgende Ansätze unterschieden:

1. Die direkte numerische Simulation, abgekürzt DNS, bei der die Kontinuitäts- und die Navier-Stokes-Gleichung der Strömung ohne weitere physikalische Turbulenzmodellierung (also direkt) numerisch gelöst werden. In der DNS wird somit die turbulente Strömung in allen Einzelheiten berechnet, das heißt, dass alle turbulenten Skalen bis

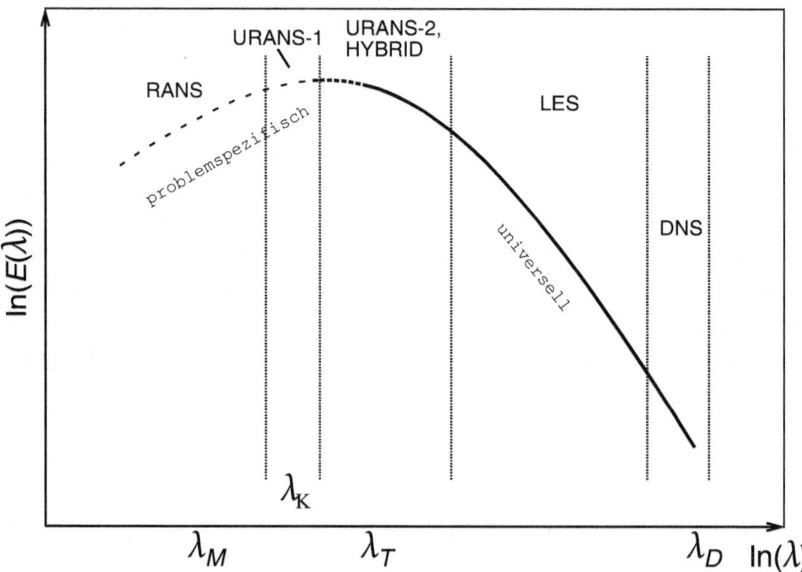

Abb. 6.3 Schematische Darstellung des Energiespektrums $E(\lambda)$ einer turbulenten Strömung, Auflösung der spektralen Anteile durch verschiedene numerische Modellansätze

hin zum Dissipationsbereich aufgelöst werden. Da eine DNS momentan für die meisten turbulenten Strömungen noch zu aufwendig ist, wird sie hier nicht weiter diskutiert.

2. Die Grobstruktur- oder englisch Large-Eddy-Simulation, abgekürzt LES, bei der die räumlich gefilterte Kontinuitäts- und Navier-Stokes-Gleichung gelöst werden. Die LES löst damit alle Turbulenzelemente auf, die größer sind als die gewählte räumliche Filterweite. In der LES muss die Wirkung der herausgefilterten (nicht aufgelösten) kleineren Turbulenzelemente auf die aufgelöste Strömung durch ein geeignetes Turbulenzmodell approximiert werden. Diese Modelle werden Subgrid-Scale-Turbulenzmodelle oder kurz SGS-Modelle genannt.

3. Die RANS-Simulation, bei der die Reynolds-gemittelte Kontinuitäts- und Navier-Stokes-Gleichung gelöst werden. RANS steht dabei abkürzend für Reynolds-Averaged Navier-Stokes. Eine RANS-Simulation ergibt die mittleren Strömungs- und Turbulenzgrößen, wobei hier die Wirkung der nicht aufgelösten Turbulenz auf die mittlere Strömung durch ein geeignetes Turbulenzmodell zu approximieren ist.

4. Weitere wirbelauflösende Modellierungsmethoden (in Abb. 6.3 als URANS-1, URANS-2 und HYBRID bezeichnet), die nicht der RANS, LES oder DNS zugeordnet werden können. Sie werden weiter unten in einem eigenen Abschnitt vorgestellt.

LES und RANS Der Modellansatz der LES wird in Abb. 6.4 skizziert. Wie oben erläutert beinhaltet eine turbulente Strömung Turbulenzelemente, die ein kontinuierliches Größenspektrum bis hin zur Kolmogorov-Skala L_D aufweisen, Abb. 6.4a. Die LES ergibt dagegen ein räumlich gefiltertes Strömungsfeld, siehe Abb. 6.4b. Wird die LES mit der Finite-Volumen-Methode durchgeführt, so wird in der Regel der sogenannte Boxfilter (6.11) genutzt

$$\widehat{\phi}\left(\underline{r},t\right) = \frac{1}{\Delta V} \int_{KV} \phi\left(\underline{r}',t\right) \mathrm{d}V \tag{6.11}$$

um die gefilterte Strömungsgröße $\widehat{\phi}$ für ein KV zu bestimmen. In diesem Fall besitzt der Filter eine Filterweite $\Delta_F = \sqrt[3]{\Delta V}$, die in Abb. 6.4b der Zellbreite des angedeuteten Rasters entspricht. In der LES werden damit nur Turbulenzelemente aufgelöst, die größer als Δ_F sind, während kleinere Turbulenzelemente nicht explizit erfasst werden. Ihre Wirkung auf die aufgelöste Strömung wird durch ein SGS-Modell approximiert. Im Langzeitmittel muss die LES natürlich die gleiche Strömungsstruktur wie in der langzeitgemittelten Originalströmung ergeben. Weitere Einzelheiten zur LES können der Literatur [16] entnommen werden.

Der Modellansatz der RANS ist entsprechend in Abb. 6.5 skizziert. Zu modellieren ist auch hier eine turbulente Strömung, die Turbulenzelemente mit einem kontinuierlichen Größenspektrum aufweist, Abb. 6.5a. Beim RANS-Ansatz werden jedoch keinerlei Details über einzelne Turbulenzelemente direkt aufgelöst, stattdessen ergibt sich aus einer RANS-Simulation das Reynolds-gemittelte Strömungsfeld (ausgezogene Linien in Abb. 6.5b). Für Strömungen im statistisch stationären Zustand wird das Reynolds-Mittel

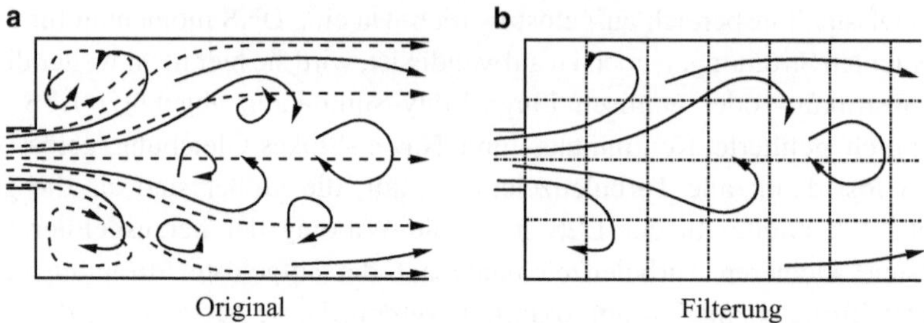

Original   Filterung

Abb. 6.4 Aufgelöste Turbulenzelemente in einer gefilterten Strömung

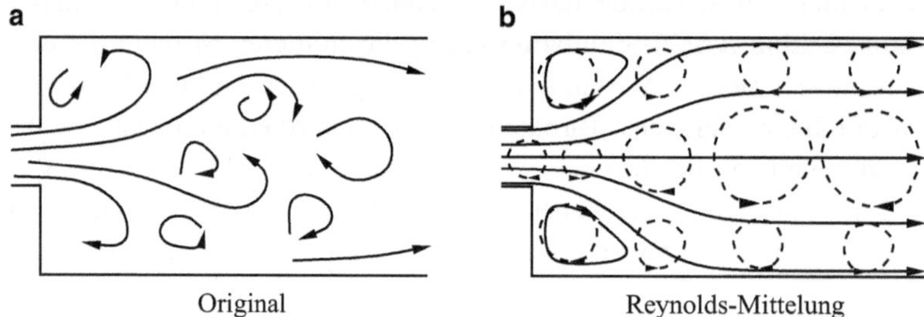

Original   Reynolds-Mittelung

Abb. 6.5 Reynolds-gemittelte Strömung

durch das Langzeit-Mittel realisiert, $\overline{\phi}$ ergibt sich also aus

$$\overline{\phi}\,(\underline{r}) = \lim_{\Delta t \to \infty} \frac{1}{\Delta t} \int\limits_{t}^{t+\Delta t} \phi\,(\underline{r},t')\,\mathrm{d}t' \tag{6.12}$$

In diesem Fall ist die Reynolds-gemittelte Größe also nicht mehr von der Zeit abhängig. Die Mittelungsoperation erfüllt außerdem die sogenannten Reynolds-Bedingungen [51], zum Beispiel

$$\overline{\overline{\phi}}\,(\underline{r}) = \overline{\phi}\,(\underline{r})\,, \quad \overline{\overline{\phi}\,\psi} = \overline{\phi}\,\overline{\psi} \tag{6.13}$$

Die Eigenschaften der Turbulenz und ihre Wirkung auf die mittlere Strömung werden bei der RANS durch sogenannte Turbulenzmodelle approximiert. Diese schätzen die Geschwindigkeits- und Längenskala der großen, energietragenden Turbulenzelemente U_T, L_T ab. In Abb. 6.5b sind diese durch gestrichelte Linien angedeutet. Die Wirkung der Turbulenz auf die mittlere Strömung kann zum Beispiel mit Hilfe der Wirbelviskosität ν_T nach (6.9) abgeschätzt werden. Weitere Einzelheiten zur statistischen Theorie turbulenter Strömungen und zu den RANS können der Literatur [51, 14] entnommen werden.

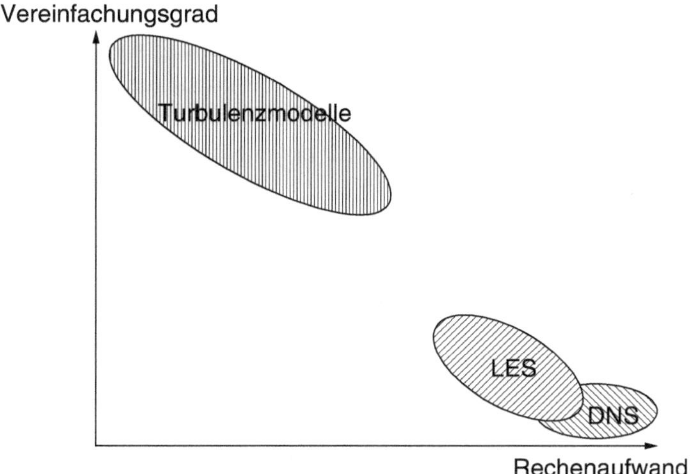

Abb. 6.6 Vereinfachungsgrad und Rechenaufwand bei der Modellierung turbulenter Strömungen

Informationsgehalt und Rechenbedarf Der Einsatz von DNS, LES und RANS führt zu unterschiedlich detaillierten Informationen, dementsprechend benötigen diese drei Arten der Turbulenzmodellierung auch unterschiedlich viel Rechenressourcen. Der Zusammenhang zwischen dem Vereinfachungsgrad und dem Rechenaufwand ist in Abb. 6.6 dargestellt.

Die RANS-Modellierung ist dabei mit dem größten Vereinfachungsgrad verbunden, die RANS-Ergebnisse haben den geringsten Informationsgehalt, nämlich nur die Mittelwerte der berechneten Strömungsgrößen. Je nach gewähltem Turbulenzmodell kann der Informationsgehalt etwas größer oder geringer sein, dies wird später noch genauer erläutert. Allerdings benötigen die RANS-Rechnungen auch vergleichsweise wenig Rechenressourcen: Die notwendigen Rechengitter orientieren sich mit ihrer Auflösung an der mittleren Strömungsstruktur, die durch die Längenskala L_M charakterisiert wird. RANS-Simulationen können deshalb auf gängigen Arbeitsplatzrechnern durchgeführt werden. Der Rechenbedarf kann für unterschiedliche Turbulenzmodelle bedingt durch die zusätzlich zur Kontinuitäts- und Navier-Stokes-Gleichung zu lösenden Modellgleichungen merklich variieren.

Die LES liefert durch die Auflösung der großen Turbulenzelemente wesentlich mehr explizite Informationen über die in der turbulenten Strömung ablaufenden Prozesse. Allerdings müssen für die LES Rechengitter genutzt werden, deren Auflösung (Gitterweite) deutlich unterhalb der Längenskala der energietragenden Turbulenzelemente liegen muss und sich eher an der Kolmogorov-Skala L_D orientiert. Die LES ist außerdem in jedem Fall zeitabhängig auszuführen, so dass ein im Vergleich zur RANS deutlich höherer Rechenaufwand zu erwarten ist.

Schließlich hat die DNS im Vergleich zur LES einen nochmals geringeren Vereinfachungsgrad. Die Kontinuitäts- und Navier-Stokes-Gleichung werden direkt gelöst. So ergibt sich ein Maximum an Informationen über die turbulente Strömung, alle in der Strömung ablaufenden Prozesse werden aufgelöst. Dadurch steigt der Rechenaufwand im Vergleich zur LES nochmals an, da die Gitterweite des Rechengitters unterhalb der Kolmogorov-Skala L_D liegen muss.

Aus dem in Abb. 6.6 skizzierten Zusammenhang zwischen Rechenaufwand und Vereinfachungsgrad lassen sich folgende Schlüsse für die diskutierten Modellansätze ziehen:

RANS: Die RANS-Simulation ist aktuell das Standard-Werkzeug für CFD-Simulationen von angewandten, turbulenten Strömungen. Deshalb werden in den weiteren Abschnitten dieses Kapitels die Grundlagen der RANS-basierten Turbulenzmodellierung erläutert.

LES: Die LES besitzt das Potenzial, sich zukünftig als weitere gängige Untersuchungsmethode zur Analyse angewandter, turbulenter Strömungen zu etablieren. Die Entwicklung in der Computertechnik haben dazu geführt, dass der Rechenaufwand für LES-Simulationen bereits heute ein akzeptables Maß erreicht hat. Allerdings erfordert der Einsatz von LES ein deutlich höheres Know-How des Anwenders, als es für RANS-Simulationen der Fall ist.

DNS: Die DNS besitzt das Potenzial, die Standard-Methode für die numerische Analyse fundamentaler Prozesse in turbulenten Strömungen zu werden. Der für DNS notwendige Rechenaufwand dürfte allerdings verhindern, dass die DNS in absehbarer Zeit im größeren Rahmen bei angewandten Strömungsproblemen eingesetzt wird.

6.3 Grundlagen der RANS-Turbulenzmodellierung

Mit dem RANS-Ansatz können, wie oben schon beschrieben, die Reynolds-gemittelten Strömungs- und Turbulenzgrößen einer Strömung im statistisch stationären Zustand berechnet werden. Entsprechende Modellgleichungen lassen sich durch die Reynolds-Mittelung der strömungsphysikalischen Grundgleichungen gewinnen. Am Beispiel der inkompressiblen Strömung soll erläutert werden, wie die Modellgleichungen entwickelt werden und wo die Turbulenzmodellierung genutzt wird.

Reynolds-Gleichung Werden die Strömungsgrößen $\underline{u}\,(\underline{r}, t)$ und $p\,(\underline{r}, t)$ in der Kontinuitäts- und der Navier-Stokes-Gleichung (3.20), (3.21) entsprechend der Reynolds-Zerlegung (6.1) in den Reynolds-Mittelwert $\overline{\underline{u}}\,(\underline{r}, t)$, $\overline{p}\,(\underline{r}, t)$ und die turbulente Fluktuation $\underline{u}'\,(\underline{r}, t)$, $p'\,(\underline{r}, t)$ zerlegt, ergeben sich nach nochmaliger Mittelung die Reynolds-gemittelte Kontinuitäts- und Navier-Stokes-Gleichung

$$\nabla \cdot \overline{\underline{u}} = 0 \tag{6.14}$$

$$\rho\,\nabla \cdot \left(\overline{\underline{u}}\,\overline{\underline{u}} + \overline{\underline{u}'\,\underline{u}'} \right) = -\nabla \overline{p} + \eta\,\nabla \cdot \left(2\,\nabla \underline{\underline{S}} \right) \tag{6.15}$$

wobei (6.15) auch als Reynolds-Gleichung bezeichnet wird. Darin ist $\overline{S}_{ij}$ in Analogie zu (3.12) der Tensor der mittleren Deformationsgeschwindigkeiten

$$\underline{\underline{\overline{S}}} = \frac{1}{2}\left[\nabla\underline{\overline{u}} + (\nabla\underline{\overline{u}})^T\right] \tag{6.16}$$

Die Reynolds-Gleichung (6.15) unterscheidet sich insbesondere durch die Reynolds-Spannungen $\underline{\underline{\tau}}^{RS} = -\overline{\underline{u}'\,\underline{u}'}$ von der Navier-Stokes-Gleichung (3.21). Durch die unbekannten Reynolds-Spannungen ist das Gleichungssystem nun nicht mehr geschlossen. Um wieder zu einem mathematisch lösbaren System zu kommen, wird ein Turbulenzmodell benötigt. Das Turbulenzmodell liefert weitere Modellgleichungen, die die unbekannten Reynolds-Spannungen auf bekannte Strömungsgrößen aus (6.14) und (6.15) zurückführen.

Turbulenzmodelle können dabei aus der Transportgleichung für die Reynolds-Spannungen $\underline{\underline{\tau}}^{RS}$ entwickelt werden. Die exakte Transportgleichung für die Reynolds-Spannungen lautet in Indexnotation unter Berücksichtigung der Einsteinschen Summenkonvention [22, 67]

$$\rho\frac{\partial}{\partial x_k}\left(\overline{u}_k\tau_{ij}^{RS}\right) = \underbrace{-\rho\,\tau_{ik}^{RS}\frac{\partial\overline{u}_j}{\partial x_k} - \rho\,\tau_{jk}^{RS}\frac{\partial\overline{u}_i}{\partial x_k}}_{P_{ij}} + \underbrace{\overline{p'\left(\frac{\partial u_i'}{\partial x_j} + \frac{\partial u_j'}{\partial x_i}\right)}}_{\Pi_{ij}}$$

$$\underbrace{-2\eta\,\overline{\frac{\partial u_i'}{\partial x_l}\frac{\partial u_j'}{\partial x_l}}}_{\varepsilon_{ij}} + \underbrace{\frac{\partial}{\partial x_k}\left(\eta\frac{\partial\tau_{ij}^{RS}}{\partial x_k} - \rho\,\overline{u_i'u_j'u_k'} - \overline{p'u_i'}\delta_{jk} - \overline{p'u_j'}\delta_{ik}\right)}_{D_{ij}} \tag{6.17}$$

Dabei ergeben sich Quellen bzw. Senken für die Reynolds-Spannungen aus dem Produktionstensor P_{ij}, dem Druck-Scher-Korrelationstensor Π_{ij}, dem Dissipationstensor ε_{ij} und dem Diffusionstensor D_{ij}, in dem molekulare und turbulente Beiträge berücksichtigt werden. Allerdings ist nur der Produktionstensor aus bekannten Strömungs- bzw. Turbulenzgrößen berechenbar, die anderen vier Tensoren enthalten weitere unbekannte Korrelationen wie etwa $\overline{p'u_i'}$, die durch modellierende Annahmen zu approximieren sind.

Die exakte Transportgleichung für die turbulente kinetische Energie k lautet

$$\frac{\partial}{\partial x_j}\left(\rho\,\overline{u}_j k\right) = \underbrace{-\rho\,\tau_{ij}^{RS}\frac{\partial\overline{u}_i}{\partial x_j}}_{P_k} \underbrace{-\eta\,\overline{\frac{\partial u_i'}{\partial x_j}\frac{\partial u_i'}{\partial x_j}}}_{\varepsilon}$$

$$+ \underbrace{\frac{\partial}{\partial x_j}\left(\eta\frac{\partial k}{\partial x_j} - \rho\frac{1}{2}\overline{u_i'u_i'u_j'} - \overline{p'u_j'}\right)}_{D_k} \tag{6.18}$$

Hier ergeben sich Quellen bzw. Senken für k durch die Produktion P_k, die Dissipation ε und die Diffusion D_k, die sich aus molekularen und turbulenten Beiträgen zusammensetzt. Auch hier ist nur die Produktion aus bekannten Strömungs- bzw. Turbulenzgrößen berechenbar, die beiden anderen Terme enthalten ebenfalls unbekannte Korrelationen, die wieder durch modellierende Annahmen zu approximieren sind.

Sowohl (6.17) als auch (6.18) werden als Ausgangspunkt für die Entwicklungen von Modellgleichungen für Turbulenzmodelle genutzt. Auch für die Elemente ε_{ij} des Dissipationstensors bzw. die Dissipation ε können exakte Transportgleichungen entwickelt werden. Diese sind allerdings so komplex, dass sie nicht für die Entwicklung von Modellgleichungen für Turbulenzmodelle genutzt werden. Im nächsten Abschnitt werden die Modellgleichungen einzelner Turbulenzmodelle vorgestellt und dabei die darin getroffenen modellierenden Annahmen erläutert.

Modellansätze Turbulenzmodelle korrelieren die unbekannten Reynolds-Spannungen mit den bekannten mittleren Strömungsgrößen. Sie lassen sich einteilen in Wirbelviskositäts- und in Reynolds-Spannungs-Modelle.

Ansatz 1: Wirbelviskositätsmodelle Um die Idee der Wirbelviskositätsmodelle zu verstehen, wird die Reynolds-Gleichung (6.15) etwas anders formuliert

$$\rho \frac{\partial}{\partial x_j}\left(\overline{u}_j \overline{u}_i\right) = -\frac{\partial \overline{p}}{\partial x_j} + \frac{\partial \tau_{ij}}{\partial x_j} + \rho \frac{\partial \tau_{ij}^{\mathrm{RS}}}{\partial x_j} \tag{6.19}$$

Zur Erinnerung: die mittleren molekularen Scherspannungen τ_{ij} sind in Strömungen inkompressibler, Newtonscher Fluide wie folgt definiert, siehe (3.11)

$$\tau_{ij} = \eta\, 2\, \overline{S}_{ij} \tag{6.20}$$

Wirbelviskositätsmodelle beruhen auf der Annahme, dass die Reynolds-Spannungen τ_{ij}^{RS} und die mittleren molekularen Scherspannungen τ_{ij} auf ähnliche Phänomene zurück geführt werden können. Deshalb wird im sogenannten Boussinesq-Ansatz der Reynolds-Spannungstensor wie folgt approximiert

$$\tau_{ij}^{\mathrm{RS}} = \nu_T\, 2\overline{S}_{ij} - \frac{2}{3}\, k\delta_{ij} \tag{6.21}$$

Die Analogie zu (6.20) ist offensichtlich, allerdings wird als Proportionalitätskonstante zwischen τ_{ij}^{RS} und $\overline{S}_{ij}$ die Wirbelviskosität ν_t genutzt.

> **Wirbelviskosität**
>
> Bereits 1877, also noch vor der intensiven Erforschung von turbulenten Strömungen, formulierte der französische Mathematiker und Physiker J. Boussinesq die Idee der Wirbelviskosität (siehe dazu [62]), um die turbulenten Spannungen mit der Scherung einer Strömung zu korrelieren. Kurz darauf begann O. Reynolds [53] mit der systematischen Erforschung des Übergangs von laminaren zu turbulenten Strömungen, er schlug außerdem die Reynolds-Zerlegung von Strömungsgrößen in einen mittleren und einen fluktuierenden Anteil vor.

Durch diesen Ansatz wird die Komplexität des Problems wesentlich reduziert, denn statt der sechs unbekannten Reynolds-Spannungen τ_{ij}^{RS} sind jetzt nur noch zwei Unbekannte, nämlich k und ν_T vorhanden. Um das Schließungsproblem endgültig zu lösen, müssen diese Größen durch modellierende Annahmen aus den bekannten mittleren Strömungsgrößen bestimmt werden.

Folgende Typen von Wirbelviskositätsmodellen werden üblicherweise in CFD-Simulationen genutzt:

- Ein-Gleichungsmodelle auf Basis einer Transportgleichung für ν_t
- Zwei-Gleichungsmodelle auf Basis von Transportgleichungen für Größen der mittleren Turbulenz, zum Beispiel (6.18) für die turbulente kinetische Energie k und einer Gleichung für die Dissipation ε. In diesem Ansatz wird ν_t wie in (6.9) beschrieben durch die charakteristischen Skalen der großen Turbulenzelemente U_T und L_T approximiert

$$\nu_T = C \cdot U_T \cdot L_T \tag{6.22}$$

Die Skalen U_T und L_T werden mit den berechneten Turbulenzgrößen, zum Beispiel mit k und ε, abgeschätzt.

Ansatz 2: Reynolds-Spannungs-Modelle Als Alternative zu den Wirbelviskositätsmodellen werden Reynolds-Spannungs-Modelle genutzt, bei denen der tensorielle Charakter von τ_{ij}^{RS} erhalten bleibt

$$\tau_{ij}^{\mathrm{RS}} = a_{ij}\left(\overline{S}_{ij}, \tau_{ij}^{\mathrm{RS}}, \dots\right) \tag{6.23}$$

Diese Modelle werden aus der Transportgleichung (6.17) für die Reynolds-Spannungen abgeleitet, die unbekannten Terme müssen wieder durch modellierende Annahmen aus den bekannten mittleren Strömungsgrößen bestimmt werden.

6.4   Häufig genutzte Turbulenzmodelle

In der Literatur sind viele Turbulenzmodelle vorgeschlagen worden, siehe zum Beispiel
die Übersichten in [60, 71]. Davon haben aber nur wenige Turbulenzmodelle eine größere
Verbreitung in der CFD erreicht. Folgende häufiger genutzte Turbulenzmodelle werden
hier kurz vorgestellt:

Zwei-Gleichungsmodelle:

- Standard-k-ε-Modell
- RNG-k-ε-Modell
- Realizable-k-ε-Modell
- Wilcox-k-ω-Modell, Menter-SST-k-ω-Modell

Ein-Gleichungsmodelle:

- Spalart-Allmaras-Modell

Reynolds-Spannungs-Modelle:

- LRR-RSM-Modell

Schon vorab ist darauf hinzuweisen, dass keines dieser Modelle den anderen generell
überlegen ist. Deshalb wird auch heute noch nach Turbulenzmodellen geforscht, die eine gleichbleibend gute Approximation der Turbulenz in verschiedenen, komplexen Strömungssituationen ermöglichen.

6.4.1   Standard-k-ε-Turbulenzmodell

Das von Launder und Spalding vorgeschlagene k-ε-Modell [35] für turbulente Strömun-
gen mit hohen Reynolds-Zahlen ist bis heute das mit Abstand am häufigsten in CFD-
Simulationen genutzte Turbulenzmodell. Deshalb hat es auch die Bezeichnung Standard-
k-ε-Modell erhalten. Im Modell werden die Produktion P_k und die Diffusion D_k in der
Transportgleichung für die turbulente kinetische Energie k wie folgt approximiert

$$P_k = -\left(2\nu_T \overline{S}_{ij}\right)\overline{S}_{ij} = -2\nu_T\left(\overline{S}_{ij}\right)^2 \tag{6.24}$$

$$D_k = \frac{\partial}{\partial x_j}\left(\nu\frac{\partial k}{\partial x_j} + \frac{\nu_T}{\sigma_k}\frac{\partial k}{\partial x_j}\right) = \left[\left(\nu + \frac{\nu_T}{\sigma_k}\right)\frac{\partial k}{\partial x_j}\right] \tag{6.25}$$

Im Modell wird davon ausgegangen, dass die Druck-Geschwindigkeitskorrelation gegenüber der Tripelgeschwindigkeitskorrelation vernachlässigbar ist

$$\rho\frac{1}{2}\overline{u_i' u_i' u_j'} \gg \overline{p' u_j'} \tag{6.26}$$

Die Tripelgeschwindigkeitskorrelation selbst wird entsprechend dem Boussinesq-Ansatz (6.21) approximiert durch

$$\frac{1}{2}\,\overline{u_i' u_i' u_j'} = -\frac{\nu_T}{\sigma_k}\,\frac{\partial k}{\partial x_j}$$ (6.27)

Die charakteristischen Skalen der Turbulenz können unter Verwendung von k und ε folgendermaßen abgeschätzt werden

$$U_T = \sqrt{k}\,, \qquad L_T = \frac{k^{1,5}}{\varepsilon}$$ (6.28)

Insgesamt lauten die Gleichungen des Standard-k-ε-Modells

$$\frac{\partial}{\partial x_j}\,(\overline{u}_j k) = -\nu_T\,(\overline{S}_{ij})^2 - \varepsilon + \left[\left(\nu + \frac{\nu_T}{\sigma_k}\right)\frac{\partial k}{\partial x_j}\right]$$ (6.29)

$$\frac{\partial}{\partial x_j}\,(\overline{u}_j \varepsilon) = \left\{c_{\varepsilon 1}\,\frac{\varepsilon}{k}\right\}\left[-\nu_T\,(\overline{S}_{ij})^2\right] - \left\{c_{\varepsilon 2}\,\frac{\varepsilon}{k}\right\}\varepsilon + \left[\left(\nu + \frac{\nu_T}{\sigma_\varepsilon}\right)\frac{\partial \varepsilon}{\partial x_j}\right]$$ (6.30)

$$\nu_T = C_\mu\,\frac{k^2}{\varepsilon}$$ (6.31)

Wie oben angedeutet, wird die exakte Transportgleichung von ε nicht zur Modellbildung genutzt. Stattdessen beruht die Modellierung in (6.30) auf der Annahme, dass die Produktion und der Abbau von ε proportional zu den entsprechenden Termen in (6.29) sind. Die entsprechenden Proportionalitätsfaktoren sind in (6.30) in geschweiften Klammern angegeben. Diese Annahme ist für gewisse Strömungskonfigurationen gerechtfertigt. In anderen Strömungssituationen ist diese Modellierung dagegen problematisch und führt zu schlechten Simulationsergebnissen [34, 71, 69].

Die Modellkonstanten werden üblicherweise wie folgt gesetzt: $C_\mu = 0{,}09$; $c_{\varepsilon 1} = 1{,}44$; $c_{\varepsilon 2} = 1{,}92$; $\sigma_k = 1{,}0$ und $\sigma_\varepsilon = 1{,}3$. Diese Spezifizierung beruht auf der Analyse von kanonischen Strömungen mit dem Standard-k-ε-Modell. Als kanonische Strömungen werden dabei vereinfachte Strömungskonfigurationen wie Grenzschicht- oder Freistrahlströmungen bezeichnet, die in Kombination wesentliche Eigenschaften angewandter, komplexer Strömungen abbilden können. Für jede kanonische Strömung liegt eine Vielzahl konsistenter Ergebnisse aus verschiedenen Untersuchungen vor. Die oben genannten Konstanten des Standard-k-ε-Modells sind so gewählt, dass die verschiedenen kanonischen Strömungen in akzeptabler Qualität simuliert werden.

Aufgrund der vielen CFD-Simulationen, die mit diesem Turbulenzmodell durchgeführt wurden, sind die Stärken und Schwächen des Standard-k-ε-Modells sehr gut bekannt [34]. Es ist gut geeignet für die Berechnung von relativ einfachen Strömungen, wie etwa dem Kernbereich einer vollturbulenten Rohrströmung. Es wird häufig auch zur Analyse von technischen Strömungsprozessen genutzt, bei denen nur die globalen Strömungsstrukturen und nicht lokale, quantitative Einzelheiten bestimmt werden sollen. Dagegen führt das Modell in komplexeren Strömungen mit Staupunkten, mit gekrümmten bzw. verdrallten Stromlinien usw. teilweise zu qualitativ und quantitativ schlechten Resultaten.

6.4.2   RNG-k-ε-Modell

Beim Renormalization-Group- oder kurz RNG-k-ε-Modell [72] werden die Transportgleichungen für die Turbulenzgrößen k und ε mit Hilfe einer Methode der statistischen Physik, der Renormierungsgruppen-Theorie entwickelt [46]. Bei der Herleitung der Gleichungen werden unter anderem die Wechselwirkungen in der turbulenten Energiekaskade in einer Art Störungsrechnung approximiert. Während für k die gleiche Transportgleichung beim Standard-k-ε-Modell resultiert, ergibt sich eine wesentliche Modifikation in der Modellgleichung für ε. Sie lautet

$$\frac{\partial}{\partial x_j}\left(\overline{u}_j\,\varepsilon\right) = C_{1\varepsilon}\left[-\nu_T\,\left(\overline{S}_{ij}\right)^2\right]\frac{\varepsilon}{k} + \frac{\partial}{\partial x_j}\left[\left(\nu + \frac{\nu_T}{\sigma_\varepsilon}\right)\frac{\partial \varepsilon}{\partial x_j}\right] - C_{2\varepsilon}^{*}\frac{\varepsilon^2}{k} \qquad (6.32)$$

Der Modellparameter $C_{2\varepsilon}^{*}$ lautet

$$C_{2\varepsilon}^{*} = C_{2\varepsilon} + \underbrace{\frac{C_\mu\,\eta^3\left(1 - \dfrac{\eta}{\eta_0}\right)}{1 + \beta\,\eta^3}}_{R} \quad ; \qquad \eta = \left\|\overline{S}_{ij}\right\| \cdot \frac{k}{\varepsilon} \qquad (6.33)$$

Die Modellkonstanten werden zum Teil direkt bei der Herleitung der Modellgleichungen bestimmt, sie weichen aber nur leicht von den oben genannten Konstanten des Standard-k-ε-Modells ab. Die Eigenschaften des RNG-k-ε-Modells werden wesentlich vom Parameter η bestimmt. Physikalisch betrachtet ist $\eta = \tau_T/\tau_M$ das Verhältnis der Zeitskala $\tau_T = k/\varepsilon$ der Turbulenz und der Zeitskala $\tau_M = L_M/U_M \simeq \left\|\overline{S}_{ij}\right\|^{-1}$ des mittleren Strömungsfeldes.

Bei geringen Scherraten $\left\|\overline{S}_{ij}\right\|$ und einer entsprechend großen Zeitskala τ_M der mittleren Strömung ist $\eta < \eta_0$. Das RNG-k-ε-Modell ergibt in diesem Fall für k und ε ähnliche Werte wie das Standard-k-ε-Modell. In Strömungsgebieten mit starker Stromlinienkrümmung und hohen Scherraten bzw. geringen Zeitskalen τ_M im mittleren Strömungsfeld, wie zum Beispiel in Rezirkulationsgebieten, ist $\eta > \eta_0$. Dann wechselt das Vorzeichen von R in (6.33), so dass der Wert von $C_{2\varepsilon}^{*}$ sinkt. Dadurch steigt die Dissipation ε in diesen Bereichen an, während k und ν_t abnehmen. Das RNG-k-ε-Modell liefert deswegen in einigen komplexen Strömungen deutlich bessere Ergebnisse als das Standard-k-ε-Modell [46].

6.4.3   Realizable-k-ε-Modell

Auch beim Realizable-k-ε-Modell [65], abkürzend als RLZ-k-ε-Modell bezeichnet, werden Modifikationen in den Modellgleichungen für ε und ν_T vorgenommen. Einige der beim Standard-k-ε-Modell als konstant gesetzten Modellparameter werden hier durch funktionale Zusammenhänge bestimmt. Die Gleichungen des RLZ-k-ε-Modells lauten

$$\frac{\partial}{\partial x_j}\left(\overline{u}_j \varepsilon\right) = C_{1\varepsilon}\left\|\frac{\partial \overline{u}_i}{\partial x_j}\right\| \varepsilon + \frac{\partial}{\partial x_j}\left[\left(\nu + \frac{\nu_T}{\sigma_\varepsilon}\right)\frac{\partial \varepsilon}{\partial x_j}\right] - C_{2\varepsilon}\frac{\varepsilon^2}{k + \sqrt{\nu\varepsilon}} \tag{6.34}$$

$$\nu_T = C_\mu \frac{k^2}{\varepsilon}\ ;\quad C_{1\varepsilon} = \max\left[1, \frac{\eta}{\eta + 5}\right]\ ;\quad \eta = \left\|\frac{\partial \overline{u}_i}{\partial x_j}\right\|\frac{k}{\varepsilon} \tag{6.35}$$

Eine wesentliche Besonderheit des RLZ-k-ε-Modells besteht darin, dass der Parameter C_μ durch einen funktionalen Zusammenhang aus $\overline{S}_{ij}$ und der mittleren Rotation $\overline{\Omega}_{ij}$ des Strömungsfeldes

$$\overline{\Omega}_{ij} = \frac{1}{2}\left(\frac{\partial \overline{u}_i}{\partial x_j} - \frac{\partial \overline{u}_j}{\partial x_i}\right) \tag{6.36}$$

bestimmt wird

$$C_\mu = \frac{1}{A_0 + A_s \sqrt{\overline{S}_{ij}\overline{S}_{ji} + \overline{\Omega}_{ij}\overline{\Omega}_{ji}}\,\dfrac{k}{\varepsilon}} \tag{6.37}$$

Die Konstanten $\sigma_k = 1{,}0$; $\sigma_\varepsilon = 1{,}2$; $C_{2\varepsilon} = 1{,}9$ entsprechen in etwa den Modellkonstanten des Standard-k-ε-Modells, außerdem ist $A_0 = 4{,}04$. Schließlich wird der Modellparameter A_s aus $\overline{S}_{ij}$ berechnet, $A_s = f\left(\overline{S}_{ij}\right)$, wobei Einzelheiten der Literatur [65] entnommen werden können.

Das RLZ-k-ε-Modell ergibt in bestimmten Strömungskonfigurationen, wie zum Beispiel Staupunkten, physikalisch realistische (realizable) Turbulenzwerte, während andere Turbulenzmodelle dort unphysikalische Ergebnisse liefern.

6.4.4   Wilcox-k-ω-Modell und Menter-SST-k-ω-Modell

Neben dem Standard-k-ε-Modell und seinen Varianten werden in den letzten Jahren vermehrt Modelle genutzt, die auch die charakteristische Frequenz ω der energietragenden Wirbel

$$\omega = \frac{\varepsilon}{k}\ \left(= \frac{U_T}{L_T}\right) \tag{6.38}$$

als Turbulenzgröße verwenden. Die Modellgleichungen des häufig genutzten Wilcox-k-ω-Modells [70] lauten

$$\frac{\partial}{\partial x_j}\left(\overline{u}_j k\right) = -\nu_t \left(\overline{S}_{ij}\right)^2 - \beta^* k\omega + \left[\left(\nu + \sigma^* \nu_T\right)\frac{\partial k}{\partial x_j}\right] \tag{6.39}$$

$$\frac{\partial}{\partial x_j}\left(\overline{u}_j \omega\right) = \alpha\frac{\omega}{k}\tau_{ij}\frac{\partial \overline{u}_i}{\partial x_j} - \beta\frac{\omega^2}{k} + \frac{\partial}{\partial x_j}\left[\left(\nu + \sigma\nu_T\right)\frac{\partial \omega}{\partial x_j}\right] \tag{6.40}$$

$$\nu_T = \frac{k}{\omega} \tag{6.41}$$

Die Modellkonstanten sind $\alpha = 5/9$, $\beta = 3/40$, $\beta^* = 9/100$, $\sigma = 0{,}5$ und $\sigma^* = 0{,}5$. Eine modifzierte Variante mit komplexeren Schließungsbedingungen ist in [71] angegeben.

Das Wilcox-k-ω-Modell liefert speziell in der Nähe von festen Wänden eine deutlich bessere Beschreibung der mittleren Turbulenz und damit des gesamten mittleren Strömungsfeldes als das Standard-k-ε-Modell. Die Qualität der Turbulenz- und Strömungsmodellierung wird dagegen in der freien Außenströmung deutlich schlechter, während sich die Güte der Simulationsergebnisse des Standard-k-ε-Modells hier im allgemeinen merklich verbessert.

Diese Beobachtung inspiriert das Menter-Shear-Stress-Transport- oder kurz Menter-SST-k-ω-Modell [42, 43]. Das Modell nutzt in einem hybriden Ansatz zwei unterschiedliche Modellgleichungen für ω. In Wandnähe wird die Variante entsprechend (6.40) berücksichtigt, so dass hier ein k-ω-Modell zur Berechnung der mittleren Turbulenz- und Strömungsgrößen vorliegt. Im Außenbereich wird die ω-Gleichung dagegen durch eine Transformation entsprechend (6.38) aus der Transportgleichung für ε ermittelt, so dass in dieser Region effektiv ein k-ε-Modell zur Turbulenz- und Strömungssimulation genutzt wird. Einzelheiten zur Modellierung und zum Überblenden zwischen beiden Gleichungen können der angegebenen Literatur entnommen werden. Das Menter-SST-k-ω-Modell nutzt durch seinen Ansatz in geschickter Weise die Vorteile des k-ω- und des Standard-k-ε-Modells aus und kann dadurch im Gegenzug entsprechende Nachteile der jeweiligen Modelle gut kompensieren.

6.4.5 Spalart-Allmaras-Modell

Neben den bisher vorgestellten Zwei-Gleichungsmodellen können in einer Reihe von CFD-Programmen auch Ein-Gleichungsmodelle genutzt werden, die auf einer Transportgleichung für die Wirbelviskosität beruhen. Der bekannteste Vertreter dieser Modellklasse ist das Spalart-Allmaras-Modell [66], bei dem der Wirbelviskositätsparameter $\widetilde{v}$ durch folgende Transportgleichung bestimmt wird

$$
\frac{\partial}{\partial x_k}(\overline{u}_k \widetilde{v}) = \underbrace{C_{b1} \left\| \Omega_{ij} \right\| \widetilde{v}}_{\Pi_v} - \underbrace{C_{w1}\, f_w \left(\frac{\widetilde{v}}{\kappa y}\right)^2}_{\varepsilon_v}
$$

$$
+ \underbrace{\frac{1}{\sigma_v}\left[\frac{\partial}{\partial x_k}\left((v + \widetilde{v})\frac{\partial \widetilde{v}}{\partial x_k}\right) + C_{b2}\left(\frac{\partial \widetilde{v}}{\partial x_k}\right)^2\right]}_{D_v} \tag{6.42}
$$

Darin beschreibt Π_v die Produktion, ε_v den Abbau und D_v die Diffusion von $\widetilde{v}$. Mit y ist der Abstand zu einer festen Wand hin bezeichnet. Die empirisch bestimmten Modellkonstanten sind $C_{b1} = 0{,}1355$, $C_{b2} = 0{,}622$, $\kappa = 0{,}4187$, $\sigma_v = 2/3$

und $C_{w1} = C_{b1} + \kappa^2 \left(1 + C_{b2}\right)/\sigma_\nu$. Die empirische Funktion f_w beschreibt die Änderung von ε_ν in Abhängigkeit von y mit den beiden Grenzwerten $f_w = 1$ für $y = 0$ und $f_w = 0$ für $y \to \infty$. Die Wirbelviskosität ν_T ist in der Nähe von festen Wänden nicht sofort durch $\widetilde{\nu}$ gegeben, sondern wird mit einer empirischen Dämpfungsfunktion f_{v1} aus $\widetilde{\nu}$ errechnet

$$\nu_T = f_{v1}\,\widetilde{\nu} \tag{6.43}$$

Die Reynolds-Spannungen werden bei der Verwendung des Spalart-Allmaras-Modells wie folgt bestimmt

$$\tau_{ij}^{\mathrm{RS}} = \nu_T\,2\overline{S}_{ij} \tag{6.44}$$

Das Spalart-Allmaras-Modell ist unter anderem für die Modellierung von Tragflächenumströmungen entwickelt worden, bei denen es zum Strömungsabriss kommen kann. Neben den Grenzschichtströmungen sind hier freie Scher- und Nachlaufströmungen zu simulieren, was mit diesem Modell in akzeptabler Weise gelingt. Für die Modellierung allgemeiner, komplexer Strömungskonfigurationen ist das Modell dagegen ungeeignet.

6.4.6   Reynolds-Spannungs-Modelle

Bei Reynolds-Spannungs-Modellen werden die einzelnen Komponenten des Reynolds-Spannungstensors τ_{ij}^{RS} direkt modelliert. Diese Modelle basieren auf der Transportgleichung (6.17) der Reynolds-Spannungen. Die Struktur der Modellgleichungen ist damit wesentlich komplexer als bei den Ein- oder Zwei-Gleichungsmodellen.

Am bekanntesten ist das Launder-Reece-Rodi-Reynolds-Spannungs-Modell [37], kurz LRR-RS-Modell. Es wird in CFD-Programmen häufig in folgender Form implementiert

$$\frac{\partial}{\partial x_k}\left(\overline{u}_k \tau_{ij}^{\mathrm{RS}}\right) = P_{ij} + D_{ij} + \phi_{ij} - \frac{2}{3}\varepsilon\delta_{ij} \tag{6.45}$$

$$\frac{\partial}{\partial x_k}\left(\overline{u}_k \varepsilon\right) = \frac{1}{2}C_{1\varepsilon}\,P_{ii}\,\frac{\varepsilon}{k} + \frac{\partial}{\partial x_k}\left(\nu + \frac{\nu_T}{\sigma_\varepsilon}\frac{\partial \varepsilon}{\partial x_k}\right) - C_{2\varepsilon}\frac{\varepsilon^2}{k} \tag{6.46}$$

Der Vergleich mit (6.17) zeigt, dass der Dissipationstensor ε_{ij} durch die Dissipation ε modelliert wird, die im Modell nur noch auf die normalen Reynolds-Spannungen wirkt. Die weiteren Terme mit unbekannten Korrelationen in (6.17) werden wie folgt modelliert

$$D_{ij} = \frac{\partial}{\partial x_k}\left[\left(\nu + \frac{\nu_T}{\sigma_k}\right)\frac{\partial \tau_{ij}^{\mathrm{RS}}}{\partial x_k}\right] \tag{6.47}$$

$$\phi_{ij} = C_1\left(\frac{2}{3}\delta_{ij}k - \tau_{ij}^{\mathrm{RS}}\right)\frac{\varepsilon}{k} + C_2\left(\frac{1}{3}\delta_{ij}P_{kk} - P_{ij}\right) \tag{6.48}$$

Tab. 6.1 Übersicht über häufig genutzte Turbulenzmodelle

Bezeichnung	Größen	Gln.	Anwendungsbereiche
Spalart-Allmaras	ν_T	1	einfache Scher- und Nachlaufströmungen, speziell Außenströmungen der Aerodynamik
Standard-k-ε, RNG-k-ε, RLZ-k-ε	k, ε	2	Strömungen mit näherungsweiser isotroper Turbulenz, RNG und RLZ mit besseren Ergebnissen für spezielle Strömungskonfigurationen
Wilcox-k-ω, Menter-SST-k-ω	$k, \omega, (\varepsilon)$	2	Scher- und Nachlaufströmungen, Strömungen mit näherungsweise isotroper Turbulenz
LRR-RS	$\tau_{ij}^{\mathrm{RS}}, \varepsilon$	4 (2d), 7 (3d)	isotrope und anisotrope Turbulenz

Die in den Gleichungen benötigte Wirbelviskosität ν_T wird mit (6.31), die turbulente kinetische Energie k mit (6.3) bestimmt. Die Modellkonstanten sind $C_1 = 1{,}8$, $C_{1\varepsilon} = 1{,}44$, $C_2 = 0{,}6$, $C_{2\varepsilon} = 1{,}92$, $\sigma_k = 0{,}82$ und $\sigma_\varepsilon = 1{,}0$.

Reynolds-Spannungs-Modelle sind im Gegensatz zu den Ein- oder Zwei-Gleichungsmodellen in der Lage, die Anisotropie des Reynolds-Spannungstensors in komplexen Strömungskonfigurationen zu erfassen. In einigen Strömungen ergibt sich jedoch kaum eine Verbesserung gegenüber den schlechten Ergebnissen des Standard-k-ε-Modells aufgrund ähnlicher Probleme mit der Modellierung von ε.

6.4.7 Eigenschaften häufig genutzter Turbulenzmodelle

Eine zusammenfassende Übersicht von wichtigen Eigenschaften der bisher diskutierten Turbulenzmodelle wird in Tab. 6.1 gegeben. Mit der Anzahl der Modellgleichungen (zweite Spalte der Tabelle) steigt auch der Rechenaufwand für die entsprechenden CFD-Simulationen. Kein Modell ist den Anderen generell überlegen, so dass die Auswahl problemspezifisch vorzunehmen und idealerweise durch eine Validierung zu bestätigen ist. In der Tabelle sind außerdem typische Anwendungsbereiche der genannten Turbulenzmodelle angegeben. In der Literatur können weitere Hinweise zu den Vor- und Nachteilen sowie zum Umgang mit den Turbulenzmodellen nachgelesen werden [25, 71, 69].

Alle in Tab. 6.1 angegebenen Modelle sind dafür gedacht, die voll ausgebildete Turbulenz einer Strömung zu beschreiben. Es handelt sich also um sogenannte High-Re-Turbulenzmodelle. Das bedeutet, daß die lokale Reynolds-Zahl der Turbulenz groß sein muss, $Re_T \gg 1$. Anderenfalls sind einige wesentliche Annahmen über die zu modellierende Turbulenz nicht korrekt. Anhand der Simulationsergebnisse kann dies mit (6.8) leicht überprüft werden.

6.5 Randbedingungen

Bei der Vorgabe von Randbedingungen für die Turbulenzgrößen eines Turbulenzmodells wird an den unterschiedlichen Rändern üblicherweise folgendermaßen verfahren:

- An Einlass-Rändern werden die mittleren Turbulenzgrößen häufig aus der bekannten mittleren Geschwindigkeit $\overline{u}_{\mathrm{ein}}$, dem Turbulenzgrad $t i_{\mathrm{ein}}$ und der Länge $L_{T,\mathrm{ein}}$ der größten Turbulenzelemente im Einlass geschätzt. Bei entwickelten Durchströmungen ist näherungsweise $L_{T,\mathrm{ein}} \simeq 0,1\, D_{H,\mathrm{ein}}$ mit dem hydraulisch gleichwertigen Durchmesser $D_{H,\mathrm{ein}}$ des durchströmten Einlassquerschnitts, bei Umströmungen mit einer turbulenten Grenzschicht der Dicke δ_{ein} im Einströmrand ist $L_{T,\mathrm{ein}} \simeq 0,5\, \delta_{\mathrm{ein}}$. Zur Approximation der Turbulenzgrößen können folgende Näherungen genutzt werden

$$k_{\mathrm{ein}} \simeq 1,5 \left(\overline{u}_{\mathrm{ein}}\, t i_{\mathrm{ein}} \right)^2 \tag{6.49}$$

$$\varepsilon_{\mathrm{ein}} \simeq 0,16\, \frac{k_{\mathrm{ein}}^{1,5}}{L_{T,\mathrm{ein}}} \tag{6.50}$$

$$\omega_{\mathrm{ein}} \simeq 1,8\, \frac{\sqrt{k_{\mathrm{ein}}}}{L_{T,\mathrm{ein}}} \tag{6.51}$$

$$\nu_T \simeq \sqrt{1,5\, \overline{u}_{\mathrm{ein}}\, t i_{\mathrm{ein}}\, L_{T,\mathrm{ein}}} \tag{6.52}$$

  Es ist zu beachten, dass die Einlass-Randbedingungen der Turbulenzgrößen die Simulationsergebnisse vor allem für freie turbulente Strömungen merklich beeinflussen können [3, 71].
- An Auslass-Rändern sollte die turbulente Strömung näherungsweise voll entwickelt sein, so dass sich die Turbulenzgrößen in Strömungsrichtung nicht ändern. Deshalb werden hier typischerweise Nullgradienten-Bedingungen, $\hat{n}_A \cdot \nabla \phi$, für die Turbulenzgrößen vorgegeben.
- Ränder hin zu einer Kernströmung werden im Allgemeinen so gelegt, dass die Turbulenzgrößen hier symmetrisch sind, also wieder eine Nullgradienten-Bedingungen $\hat{n}_S \cdot \nabla \phi$ formuliert werden kann. An Rändern hin zu einer turbulenzarmen Außenströmung wird dagegen häufig die Vorgabe $\phi_{\mathrm{AS}} = 0$ gewählt.
- In der Nähe von festen Wänden ändern sich die Eigenschaften der Turbulenz wesentlich, da die mit dem Wandabstand y gebildete charakteristische Reynolds-Zahl Re_y dort klein wird. Die Vorgabe von Randbedingungen muss dieser Tatsache Rechnung tragen. Im nächsten Abschnitt werden die unterschiedlichen Möglichkeiten zur Modellierung der wandnahen Bereiche ausführlicher besprochen.

6.6 Bereiche niedriger Reynolds-Zahlen

Oben wurde die Voraussetzung $Re_T \gg 1$ für den Einsatz der bisher beschriebenen Turbulenzmodelle genannt. Es stellt sich sofort die Frage, wie die Turbulenzmodellierung in Bereichen erfolgt, in denen Re_T nicht mehr groß ist. Dieses Problem ist speziell in den Strömungsbereichen in der Nähe fester Wände, den Grenzschichten, von entscheidender Bedeutung.

Bedeutung des wandnahen Bereichs Auf eine möglichst präzise Modellierung der wandnahen Strömung und Turbulenz kann nicht verzichtet werden, denn in vielen Strömungskonfigurationen wird die Turbulenz vor allem in diesen wandnahen Bereichen generiert. Außerdem ist die korrekte Beschreibung der turbulenten Grenzschichten wichtig, um technisch relevante Parameter angewandter Strömungen, wie etwa Reibungsbeiwerte schlanker oder Widerstandsbeiwerte stumpfer Körper, korrekt zu erfassen.

Untersuchungen an geeigneten kanonischen Strömungen, vor allem an der turbulenten Couette-Strömung, liefern wesentliche Informationen für die geeignete Approximation der wandnahen Turbulenz [61]. Zur Modellierung werden dabei entweder sogenannte Wandfunktionen oder aber spezielle Low-Re-Turbulenzmodelle genutzt.

Ansatz 1: Wandfunktionen Experimentelle Beobachtungen an vielen vollturbulenten Strömungen haben gezeigt, dass im wandnahen Bereich in dimensionsloser Darstellung ähnliche Geschwindigkeitsverteilungen $u^+\left(y^+\right)$ vorliegen. Der genaue Verlauf von $u^+\left(y^+\right)$ kann durch die Analyse der turbulenten Couette-Strömung ermittelt werden [61]. Aufgrund ihres universellen Charakters wird die Geschwindigkeitsverteilung $u^+\left(y^+\right)$ der turbulenten Couette-Strömung auch als *universelles Wandgesetz* bezeichnet. Die dimensionslose Darstellung wird dabei erreicht, indem die wandnormale Koordinate y und die mittlere wandparallele Geschwindigkeit $\overline{u}$ mit Hilfe der Wandschubspannung τ_W bzw. der Wandschubspannungsgeschwindigkeit u_τ

$$u_\tau = \sqrt{\frac{\tau_W}{\rho}} \qquad (6.53)$$

entdimensionalisiert werden

$$y^+ = \frac{y\,u_\tau}{\nu} \qquad (6.54)$$

$$u^+ = \frac{\overline{u}}{u_\tau} \qquad (6.55)$$

In Abb. 6.7 ist das universelle Wandgesetz, die Geschwindigkeitsverteilung $u^+\left(y^+\right)$ der turbulenten Couette-Strömung, dargestellt. Sie gliedert sich in drei Bereiche, die viskose Unterschicht, die Übergangsschicht und die Überlappungsschicht. In der viskosen Unterschicht, die von der Wand bis etwa $y^+ = 5$ in die Strömung hinein reicht, ist der

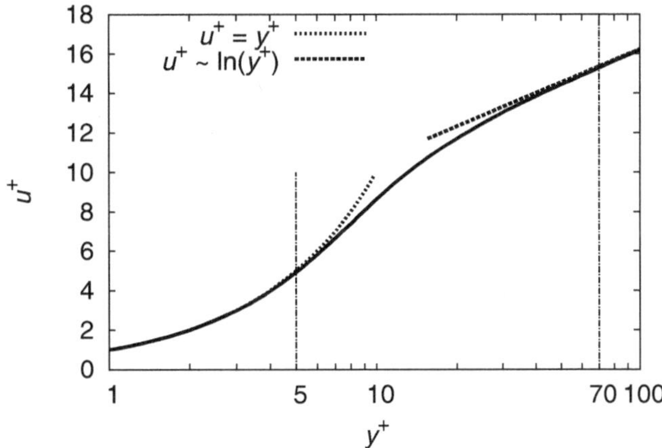

Abb. 6.7 Universelles Wandgesetz: Geschwindigkeitsverteilung $u^+ (y^+)$ der turbulenten Couette-Strömung

Einfluss der Viskosität des Fluids auf die Strömung noch hoch. Die Geschwindigkeitsverteilung hat hier einen näherungsweise linearen Verlauf

$$u^+ = y^+ \tag{6.56}$$

Zwischen $5 < y^+ < 70$ befindet sich die Übergangsschicht, in der der Einfluss der Viskosität rasch abklingt. Die Geschwindigkeitsverteilung der Übergangsschicht kann durch einen komplexeren funktionalen Zusammenhang beschrieben werden [61].

Schließlich geht die wandnahe Strömung in der Überlappungsschicht ab $y^+ > 70$ allmählich in den vollturbulenten Kernbereich der Couette-Strömung über. In der Überlappungsschicht wird die Geschwindigkeitsverteilung durch das sogenannte logarithmische Wandgesetz beschrieben

$$u^+ = \frac{1}{\kappa} \ln \left(y^+ \right) + C \tag{6.57}$$

Darin ist $\kappa = 0{,}41$ die Karman-Konstante. Die Integrationskonstante C gibt den Einfluss der Oberflächenrauigkeit auf die Geschwindigkeitsverteilung an, für glatte Oberflächen ist $C \simeq 5{,}5$. Weitere Einzelheiten können der Literatur [61] entnommen werden.

Für einige Turbulenzgrößen der wandnahen Strömung lassen sich ebenfalls dimensionslose Zusammenhänge angeben, die einen universelleren Charakter besitzen. Für die weitere Analyse wird vorausgesetzt, dass die turbulenten Schubspannungen τ_T in der gesamten turbulenten Couette-Strömung und damit auch in der Überlappungsschicht näherungsweise konstant sind. Aufgrund der Randbedingungen folgt sofort

$$\tau_T = \tau_W \tag{6.58}$$

Außerdem wird vorausgesetzt, dass die Turbulenzproduktion und die Dissipation in der Überlappungsschicht im Gleichgewicht stehen

$$P_k = \varepsilon \tag{6.59}$$

Diese beiden Bedingungen werden für die turbulente Couette-Strömung durch numerische (DNS) und experimentelle Ergebnisse bestätigt. Aus diesen und weiteren Informationen lassen sich folgende funktionale Beziehungen für k, ε und ν_T in der Überlappungsschicht entwickeln [35, 25]

$$k = 3{,}3\,u_\tau^2 \tag{6.60}$$

$$\varepsilon = \frac{u_\tau^3}{\kappa\,y} \tag{6.61}$$

$$\nu_T = u_\tau\,\kappa\,y \tag{6.62}$$

Die Kombination eines High-Re-Turbulenzmodells mit Wandfunktionen für den Low-Re-Bereich erfolgt dann auf Gittern, bei denen die Zentralknoten P der wandnächsten Zellen bei $30 \lesssim y^+ \lesssim 300$ liegen. Die wandnahe Strömung und Turbulenz (Übergangsschicht und viskose Unterschicht) werden nicht aufgelöst, sondern durch die Wandfunktionen (6.57), (6.60)–(6.62) beschrieben.

Für das Standard-k-ε-Modell werden üblicherweise die folgenden Wandfunktion [35] genutzt:

$$u^* = y^* \quad \text{für } y^* < 11 \tag{6.63}$$

$$u^* = \frac{1}{\kappa}ln\left(E y^*\right)\,, \quad E = 9{,}793 \quad \text{für } y^* > 11 \tag{6.64}$$

$$u^* = \frac{\rho C_\mu^{1/4}\,u_P\,\sqrt{k_P}}{\tau_W}\,, \quad y^* = \frac{C_\mu^{1/4}\,y_P\,\sqrt{k_P}}{\nu} \tag{6.65}$$

$$\varepsilon_P = \frac{C_\mu^{3/4}\,k_P^{3/2}}{\kappa y} \tag{6.66}$$

In diesem Fall werden die dimensionslosen Größen y^* und u^* mit der turbulenten kinetischen Energie k (statt mit der Wandschubspannungsgeschwindigkeit u_τ) gebildet, um numerische Instabilitäten zu vermeiden. Die Abweichung zu den oben eingeführten Größen y^+ und u^+ ist dabei üblicherweise klein. Die mit P indizierten Größen werden im Zellmittelpunkt der wandnächsten Zelle ausgewertet. Die turbulente kinetische Energie k wird im kompletten Strömungsgebiet, also auch in den wandnächsten Zellen berechnet. Alle anderen Größen können durch sukzessive Auswertung von (6.63)–(6.66) bestimmt werden.

Die Standard-Wandfunktionen approximieren den wandnahen Bereich in vielen Strömungen hinreichend genau. In Strömungskonfigurationen, bei denen die wesentlichen Voraussetzungen $\tau_T = \tau_W$ und $P_k = \varepsilon$ nicht erfüllt sind, werden die wandnahen Strömungs- und Turbulenzwerte allerdings nur schlecht erfasst. Dazu zählen beispielweise Strömungen mit stark dreidimensionaler Strömungsstruktur, mit tangentialen, stromauf gerichteten Druckgradienten, mit großen Volumenkräften oder mit fehlender Außenströmung, etwa in kleinen Spalten.

In der Literatur finden sich verschiedene Vorschläge für verbesserte Wandfunktionen [8, 52], bei denen zum Beispiel tangentiale Druckgradienten oder die Zweischichtenstruktur der Grenzschicht in der wandnächsten Zelle berücksichtigt werden. Für einige

Strömungskonfigurationen werden mit diesen verfeinerten Approximationen deutlich bessere Simulationsergebnisse erzielt.

Ansatz 2: Low-Re-Modelle Um die mit Wandfunktionen verbundenen Modellfehler und Probleme zu vermeiden, kann die turbulente Strömung stattdessen von hohen Werten für Re_T bis in die Bereiche kleiner Re_T-Zahlen hinein aufgelöst und modelliert werden. Das geschieht mit sogenannten Low-Re-Turbulenzmodellen. In diesen Modellen wird die Turbulenz in Bereichen kleiner Re_T in geeigneter Weise gedämpft, so dass Strömung und Turbulenz bis an die Wand heran beschrieben werden. Es gibt viele Modellvarianten, siehe etwa die Übersicht in [50].

Als Beispiel wird das Launder-Sharma-Low-Re-k-ε-Modell [36] diskutiert. Die Modellgleichungen für k, ε und ν_T lauten

$$\frac{\partial}{\partial x_k}\left(\overline{u}_k k\right) = -\nu_T \left(\frac{\partial \overline{u}_i}{\partial x_j}\right)^2 - \widetilde{\varepsilon} + \left[\left(\nu + \frac{\nu_T}{\sigma_k}\right)\frac{\partial k}{\partial x_j}\right] \tag{6.67}$$

$$\widetilde{\varepsilon} = \varepsilon + 2\nu \left(\frac{\partial \sqrt{k}}{\partial x_j}\right)^2$$

$$\frac{\partial}{\partial x_k}\left(\overline{u}_k \varepsilon\right) = C_{\varepsilon 1}\left[-\nu_T \left(\frac{\partial \overline{u}_i}{\partial x_j}\right)^2\right]\frac{\varepsilon}{k} - C_{\varepsilon 2}\, f_\varepsilon\, \frac{\varepsilon^2}{k}$$

$$+ \frac{\partial}{\partial x_j}\left[\left(\nu + \frac{\nu_T}{\sigma_\varepsilon}\right)\frac{\partial \varepsilon}{\partial x_j}\right] + 2\,\nu\,\nu_T \left(\frac{\partial \overline{u}_i}{\partial x_j \partial x_k}\right)^2 \tag{6.68}$$

$$\nu_T = C_\mu\, f_\mu\, \frac{k^2}{\varepsilon} \tag{6.69}$$

Beim Wechsel von der vollturbulenten Kernströmung in die Grenzschicht und an die Wand heran müssen die Turbulenzgrößen in geeigneter Weise korrigiert werden, um den Übergang richtig zu erfassen. Diese Anpassung geschieht hier durch die beiden Dämpfungsfunktionen f_ε und f_μ

$$f_\varepsilon = \left(1 - 0{,}3\, e^{-Re_T^2}\right) \tag{6.70}$$

$$f_\mu = e^{-\dfrac{3{,}4}{1 + 0{,}02\, Re_T^2}} \tag{6.71}$$

Die Randbedingungen direkt an festen Wänden lauten $k_{\text{Wand}} = 0$ und $\varepsilon_{\text{Wand}} = 0$, die Modellkonstanten entsprechen denen des Standard-k-ε-Modells: $C_\mu = 0{,}09$; $C_{\varepsilon 1} = 1{,}44$, $C_{\varepsilon 2} = 1{,}92$; $\sigma_k = 1{,}0$; $\sigma_\varepsilon = 1{,}3$. Es ist unschwer zu erkennen, dass das Launder-Sharma-Re-k-ε-Modell eine modifizierte Variante des Standard-k-ε-Modells darstellt. Durch verschiedene weitere Ergänzungen konnte die Leistungsfähigkeit des Modells noch weiter verbessert werden [34].

Auch andere der oben genannten Turbulenzmodelle können, teilweise in modifizierter Form, zur Berechnung von Low-Re-Bereichen eingesetzt werden. So werden beispielsweise die wandnahen Strömungsbereiche einiger kanonischer Strömungen in sehr guter

Qualität durch das Spalart-Allmaras- [66], das Wilcox-k-ω- [71] und das Menter-SST-k-ω-Modell [43] erfasst.

Das k-ε-v^2-Modell [12] ist ein weiteres Turbulenzmodell, das speziell für die Berechnung von Low-Re-Strömungen geeignet ist. Das Modell geht auf die Beobachtung zurück, dass der wandnormalen Reynolds-Spannung $\overline{v'^2}$ (die in der Beschreibung des Modells mit v^2 bezeichnet wird) eine besondere Bedeutung zukommt. Sie dominiert den wandnormalen Impulstransport, außerdem wird sie kinematisch gedämpft, während die beiden anderen normalen Reynolds-Spannungen $\overline{u'^2}$ und $\overline{w'^2}$ viskos abgebaut werden. Das k-ε-v^2-Modell besteht aus (6.29) und (6.30) für k und ε, einer weiteren Transportgleichung für $\overline{v'^2}$

$$\frac{\partial}{\partial x_k}\left(\overline{u}_k \overline{v'^2}\right) = k\,f - \overline{v'^2}\frac{\varepsilon}{k} + \frac{\partial}{\partial x_j}\left[\left(\nu + \frac{\nu_T}{\sigma_k}\right)\frac{\partial \overline{v'^2}}{\partial x_j}\right] \tag{6.72}$$

sowie einer Relaxationsgleichung für die in (6.72) eingeführte Funktion f

$$L^2 \frac{\partial^2 f}{\partial x_j^2} - f = (1 - C_1)\frac{\left[\frac{2}{3} - \frac{\overline{v'^2}}{k}\right]}{T} - C_2 \frac{P_k}{k} \tag{6.73}$$

Die in (6.73) enthaltene Längen- und Zeitskala sind wie folgt definiert

$$L = C_L\,\max\left[\frac{k^{3/2}}{\varepsilon},\, C_\eta \left(\frac{\nu^3}{\varepsilon}\right)^{1/4}\right] \tag{6.74}$$

$$T = \max\left[\frac{k}{\varepsilon},\, C_T \left(\frac{\nu}{\varepsilon}\right)^{1/2}\right] \tag{6.75}$$

Die Wirbelviskosität wird schließlich gemäß

$$\nu_T = C_\mu \overline{v^2} T \tag{6.76}$$

errechnet. Die Modellkonstanten sind $C_1 = 1{,}4$, $C_2 = 0{,}3$, $C_L = 0{,}3$ $C_T = 6$, $C_\eta = 70$, $C_\mu = 0{,}22$ und $\sigma_k = 1$. Mit dem Modell können Anisotropien in den wandnahen Reynolds-Spannungen erfasst werden, so dass sich einige kanonische und komplexe Strömungsprobleme mit Low-Re-Charakter mit dem Modell deutlich besser berechnen lassen als mit anderen Low-Re-Modellen [13].

Numerische Aspekte Bei der Entscheidung, ob die wandnahen Strömungsbereiche durch Wandfunktionen oder Low-Re-Turbulenzmodelle approximiert werden sollen, müssen vor allem folgende Tatsachen berücksichtigt werden:

<u>Güte der Simulationsergebnisse:</u> Die Verwendung eines Low-Re-Turbulenzmodells führt fast in jedem Fall zu deutlich besseren Simulationsergebnissen, das heißt, die durch

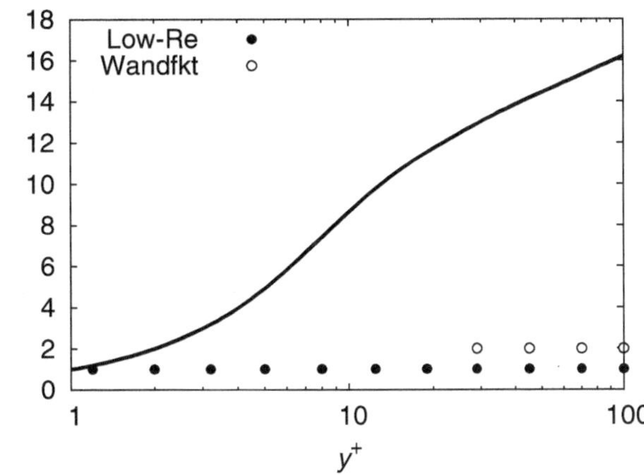

Abb. 6.8 Auflösung des wandnahen Bereichs (durchgezogene Kurve) im Rechengitter, offene Symbole: Gitterpunkte für Wandfunktionen, volle Symbole: Gitterpunkte für Low-Re-Turbulenzmodelle

die Wandfunktionen eingeführten Modellfehler sind üblicherweise größer als die durch ein entsprechendes Low-Re-Turbulenzmodell verursachten Ungenauigkeiten [34].

Rechenaufwand: Der numerische Aufwand für eine Simulation ist bei der Verwendung von Wandfunktionen dagegen wesentlich geringer. In Abb. 6.8 sind die entsprechenden Abstände (in logarithmischer Darstellung!) zwischen den wandnormalen Gitterpunkten für die Simulation mit Wandfunktionen und mit Low-Re-Turbulenzmodellen dargestellt. Für den Einsatz von Wandfunktionen wird empfohlen, dass der wandnächste Punkt idealerweise an der Grenze zwischen der Übergangs- und der Überlappungsschicht liegt, also einen dimensionslosen Wandabstand y_P^+ im Bereich $20 \lesssim y_P^+ \lesssim 30$ besitzt [4]. Die Wandfunktionen ergeben aber auch noch eine vernünftige Strömungs- und Turbulenzapproximation, wenn der wandnächste Punkt bis zu einem Abstand von maximal $y_P^+ \simeq 300$ in die Überlappungsschicht hinein verschoben ist. Dagegen sollte es vermieden werden, den Punkt zu nah an die Wand zu legen ($y_P^+ < 20$), da dann das logarithmischen Wandgesetzes nicht mehr angewendet werden kann, siehe auch Abb. 6.7.

Eine ganz andere Gitterauflösung ist dagegen beim Einsatz eines Low-Re-Turbulenzmodells notwendig. Hier sollte der wandnächste Gitterpunkt idealerweise einen dimensionslosen Wandabstand $y_P^+ \simeq 1$ besitzen, außerdem sollte die viskose Unter- und die Übergangsschicht mit mindestens 10, idealerweise sogar 20 und mehr Gitterpunkten in wandnormaler Richtung aufgelöst sein. Es ist offensichtlich, dass dies zu deutlich größeren Rechengittern (die Auflösung in wandnormaler Richtung wird in etwa auch in den beiden wandtangentialen Richtungen vorgenommen) und – bei transienten Rechnungen – zu deutlich kleineren Zeitschrittweiten führt. Low-Re-Turbulenzmodelle führen außerdem zu steifen Differentialgleichungssystemen, die iterativen Lösungsverfahren konvergieren deswegen deutlich langsamer. Nichtlineare Dämpfungsterme können zusätzlich Instabilitäten verursachen, die eine verstärkte Unterrelaxation erforderlich machen und die Konvergenzrate der iterativen Lösung nochmals verringern.

6.7　Praktikum: Strömung über eine rückspringende Stufe

Die Güte von Turbulenzmodellen in RANS-Simulationen wird jetzt am Beispiel der Strömung von Luft über eine zurückspringende Stufe, kurz Stufenströmung, untersucht.

Problembeschreibung In Abb. 6.9 ist die betrachtete Strömungskonfiguration mit ihren wesentlichen Merkmalen skizziert. Das Strömungsgebiet wird durch die unterschiedlichen Ränder Einlass, Auslass sowie den festen Wänden des durchströmten Kanals begrenzt. Die Stufenhöhe als charakteristischer geometrischer Parameter beträgt $h = 10\,\mathrm{mm}$. Die Geometrie entspricht der Hälfte der Strömungskonfiguration eines bekannten Experiments [32, 33], eine entsprechende Symmetrieebene soll berücksichtigt werden.

In den Referenzuntersuchungen [32, 33, 38] besitzt die turbulente Strömung stromauf der Stufe die mittlere Geschwindigkeit $\underline{\overline{u}}_{\mathrm{ein}} = \overline{u}_{\mathrm{ein}}\,\hat{e}_x = 7\,\mathrm{m/s}$ bei einer Turbulenzintensität $ti_{\mathrm{ein}} = 1\%$. An der Wand bildet sich eine turbulente Grenzschicht aus, die an der Stufe eine Dicke $\delta = h$ besitzt. Dort löst sie ab und wird zur freien Scherschicht. An der Scherschicht entstehen Wirbel vom Kelvin-Helmholtz-Typ, die die Scherschicht nach und nach aufweiten. Außerdem wird die Scherschicht in Richtung der Kanalwand abgelenkt. Sie legt sich schließlich stromab der Stufe im Punkt A wieder an die Wand an.

Der Abstand Δx_A von A zur Stufe, die sogenannte Wiederanlege-Länge, ist dabei der Parameter, der in der CFD-Simulation vorhergesagt werden soll. Für die mittlere Wiederanlege-Länge kann aufgrund einer überschlägigen Schätzung ein Wert von $\Delta \overline{x}_A = 5h$ angenommen werden [40]. Die genaueren experimentellen und numerischen Untersuchungen [32, 33, 38] ergeben für die oben beschriebene Konfiguration den Wert $\Delta \overline{x}_A = 6h$.

Das RANS-Modell besteht aus (6.14) und (6.15). Die Kopplung der beiden Gleichungen soll wieder mit dem SIMPLE-Algorithmus erfolgen. Die unbekannten Reynolds-Spannungen τ_{ij}^{RS} in (6.15) werden mit Hilfe des Spalart-Allmaras-Modells (6.42) approximiert. Mit dem Turbulenzmodell wird die turbulente Grenz- und Scherschichtströmung

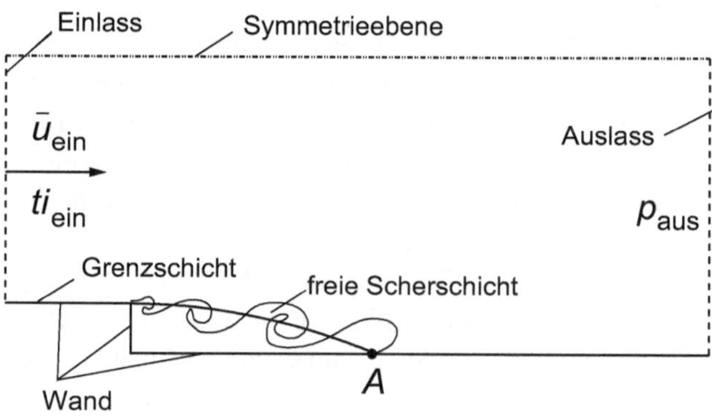

Abb. 6.9 Strömung über eine zurückspringende Stufe

Tab. 6.2 Randbedingungen für die numerischen Simulationen der überströmten Stufe

Größe	Einlass	Auslass	Wand	Symmetrie
$\overline{u}$	$7,7\,\mathrm{m/s}$	$\hat{n}_A \cdot \nabla \overline{u} = 0$	Wandfunktion	$\hat{n}_S \cdot \nabla \overline{u} = 0$
$\overline{p}$	$\nabla \overline{p} = 0$	$\overline{p} = 0$	Wandfunktion	$\hat{n}_S \cdot \nabla \overline{p} = 0$
ν_T	$4,7 \cdot 10^{-3}\,\mathrm{m^2/s^2}$	$\hat{n}_A \cdot \nabla \nu_T = 0$	Wandfunktion	$\hat{n}_S \cdot \nabla \nu_T = 0$

in der Simulation mindestens befriedigend approximiert. Die oben genannten Schwierigkeiten anderer Low-Re-Turbulenzmodelle werden aber weitestgehend vermieden.

In den numerischen Simulationen sollen die in Tab. 6.2 gegebenen Randbedingungen
genutzt werden, die die Bedingungen in den experimentellen Untersuchungen gut wiedergeben. Der Druck am Auslass wird relativ zum Umgebungsdruck angegeben. Der Wert
für die turbulente Viskosität ν_T am Einlass ist mit den oben genannten Werten und (6.52)
geschätzt worden.

6.7.1 Lösung mit ANSYS FLUENT

Führen Sie die CFD-Simulation in ANSYS FLUENT durch, gehen Sie dabei in den unten
beschriebenen Schritten vor, um die Lösung zu berechnen. Beachten Sie auch die Hinweise zu den Praktika *Konvektion eines Skalars* in Abschn. 4.3 und *Nischenströmung* in
Abschn. 5.3.

Lösungshinweise

1. Starten Sie das Programm, berücksichtigen Sie, dass Ihr Problem in 2D zu lösen
   ist.
2. Laden Sie das im Praktikum *Strömungsgebiet mit zurückspringender Stufe*, Abschn. 2.6, erzeugte Gitter `Stufe.msh`, wählen Sie `Problem Setup >`
   `General > Scale`, um das Menü `Scale Mesh` zu öffnen und skalieren Sie
   das Rechengitter auf die Ausdehnung $x_{\mathrm{min}} = -0{,}05\,\mathrm{m}$, $x_{\mathrm{max}} = 0{,}5\,\mathrm{m}$, $y_{\mathrm{min}} = 0\,\mathrm{m}$
   und $y_{\mathrm{max}} = 0{,}06\,\mathrm{m}$.
3. Spezifizieren Sie das numerische Modell, wählen Sie zuerst das Turbulenzmodell
   aus. Dazu öffnen Sie unter `Problem Setup > Models > Viscous` das
   Menü `Viscous Model`. Dort wählen Sie das Spalart-Allmaras-Modell aus. Die
   Konstanten dieses Turbulenzmodells müssen Sie nicht ändern, Abb. 6.10a.
4. Überprüfen Sie unter `Problem Setup > Materials`, dass es sich beim strömenden Fluid um Luft handelt. Da dies die Voreinstellung in ANSYS FLUENT ist,
   müssen Sie keine Änderungen vornehmen.
5. Setzen Sie die Randbedingungen (Zugang über `Problem Setup > Boundary`
   `Conditions ...`) entsprechend der Beschreibung des Strömungsproblems,
   Abb. 6.9. Der Rand `einlass` wird auf den Typ `velocity-inlet` (statt `wall`)
   gesetzt, hier sind Werte für $\overline{u}_{\mathrm{ein}}$ und $\nu_{T,\mathrm{ein}}$ vorzugeben, Abb. 6.10b.

Abb. 6.10 Stufenströmung
mit ANSYS FLUENT: Konfi-
guration

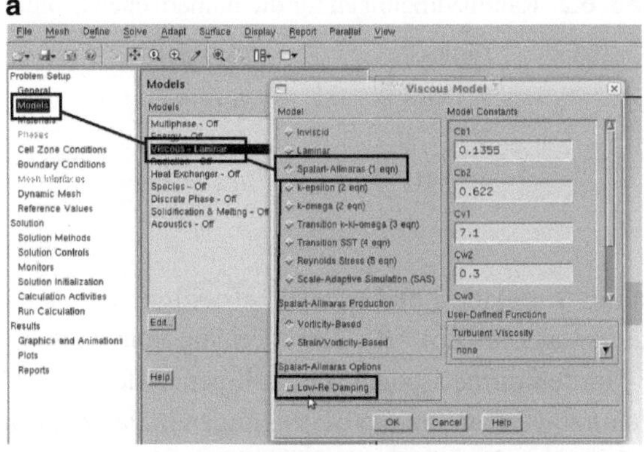

Turbulenzmodell

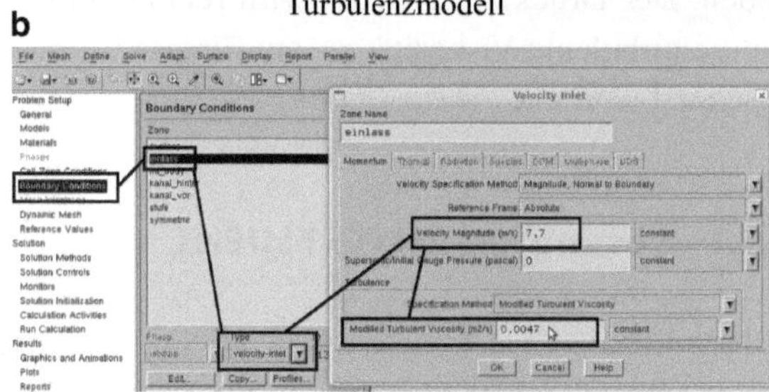

Einlass-Randbedingung

6. Der Rand `auslass` wird auf den Typ `pressure-outlet` geändert, hier können die Vorgaben von ANSYS FLUENT übernommen werden. Der Rand `symmetrie` wird auf den Typ `symmetry` geändert. Für die Ränder `kanal_hinter`, `kanal_vor` und `stufe` wird der Typ `wall` beibehalten.

7. Spezifizieren Sie die Interpolationsschemen für die Lösung des Konvektionsproblems (Zugang über `Solution > Solution Methods > Spatial Discretization`). Wählen Sie für die Lösung der Reynolds-Gleichung (6.15), bezeichnet als `Momentum`, und der Transportgleichung (6.42) des Spalart-Allmaras-Modells, bezeichnet als `Modified Turbulent Viscosity`, jeweils die LUDS-Interpolation (`Second Order Upwind`). Dabei wird der Gradient mit Hilfe des Gaußschen Satzes approximiert (`Green-Gauss Node Based` bei `Spatial Discretization > Gradient`). Die weiteren in diesem Fenster angegebenen Methoden müssen nicht geändert werden.

8. Initialisieren Sie die Strömungs- und Turbulenzgrößen unter `Solution > Solution Initialisation`, übernehmen Sie dabei die Werte vom Einströmrand.

9. Berechnen Sie die stationäre Lösung des Problems, wählen Sie dazu unter `Solution > Run Calculations` eine hinreichend hohe Zahl an Iterati-

Abb. 6.11 Stufenströmung mit ANSYS FLUENT: Geschwindigkeitsfeld in der Nähe der Stufe, Angaben in m/s

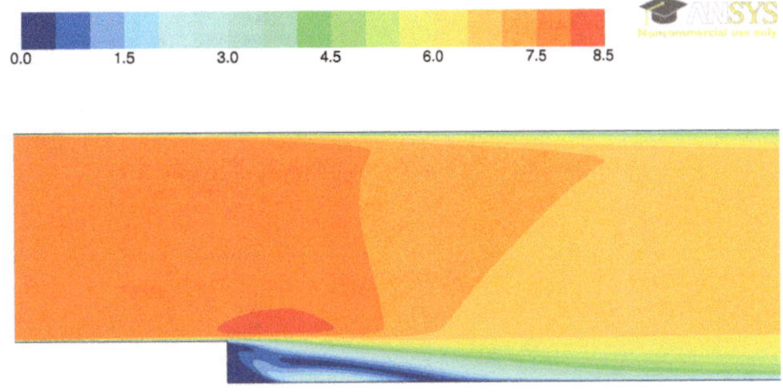

onsschritten, so dass Sie eine konvergierte Lösung (Ausgabe `solution is converged` in der Konsole) erreichen.

10. Untersuchen Sie folgende Fragen:

   - Wie sieht das berechnete Strömungsfeld aus? Werten Sie die Ergebnisse aus, stellen Sie beispielsweise die Geschwindigkeit $|\overline{u}|$ grafisch dar (`Results > Graphics and Animation > Contours`). Hinweis: In ANSYS FLUENT wird die mittlere Geschwindigkeit $\overline{u}$ weiterhin einfach `velocity` genannt.

   - Wie gut stimmen Ihre Ergebnisse mit bekannten Daten überein? Bestimmen Sie die Lage des Wiederanlegepunktes A, indem Sie das Profil der Geschwindigkeit $\overline{u}_x$ in unmittelbarer Wandnähe untersuchen. Dazu definieren Sie eine entsprechende Grundlinie des Profils im Menü `Surface > Line/Rake`. Geben Sie der Grundlinie einen geeigneten Namen, um sie später leicht identifizieren zu können, Abb. 6.12a. Um die Lage des Wiederanlegepunktes A zu ermitteln, stellen Sie jetzt in einer x-y-Darstellung das Profil $\overline{u}_x (x)$ entlang dieser Grundlinie dar.

Diskussion   In der Nähe der Stufe ergibt sich das in Abb. 6.11 dargestellte Geschwindigkeitsfeld. Wie erwartet weitet sich die abgelöste Scherschicht stromab der Stufe allmählich auf und legt sich wieder an die untere Kanalwand an. Innerhalb des Rezirkulationsgebiets sind weitere sekundäre Strukturen zu erkennen, die physikalisch nicht zu begründen sind. Sie werden vielmehr durch die unzureichende Beschreibung der Turbulenz im Rezirkulationsgebiet durch das gewählte Turbulenzmodell verursacht.

Die Koordinate x_A des Wiederanlegepunkts A ergibt sich aus dem Nulldurchgang des Geschwindigkeitsprofils und kann sofort abgelesen werden, in Abb. 6.12b ist $x_A \simeq 53\,\text{mm} = 5{,}3\,h$. Im Vergleich zum Experiment ergibt sich ein relativer Fehler $\varepsilon_{\text{ges, rel}} = \left(x_{A,\text{exp}} - x_{A,\text{num}}\right)/x_{A,\text{exp}} \simeq 12\%$.

Abb. 6.12 Stufenströmung mit ANSYS FLUENT: Wiederanlegepunkt stromab der Stufe

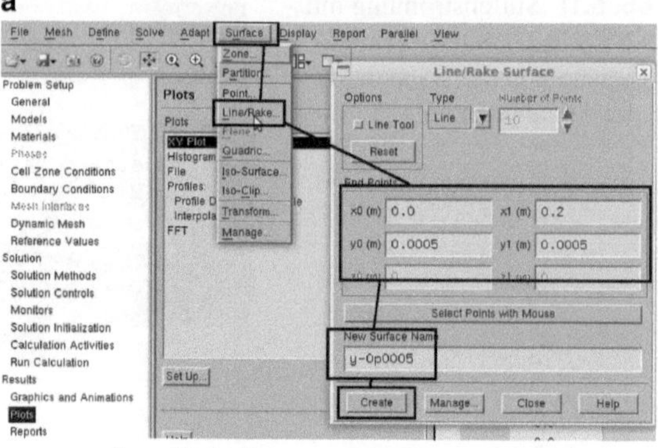

Grundlinie $(0\,\text{m} \le x \le 0{,}2\,\text{m},\ y = 0{,}5\,\text{mm})$

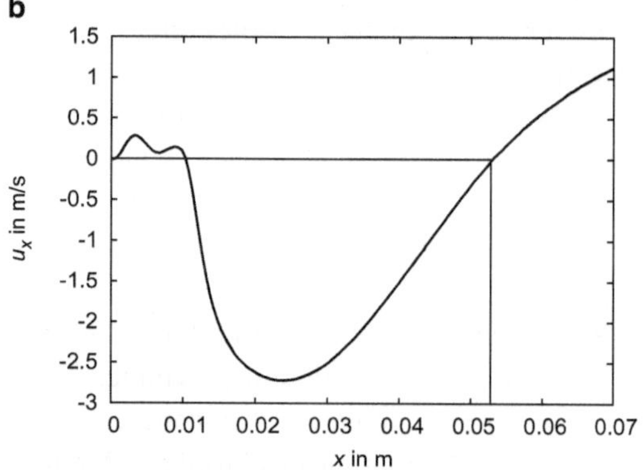

Geschwindigkeitsprofil u_x entlang der Grundlinie

6.7.2   Lösung mit OpenFOAM

Führen Sie die CFD-Simulation in OpenFOAM in folgenden Schritten durch, verwenden Sie dabei den für diese Problemstellung geeigneten Löser `simpleFoam`. Beachten Sie auch die Hinweise zu den Praktika *Konvektion eines Skalars* in Abschn. 4.3 und *Nischenströmung* in Abschn. 5.3.

Lösungshinweise

1. Bereiten Sie die Simulation vor, indem Sie die Verzeichnisse `constant/` und `system/` und `0/` anlegen.
2. Durch Eintragungen im Verzeichnis `constant/polyMesh` wird das Gitter wie im Praktikum *Strömungsgebiet mit zurückspringender Stufe*, Abschn. 2.6, generiert.
3. Im Verzeichnes `constant/` werden die Dateien `RASProperties` und `transportProperties` vorläufig wie in einem der Tutorials für den

Abb. 6.13 Stufenströmung
mit OpenFOAM: Strömungs-
modell

a
```
RASModel        SpalartAllmaras;
turbulence      on;
```
Turbulenzmodell

b
```
transportModel  Newtonian;
nu              nu [ 0 2 -1 0 0 0 0 ] 1e-05;
```
Stoffeigenschaften

Löser `simpleFoam` (zu finden in `../OpenFOAM-2.0.x/tutorials/ incompressible/`) angelegt.

4. Spezifizieren Sie das Spalart-Allmaras-Modell durch entsprechende Einträge bei `RASmodel` und `turbulence` in der Datei `RASProperties`, Abb. 6.13a.

5. Geben Sie die kinematische Viskosität des Newtonschen Fluids durch entsprechende Einträge bei `transportModel` und `nu` in der Datei `transportProperties` an, Abb. 6.13b.

6. Im Verzeichnes `system/` werden die Dateien `controlDict`, `fvSchemes` und `fvSolution` vorläufig ebenfalls wie in einem der Tutorials für den Löser `simpleFoam` angelegt.

7. Setzen Sie in `controlDict` den Startpunkt der Iteration auf 0 (Eintragung bei `startFrom` und `startTime`) und die maximale Zahl an Iterationsschritten auf 500 (Eintragung bei `stopAt` und `endTime`).

8. Wählen Sie die numerischen Verfahren für das Problem durch entsprechende Eintragungen in `fvSchemes`. Spezifizieren Sie die stationäre Strömung durch den Eintrag `steadyState`. Wählen Sie die LUDS-Interpolation zur Diskretisierung der konvektiven Terme in der Reynolds-Gleichung (6.15), Eintragung `linearUpwindV` bei `U`, und in der Transportgleichung des Spalart-Allmaras-Modells (6.42), Eintragung `linearUpwind` bei `nuTilda`. Die anderen Eintragungen in `fvSchemes` müssen nicht geändert werden, Abb. 6.14a.

9. In `fvSolution` setzen Sie die Abbruchkriterien für das Residuum für $\overline{p}$, $\overline{u}$ und $\widetilde{\nu}$ jeweils auf 10^{-3}, Abb. 6.14b.

10. Geben Sie die Randbedingungen für das Geschwindigkeitsfeld entsprechend Abb. 6.9 vor, indem Sie die Dateien `0/U`, `0/p`, `0/nu` und `0/nuTilda` anlegen und dort auf den jeweiligen Rändern Angaben entsprechend Tab. 6.2 machen. Hinweis: In OpenFOAM werden im Spalart-Allmaras-Modell die beiden Variablen $\widetilde{\nu}$ und ν genutzt. Die Einträge in die beiden Dateien `0/nu` und `0/nuTilda` sind identisch.

11. Führen Sie die CFD-Simulation aus, indem Sie `simpleFoam` starten.

12. Untersuchen Sie folgende Fragen:
   - Wie sieht das berechnete Strömungsfeld aus? Werten Sie die Ergebnisse aus, stellen Sie beispielsweise die Geschwindigkeit $|\overline{u}|$ mit `paraFoam` grafisch dar. Hinweis: In `paraFoam` wird die mittlere Geschwindigkeit $\overline{u}$ als U bezeichnet.

Abb. 6.14 Stufenströmung
mit OpenFOAM: Numerische
Parameter

a

```
ddtSchemes
{
    default         steadyState;
}

...

divSchemes
{
    default         none;
    div(phi,U)      Gauss linearUpwindV grad(U);
    div(phi,nuTilda) Gauss linearUpwind grad(U);
    div((nuEff*dev(T(grad(U))))) Gauss linear;
}
```

Eintragungen in `fvSchemes`

b

```
SIMPLE
{
    nNonOrthogonalCorrectors 0;
    pRefCell        0;
    pRefValue       0;
}

relaxationFactors
{
    default         0;
    p               0.3;
    U               0.7;
    nuTilda         0.7;
}
```

Eintragungen in `fvSolution`

- Wie gut stimmen Ihre Ergebnisse mit bekannten Daten überein? Bestimmen Sie mit `paraFoam` die Lage des Wiederanlegepunktes A, indem Sie im Menü `Filters > Alphabetical > Plot Over Line`, Reiter `Properties` zuerst die Grundlinie des Profils mit dem `Startpunkt:` $x = 0\,\mathrm{m}$, $y = 0{,}5\,\mathrm{mm}$, $z = 0{,}5\,\mathrm{mm}$ und dem Endpunkt: $x = 0{,}1\,\mathrm{m}$, $y = 0{,}5\,\mathrm{mm}$, $z = 0{,}5\,\mathrm{mm}$) definieren. Um die Lage des Wiederanlegepunktes A zu ermitteln, stellen Sie jetzt das Profil $\overline{u}_x(x)$ entlang dieser Grundlinie dar. Dazu wählen Sie im Reiter `Display` die entsprechende Geschwindigkeitskomponente `U(0)` an und nicht benötigte Größen (p und `U(magnitude)` ab.

Diskussion In der Nähe der Stufe ergibt sich das in Abb. 6.15 dargestellte Geschwindigkeitsfeld. Wie erwartet weitet sich die abgelöste Scherschicht stromab der Stufe allmählich auf und legt sich wieder an die untere Kanalwand an. Innerhalb des Rezirkulationsgebiets sind weitere sekundäre Strömungsmuster zu erkennen, die physikalisch nicht zu begrün-

Abb. 6.15 Stufenströmung
mit OpenFOAM: Geschwin-
digkeitsfeld in der Nähe der
Stufe, Angaben in m/s

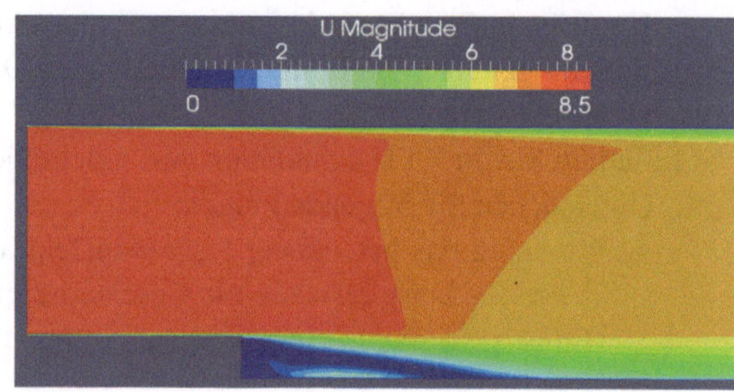

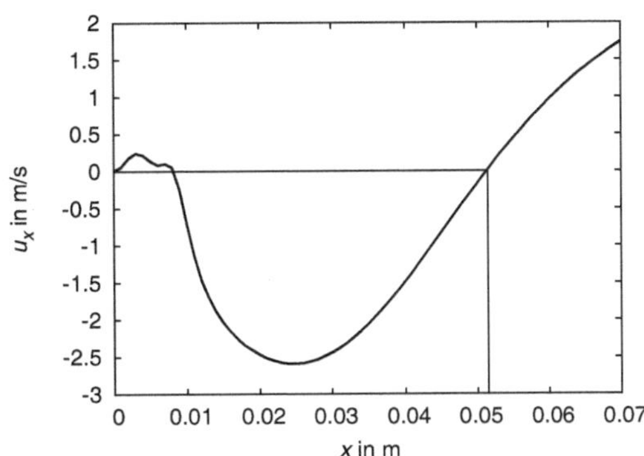

Abb. 6.16 Stufenströmung mit OpenFOAM: Geschwindigkeitsprofil $u_x(x)$ mit Wiederanlegepunkt x_A stromab der Stufe

den sind. Sie werden vielmehr durch die unzureichende Beschreibung der Turbulenz im Rezirkulationsgebiet durch das gewählte Turbulenzmodell verursacht.

Die Koordinate x_A des Wiederanlegepunkts A ergibt sich aus dem Nulldurchgang des Geschwindigkeitsprofils und kann sofort abgelesen werden, in Abb. 6.16 ist $x_A \simeq 52\,\text{mm} = 5{,}2\,h$. Im Vergleich zum Experiment ergibt sich ein relativer Fehler $\varepsilon_{\text{ges, rel}} = \left(x_{A,\text{exp}} - x_{A,\text{num}}\right)/x_{A,\text{exp}} \simeq 13\%$.

6.7.3 Fazit

Das mit der CFD-Simulation ermittelte Strömungsfeld zeigt den erwarteten Verlauf mit der abgelösten, sich aufweitenden, freien Scherschicht. Quantitativ weicht der numerisch ermittelte Wiederanlegepunkt x_A um etwa 15% vom experimentell gefundenen Wert ab. Dieser Modellfehler ist von der Größenordnung typisch für CFD-Simulationen mit Turbulenzmodellen, wenn keine spezielle Adaption der Modellkonstanten im Hinblick auf die vorliegende Strömung vorgenommen wird.

6.8 Wirbelauflösende Modellierungsstrategien

Strömungen mit großen, kohärenten Strukturen In einigen komplexen Strömungen werden neben den Turbulenzelementen auch große, kohärente Wirbelstrukturen beobachtet. Groß bedeutet in diesem Fall, dass ihre Längen- und Zeitskalen L_K, T_K üblicherweise in der Größenordnung der charakteristischen Längen- und Zeitskalen L_M, $T_M = L_M/U_M$ der mittleren Strömung liegen. Kohärent sind die Strukturen, weil sie im Gegensatz zu den stochastischen Turbulenzelementen mit einer gewissen Regelmäßigkeit in Raum und Zeit in einer Strömung auftreten können. Ein bekanntes Beispiel sind die regelmäßigen Strukturen einer Karmanschen Wirbelstraße, die stromab eines stump-

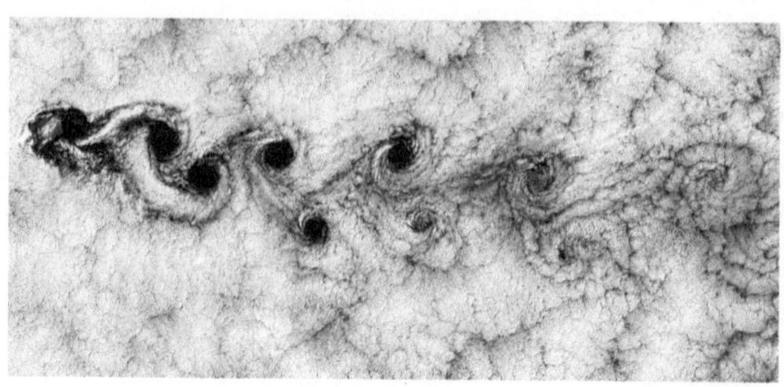

Abb. 6.17 Karmansche Wirbelstraße in der Wolkendecke auf der Leeseite einer Insel (Satellitenaufnahme). NASA, mit freundlicher Genehmigung von / courtesy of nasaimages.org.

fen, umströmten Körpers auftreten, auch wenn die Grundströmung turbulent ist, siehe Abb. 6.17.

Es stellt sich die Frage, wie diese großskaligen, kohärenten Strukturen in Strömungskonfigurationen mit hohen Reynolds-Zahlen durch numerische Simulationen aufgelöst werden können. Stationäre RANS-Simulationen können in diesen Situationen häufig nicht zur Konvergenz gebracht werden. Das ist verständlich, denn die betrachtete Strömung befindet sich gerade nicht im statistisch stationären Zustand, die wesentliche Voraussetzung für die RANS-Modellierung ist also nicht erfüllt. Die Untersuchung dieser Strukturen mit LES ist sehr aufwendig. Um das Verhalten der großen, kohärenten Wirbelstrukturen mit $\lambda_K > \lambda_T$ aufzulösen, muss die Strömung über relativ große Zeiträume simuliert werden.

Als Modellansätze werden deshalb sogenannte wirbelauflösende Methoden [17] genutzt, die anders als RANS-Modelle auch das zeitabhängige Verhalten einer Strömung erfassen, im Gegensatz zur LES aber entweder keine oder nur die größten Turbulenzelemente auflösen. Zu diesen Methoden zählen die instationären bzw. unsteady RANS, kurz URANS, der 1. und 2. Generation sowie hybride Modelle, bei denen einige Strömungsbereiche mit LES, die anderen Strömungsbereiche dagegen mit RANS-Ansätzen beschrieben werden, siehe Abb. 6.3.

URANS der 1. Generation Die Formulierung eines URANS-Modells der 1. Generation, kurz URANS-1, ist einfach. In diesem Ansatz wird die transiente Reynolds-Gleichung gelöst. Für eine inkompressible Strömung lauten die Gleichungen für die URANS-1

$$\frac{\partial \widetilde{u}_j}{\partial x_j} = 0 \tag{6.77}$$

$$\frac{\partial \widetilde{u}_i}{\partial t} + \frac{\partial}{\partial x_j}\left(\widetilde{u}_j \widetilde{u}_i\right) = -\frac{1}{\rho}\frac{\partial \widetilde{p}}{\partial x_i} + \frac{\partial \tau_{ij}}{\partial x_j} + \frac{\partial \tau_{ij}^{\text{URS}}}{\partial x_j} \tag{6.78}$$

Darin sind mit $\widetilde{\phi}$ die kohärent schwankenden Strömungsgrößen bezeichnet, die sich aus der Zerlegung

$$\phi\,(\underline{r},\,t) = \widetilde{\phi}\,(\underline{r},\,t) + \phi'\,(\underline{r},\,t) \tag{6.79}$$

ergeben, wobei ϕ' weiterhin die turbulente Fluktuation von ϕ bezeichnet. Auch hier müssen die unbekannten Reynolds-Spannungen τ_{ij}^{URS} der instationären Strömung

$$\tau_{ij}^{\mathrm{URS}} = -\widetilde{u_i' u_j'} \tag{6.80}$$

durch ein geeignetes Turbulenzmodell approximiert werden. Kennzeichnend für viele URANS-1-Modelle ist, dass sie die oben vorgestellten RANS-Turbulenzmodelle, vor allem das Standard-k-ε-Modell, für diesen Zweck nutzen.

Der Modellansatz der URANS-1 wirft jedoch verschiedene Probleme auf. So ist unklar, durch welche Mittelungsoperation (6.77) und (6.78) entstehen. Die Langzeit-Mittelung aus (6.12) kann offensichtlich nicht genutzt werden, da sie zu zeitunabhängigen Mittelwerten führt. Die Verwendung des Ensemble-Mittels ist theoretisch möglich, praktisch stellt sich aber die Frage, wie die verschiedenen Elemente des Ensembles etwa für den Vergleich experimenteller und numerischer Daten zu realisieren sind. Nur die Phasenmittelung ist bedingt geeignet und wird zum Beispiel in [41] für die Auswertung von Experimenten genutzt. Außerdem muss die Mittelungsoperation gewährleisten, dass $\widetilde{\widetilde{u}_i \widetilde{u}_j} = \widetilde{u}_i \widetilde{u}_j$ erreicht wird. Damit scheidet eine Kurzzeitmittelung (eigentlich eine Zeitfilterung) über ein Zeitintervall Δt mit $T_K < \Delta t < T_T$ aus, da für eine solche Zeitmittelung $\widetilde{\widetilde{u}_i \widetilde{u}_j} \neq \widetilde{u}_i \widetilde{u}_j$ ist.

Obwohl diese Fragen bis heute nicht abschließend geklärt sind, werden URANS-1-Modelle intensiv zur Analyse angewandter Strömungsprobleme eingesetzt. In der Literatur überwiegt dabei die Ansicht, dass die URANS-1-Modelle vertrauenswürdige Ergebnisse liefern, wenn, wie in Abb. 6.3 angedeutet, eine spektrale Lücke zwischen den Wellenzahlen λ_K und λ_T besteht.

URANS-2 In den letzten Jahren sind verschiedene spezielle Turbulenzmodelle entwickelt worden, die zusammen mit (6.77) und (6.78) die URANS-Modelle der 2. Generation, kurz URANS-2-Modelle ergeben. Mit ihnen lassen sich auch Strömungen simulieren, die keine spektrale Lücke zwischen λ_K und λ_T aufweisen. Zu den URANS-2-Modellen werden die SAS (Scale-adaptive Simulation) und die PANS (Partially-averaged Navier-Stokes) gezählt. Die Entwicklung der URANS-2 ist aktuell ein sehr aktives Forschungsgebiet, bei dem viele Fragen, wie etwa der theoretischen Basis der Modellgleichungen oder der physikalischen Bedeutung bzw. der Interpretation der berechneten Größen, noch offen sind. Die bisher vorliegenden Ergebnisse sind jedoch durchaus vielversprechend, so dass davon auszugehen ist, dass sich diese Modelle als Variante zwischen URANS-1 und LES etablieren werden.

<u>SAS-Modellierung</u>: Bei der SAS-Turbulenzmodellierung wird neben der schon bekannten Längenskala L_T der größten Turbulenzelemente auch die Skala der lokalen Änderung im mittleren Strömungsfeld ausgewertet. Dadurch wird eine zusätzliche Längenskala, die von-Karman-Länge $L_{vK} = \kappa \, |\nabla U_M| \, / \, |\Delta U_M|$ eingeführt. Die Grundidee der SAS-Modellierung besteht darin, diese beiden Längen zu vergleichen. Solange $L_{vK} > L_T$ ist, wird lokal die konventionelle RANS-Modellierung genutzt. Falls jedoch $L_{vK} < L_T$ festgestellt wird, erfolgt ein Wechsel zur URANS-2-Modellierung der Turbulenz.

Hierfür sind entsprechend modifizierte Turbulenzmodelle, wie etwa das Menter-k-ω-SAS-Modell notwendig. Um die wesentlichen Elemente dieses Modells zu erläutern, sind die Modellgleichungen nachfolgend in abkürzender symbolischer Schreibweise angegeben, sie lauten

$$\frac{\partial k}{\partial t} + \frac{\partial}{\partial x_j} \left(\widetilde{u}_j k \right) = P_k - \Upsilon_k + D_k \tag{6.81}$$

$$\frac{\partial \omega}{\partial t} + \frac{\partial}{\partial x_j} \left(\widetilde{u}_j \omega \right) = \underbrace{P_\omega - \Upsilon_\omega + D_\omega + \Xi_\omega}_{\text{SST-}k\text{-}\omega} + P_{\text{SAS}} \tag{6.82}$$

Darin sind P die Produktions-, Υ die Abbau- und D die Diffusionsterme für k und ω, außerdem ist Ξ_ω ein weiterer Quellterm in der ω-Gleichung. Insgesamt ähneln die Modellgleichungen dem ursprünglichen Menter-SST-k-ω-Modell [42, 43] für RANS-Simulationen. Durch den zusätzlichen Term P_{SAS} wird im Modell der Wechsel in den URANS-Modus gesteuert [44]

$$P_{\text{SAS}} = c_1 \max \left(\underbrace{c_2 \, \overline{S}_{ij}^2 \, \frac{L_T}{L_{vK}}}_{\Lambda_1} - \underbrace{c_3 \, k \, \max \left(\frac{1}{\omega^2} \left(\frac{\partial \omega}{\partial x_j} \right)^2 , \frac{1}{k^2} \left(\frac{\partial k}{\partial x_j} \right)^2 \right)}_{\Lambda_2}, \, 0 \right) \tag{6.83}$$

$$L_T = c_\mu^{0,25} \, \frac{\sqrt{k}}{\omega}, \quad L_{vK} = \kappa \, \frac{\sqrt{2 \, \overline{S}_{ij} \, \overline{S}_{ij}}}{\sqrt{\dfrac{\partial^2 \overline{u}_i}{\partial x_j^2} \dfrac{\partial^2 \overline{u}_i}{\partial x_k^2}}} \tag{6.84}$$

Speziell in Grenzschichten sind die beiden Terme Λ_1 und Λ_2 gleich groß, so dass sich $P_{\text{SAS}} = 0$ ergibt und das Modell im RANS-Modus verbleibt. In Bereichen, in denen eine stärkere räumliche Änderung von $\overline{S}_{ij}$ beobachtet wird, nimmt L_{vK} deutlich ab. Dann ist $\Lambda_1 > \Lambda_2$ und $P_{\text{SAS}} > 0$ wirkt als weiterer Produktionsterm von ω.

Deshalb ergibt sich in diesen Bereichen eine Erhöhung von ω, gleichzeitig eine Verringerung von k, insgesamt also eine Reduktion von ν_T: Das Modell wechselt hier in den URANS-Modus und instationäre Wirbelstrukturen werden in der Strömung aufgelöst.

<u>PANS</u>: Die PANS-Modellgleichungen werden durch eine zeitliche Filterung der Navier-Stokes-Gleichung gewonnen

$$\check{\phi}\left(\underline{r}, t\right) = \frac{1}{\Delta t} \int\limits_{t}^{t+\Delta t} \phi\left(\underline{r}, t^*\right) \mathrm{d}t^* \tag{6.85}$$

In den Modellgleichungen

$$\frac{\partial \check{u}_j}{\partial x_j} = 0 \tag{6.86}$$

$$\rho \left[\frac{\partial \check{u}_i}{\partial t} + \frac{\partial}{\partial x_j} \left(\check{u}_j \, \check{u}_j \right) \right] = -\frac{\partial \check{p}}{\partial x_i} - \frac{\partial \tau_{ij}^{\mathrm{PANS}}}{\partial x_j} \tag{6.87}$$

muss der unbekannte Spannungstensor $\tau_{ij}^{\mathrm{PANS}}$ modelliert werden. Zu diesem Zweck werden adaptierte RANS-Turbulenzmodelle genutzt, zum Beispiel das angepasste k-ε-Modell

$$\tau_{ij}^{\mathrm{PANS}} = \nu_t \frac{\partial \check{u}_i}{\partial x_j} \tag{6.88}$$

$$\nu_t = C' \frac{k_{\mathrm{PANS}}^2}{\varepsilon_{\mathrm{PANS}}}, \quad k_{\mathrm{PANS}} = f_k \, k, \quad \varepsilon_{\mathrm{PANS}} = f_\varepsilon \, \varepsilon \tag{6.89}$$

Hier werden die PANS-Turbulenzgrößen k_{PANS} und $\varepsilon_{\mathrm{PANS}}$ durch die beiden Funktionen f_k und f_ε anteilig aus den mit dem Standard-k-ε-Modell errechneten Turbulenzgrößen k und ε ermittelt.

HYBRID Bei den hybriden Modellansätzen werden die RANS- und die LES-Modellierung miteinander verknüpft. Ein bekannter Vertreter dieser Modellklasse ist die Detached Eddy Simulation, kurz DES. Hybride Modelle sind dadurch motiviert, dass die LES speziell in den Grenzschichten einer Strömung sehr aufwendig wird. Um den Rechenaufwand zu begrenzen, wird in hybriden Modellen ein RANS-Teilmodell zur Berechnung dieser Strömungsbereiche eingesetzt. In der Außen- bzw. Kernströmung wird dann zur LES gewechselt, an den Übergangsflächen muss eine adäquate Anpassung von LES und RANS vorgenommen werden. Weitere Einzelheiten zu den hybriden Modellen können der Literatur entnommen werden.

6.9 Praktikum: Strömung um eine quadratische Strebe

Die Güte von URANS-1-Modellen wird am Beispiel der Strömung von Wasser um eine quadratische Strebe untersucht. In Abb. 6.18 ist die Strömungskonfiguration mit den entscheidenden Merkmalen und den unterschiedlichen Rändern Einlass, Auslass sowie den

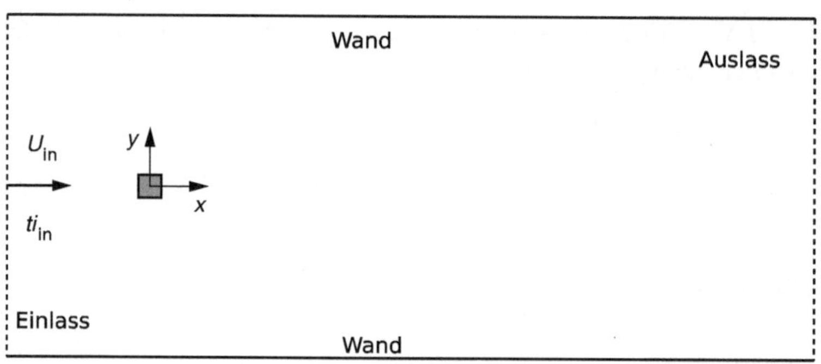

Abb. 6.18 Strömung um eine quadratische Strebe

Tab. 6.3 Randbedingungen für die numerischen Simulationen der umströmten Strebe

Größe	Einlass	Auslass	Wand
$\underline{u}$	$0{,}535\,\mathrm{m/s}$	$\nabla\underline{u} = 0$	Wandfunktion
p	$\nabla p = 0$	$\nabla p = 0$	Wandfunktion
k	$1{,}7 \cdot 10^{-4}\,\mathrm{m^2/s^2}$	$\nabla k = 0$	Wandfunktion
ε	$3{,}6 \cdot 10^{-5}\,\mathrm{m^2/s^3}$	$\nabla\varepsilon = 0$	Wandfunktion

festen Wänden der Strebe und des durchströmten Kanals skizziert. Die Strebenbreite als fundamentaler geometrischer Parameter beträgt $D = 40\,\mathrm{mm}$.

In den Referenzuntersuchungen [41] besitzt die turbulente Strömung stromauf der Stufe die mittlere Geschwindigkeit $\overline{u}_{in} = 0{,}535\,\mathrm{m/s}$ bei einer Turbulenzintensität $ti_{in} = 1\%$. Die Längenskala der Turbulenz im Einlassbereich beträgt $L_{T,\mathrm{ein}} \sim 0{,}1\,d_h = 5{,}6\,\mathrm{cm}$. An der Strebe lösen sich die Grenzschichten in einem instationären Prozess ab, stromab der Strebe bildet sich dann eine Karmansche Wirbelstraße aus, die in den Referenzuntersuchungen [41] eine charakteristische Frequenz $f_W = 1{,}8\,\mathrm{Hz}$ aufweist. Die Wirbel lösen also mit einer Periode $\tau_W = 0{,}56\,\mathrm{s}$ von der Strebe ab. Unmittelbar hinter der Strebe existiert ein Totwassergebiet, dessen mittlere Ausdehnung in Längsrichtung $\Delta x_T \simeq 55\,\mathrm{mm} = 1{,}38\,D$ (bezogen auf den Mittelpunkt der Strebe) ein weiterer charakteristischer Parameter dieses Problem ist.

Das URANS-1-Modell besteht aus (6.77) und (6.78). Die Kopplung der beiden Gleichungen soll mit dem PISO-Algorithmus erfolgen, der sich für transiente Strömungen bewährt hat. Die unbekannten Reynolds-Spannungen τ_{ij}^{URS} in (6.78) werden mit Hilfe des Standard-k-ε-Turbulenzmodells (6.29)–(6.31) approximiert. Der wandnahe Bereich der Strömung wird mit den Wandfunktionen (6.63)–(6.66) beschrieben.

In den numerischen Simulationen sollen die in Tab. 6.3 gegebenen Randbedingungen verwendet werden. Sie ergeben ein numerischen Modell, dass die Bedingungen in den experimentellen Untersuchungen [41] sehr gut wiedergibt.

6.9.1   Lösung mit OpenFOAM

Führen Sie die CFD-Simulation in OpenFOAM in folgenden Schritten durch, verwenden Sie dabei den für diese Problemstellung geeigneten Löser `pisoFoam`:

Lösungshinweise

1. Bereiten Sie die Simulation vor, indem Sie die Verzeichnisse `constant/`, `system/` und `0/` anlegen. Durch Eintragungen im Verzeichnis `constant/` `polyMesh` wird das Gitter wie im Praktikum *Strömungsgebiet mit quadratischer Strebe*, Abschn. 2.7, generiert.

2. Im Verzeichnes `constant/` werden die Dateien `RASProperties`, `transportProperties` und `turbulenceProperties` vorläufig wie im RAS-Tutorial für den Löser `pisoFoam` (zu finden in `../OpenFOAM-2.0.x/` `tutorials/incompressible/`) angelegt. Stellen Sie sicher, dass das Standard-k-ε-Modell durch den Eintrag `kEpsilon` in der Datei `RASProperties` spezifiziert ist. Überprüfen Sie außerdem, ob die kinematische Viskosität für Wasser in `transportProperties` richtig angegeben ist.

3. In das Verzeichnis `system/` werden die Dateien `controlDict`, `fvSchemes` und `fvSolution` vorläufig ebenfalls wie im gewählten Tutorial für den Löser `pisoFoam` angelegt.

4. Spezifizieren Sie die Startzeit t_0, die Stopzeit t_1 und die Zeitschrittweite Δt der transienten CFD-Simulation durch entsprechende Eintragungen in der Datei `system/controlDict`. Die erwarteten instationären Vorgänge in der Strömung werden während der transienten Simulation allmählich angefacht. Führen Sie die transiente Berechnung für eine hinreichend große Strömungszeit aus, so dass die Anfahreffekte in der Strömung abklingen können und sich die Karmansche Wirbelstraße ausbildet. Die unten gezeigten Ergebnisse sind mit den Einstellungen $t_0 = 0\,\text{s}$, $t_1 = 15\,\text{s}$ und $\Delta t = 0{,}0005\,\text{s}$ ermittelt worden, Abb. 6.19a. Die berechneten 15 s Strömungszeit entsprechen dabei etwa dem Zehnfachen der nominalen Durchströmzeit.

5. Spezifizieren Sie die numerischen Verfahren für die zeitliche und räumliche Diskretisierung der transienten Reynolds-Gleichung (6.78) durch entsprechende Eintragungen in der Datei `system/fvSchemes`. Wählen Sie das implizite Euler-Verfahren (`Euler`) für die zeitliche Integration. Spezifizieren Sie die LUDS-Interpolation zur Diskretisierung der konvektiven Terme in (6.78), Eintragung `linearUpwindV` bei U, und in den Transportgleichungen des Standard-k-ε-Modells (6.29) und (6.30), Eintragung `linearUpwind` bei k und epsilon, Abb. 6.19b. Die anderen Eintragungen in `fvSchemes` müssen nicht geändert werden.

6. Die Eintragungen in `fvSolution`, die das iterative Lösungsverfahren des diskretisierten Gleichungssystems steuern, werden nicht geändert.

Abb. 6.19 Strömung um Strebe mit OpenFOAM: Numerische Parameter

a
```
application    pisoFoam;

startFrom      startTime;

startTime      0;

stopAt         endTime;

endTime        15;

deltaT         0.0005;
```
Eintragungen in `controlDict`

b
```
ddtSchemes
{
    default        Euler;
}

...

divSchemes
{
    default        none;
    div(phi,U)     Gauss linearUpwindV grad(U);
    div(phi,k)     Gauss linearUpwind grad(U);
    div(phi,epsilon) Gauss linearUpwind grad(U);
    div((nuEff*dev(T(grad(U))))) Gauss linear;
}
```
Eintragungen bei `fvSchemes`

Abb. 6.20 Strömung um Strebe mit OpenFOAM: Festlegung von Stützstellen für die statistische Analyse der Strömung

```
functions
{
    probes
    {
        functionObjectLibs ( "libsampling.so" );

        type           probes;

        name           probes;

        fields
        (
            U
        );

        probeLocations
        (
            ( 0.06 0 0.002 )    // at 1.5 D
        );
    }
}
```

7. Geben Sie die Randbedingungen für $\widetilde{u}$, $\widetilde{p}$ und die relevanten Turbulenzgrößen entsprechend Abb. 6.18 und Tab. 6.3 vor, indem Sie in den Datei `0/U`, `0/p` usw. auf den Rändern entsprechende Angaben machen.

8. Führen Sie die CFD-Simulation aus, indem Sie `pisoFoam` starten.

9. Um die charakteristischen Größen der Wirbelstraße zu analysieren, aktivieren Sie jetzt die Funktion `probes` durch entsprechende Eintragungen in der Datei `controlDict`. Mit Hilfe von `probes` werden Zeitmitschriften von Strömungsgrößen an definierten Stützstellen im Strömungsgebiet aufgezeichnet. Spezifizieren Sie die Geschwindigkeit $\widetilde{u}$ als aufzuzeichnende Strömungsgröße (Eintragung U bei `fields`) sowie die Koordinaten des Stützpunkts (`probeLocations`) $\underline{x}_P = (0{,}06;\ 0;\ 0{,}002)$, an dem $\widetilde{u}$ aufgezeichnet werden soll. Dieser befindet sich in einem Abstand von $\Delta x_P = 40\,\text{mm}$ bzw. $1\,D$ stromab der Strebe. In Abb. 6.20 sind die hierfür notwendigen Eintragungen in `system/controlDict` zusammengefasst.

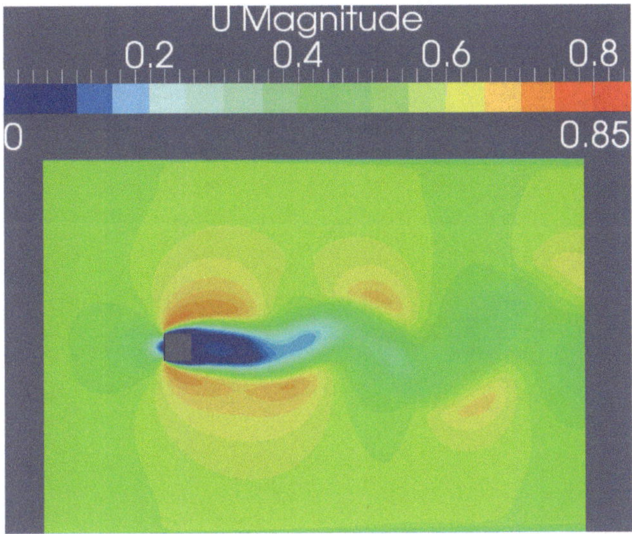

Abb. 6.21 Strömung um Strebe mit OpenFOAM: Geschwindigkeitsfeld $\lvert\widetilde{u}\rvert$ nach $t = 35$ s, Angaben in m/s

10. Ändern Sie die Start- und die Stopzeit der transienten CFD-Simulation durch entsprechende Eintragungen in der Datei `system/controlDict`, so dass Sie ein hinreichend großes Zeitintervall der ausgebildeten Strömung berechnen. Die unten gezeigten Ergebnisse sind mit den Einstellungen $t_1 = 15$ s und $t_2 = 35$ s ermittelt worden. Setzen sie die CFD-Simulation fort, indem Sie nochmals `pisoFoam` aufrufen. Es wird das Verzeichnis `probes/<startzeit>` und die Datei U angelegt. Für jeden festgelegten Zeitschritt werden die aktuelle Zeit t_n und die Geschwindigkeit $\widetilde{u}\,(t_n)$ in dieser Datei gespeichert.
11. Beantworten Sie anschließend folgende Fragen:
    - Wie sieht das instantane Strömungsfeld aus? Hinweis: In `paraFoam` wird die kohärent veränderliche Geschwindigkeit $\widetilde{u}\,(t)$ als U bezeichnet.
    - Wie sieht das mittlere Strömungsfeld $\overline{\widetilde{u}}$ aus?
    - Welche mittlere Ausdehnung Δx_T in Längsrichtung hat das Totwassergebiet hinter der Strebe?
    - Welche charakteristische Frequenz f_W wird in der Karmanschen Wirbelstraße beobachtet?

Diskussion

1. Im instantanen Strömungsfeld $\widetilde{u}$ ist die ausgebildete Wirbelstraße gut zu erkennen, Abb. 6.21. Aufgrund der in der Strömung vorliegenden Wirbel wechseln sich Gebiete hoher mit Gebieten niedriger Strömungsgeschwindigkeit ab.

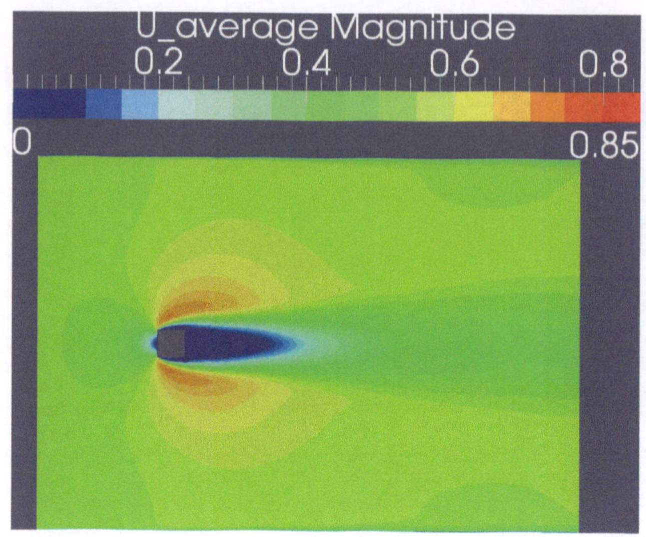

Abb. 6.22 Strömung um Strebe mit OpenFOAM: Mittleres Geschwindigkeitsfeld $\left|\widetilde{\overline{u}}\right|$, Angaben in m/s

2. Das langzeit-gemittelte Geschwindigkeitsfeld $\widetilde{\overline{u}}$ der Strömung kann in `paraFoam` mit dem Filter `Temporal > Temporal Statistics` bestimmt und dargestellt werden. Es sollte wie in Abb. 6.22 zu sehen eine spiegelsymmetrische Struktur besitzen.

3. Sie können die mittlere Länge Δx_T des Totwassers stromab der Strebe bestimmen, indem Sie die Grundlinie $0{,}02\,\mathrm{m} < x < 0{,}2\,\mathrm{m}$, $y = 0$ mit dem Filter `Plot-over-Line` von paraFoam definieren und dann das Profil $\widetilde{\overline{u}}_x(x)$ entlang der Grundlinie auftragen. Anhand des Nulldurchgangs $\widetilde{\overline{u}}_x\left(\Delta x_T^{k\varepsilon}\right) = 0$ können Sie die Ausdehnung des Totwassers ermitteln, siehe Abb. 6.23. Falls Sie die Rechnung mit den oben genannten Einstellungen durchführen, sollten Sie die Werte $\Delta x_T \simeq 115\,\mathrm{mm} \rightarrow \Delta x_T/D \simeq 2{,}9$ finden.

4. Sie können die dominierende Frequenz f_W der Karmanschen Wirbelstraße ermitteln, indem Sie die Zeitmitschrift von $\widetilde{u}_y(t)$ aus der Datei `U` analysieren. Sie sollte wie in Abb. 6.24 näherungsweise ein sinusförmiges Ozillieren von $\widetilde{u}_y$ zeigen. In diesem Fall lässt sich die Frequenz f_W der kohärenten Strömungsoszillation einfach ermitteln. Zählen Sie die Zahl N bestimmter Ereignisse (zum Beispiel die maximalen Ausschläge $\widetilde{u}_y(t) = \widetilde{u}_{y,\max}$) in einem bestimmten Zeitintervall $\Delta\tau$ und berechnen Sie $f_W = N/\Delta\tau$. Hier sollten Sie die Werte $f_W \simeq 1{,}7\,\mathrm{Hz} \rightarrow St_W \simeq 0{,}13$ finden, falls Sie die Simulation mit den oben genannten Einstellungen starten und fortsetzen.

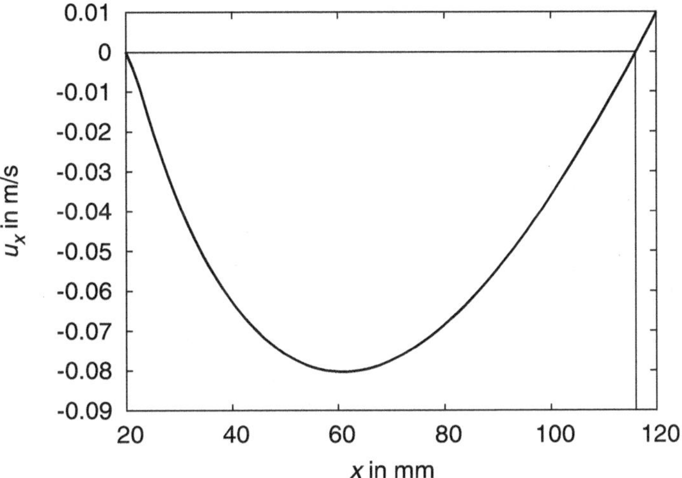

Abb. 6.23 Strömung um Strebe mit OpenFOAM: Profil $\widetilde{u}_x\,(x,\,y=0)$

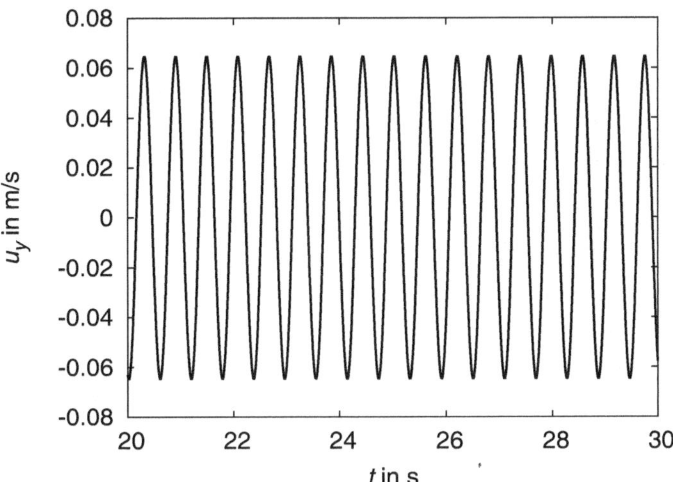

Abb. 6.24 Strömung um Strebe mit OpenFOAM: Kohärente Oszillation der Quergeschwindigkeit $\widetilde{u}_y$

6.9.2 Lösung mit ANSYS FLUENT

Lösungshinweise

1. Starten Sie ANSYS FLUENT, berücksichtigen Sie, dass Ihr Problem in 2D zu lösen ist.

2. Laden Sie die Datei `Strebe.msh` aus dem Praktikum *Strömungsgebiet mit quadratischer Strebe*, Abschn. 2.7. Wählen Sie `Problem Setup > General > Scale`, um das Menü `Scale Mesh` zu öffnen und skalieren Sie das Rechengitter mit dem Faktor 0,04 (dem Durchmesser der Strebe) auf die Ausdehnung $x_{min} = -0,2\,\text{m}$, $x_{max} = 0,6\,\text{m}$, $y_{min} = -0,28\,\text{m}$ und $y_{max} = 0,28\,\text{m}$.

3. Spezifizieren Sie das numerische Modell, wählen Sie zuerst das Turbulenzmodell aus. Dazu öffnen Sie unter `Problem Setup > Models > Viscous` das Menü `Viscous Model`. Dort wählen Sie das Standard-k-ε-Modell aus. An den Konstanten des Turbulenzmodells müssen Sie nichts ändern.

4. Geben Sie unter `Problem Setup > Materials` die Stoffwerte von Wasser an: $\rho = 1000\,\text{kg/m}^3$ und $\eta = 10^{-3}\,\text{Pa} \cdot \text{s}$. Überschreiben Sie die Voreinstellungen von ANSYS FLUENT (`air`).

5. Setzen Sie die Randbedingungen (Zugang über `Problem Setup > Boundary Conditions ...`) entsprechend der Beschreibung des Strömungsproblems (siehe oben). Der Rand `einlass` wird auf den Typ `velocity-inlet` (statt `wall`) gesetzt, hier sind Werte für $\underline{U}_{ein}$, k_{ein} und ε_{ein} entsprechend Tab. 6.3 vorzugeben. Der Rand `auslass` wird auf den Typ `outflow` geändert, hier können die Vorgaben von ANSYS FLUENT übernommen werden. Für die Ränder `kanal_oben`, `kanal_unten` und `strebe` wird der Typ `wall` beibehalten.

6. Wählen Sie folgende numerische Methoden: Den PISO-Algorithmus als Druckkorrektur-Verfahren, die LUDS-Interpolation (`Second Order Upwind`) für die Interpolation in der Reynolds-Gleichung (`Momentum`) und den Modellgleichungen des Standard-k-ε-Modells (`Turbulent Kinetic Energy`, `Turbulent Dissipation Rate`). Die Gradienten werden bei der LUDS-Interpolation jeweils mit Hilfe des Gaußschen Satzes approximiert (`Green-Gauss Node Based` bei `Spatial Discretization > Gradient`). Für die Zeitintegration wählen Sie das implizite Euler-Verfahren (`First Order Implicit` bei `Transient Formulation`). Die weiteren in diesem Fenster angegebenen Methoden müssen nicht geändert werden.

7. Die erwarteten instationären Vorgänge werden während der transienten Strömungssimulation allmählich angefacht. Um auch die initialen Schwankungen aufzulösen und von numerisch bedingten Fluktuationen zu unterscheiden, müssen die Abbruchkriterien der iterativen Lösung gegenüber den Standard-Einstellungen von ANSYS FLUENT geändert werden. Öffnen Sie dazu das Menü `Solution > Monitors > Residuals - Print, Plot` und geben Sie dort wie in

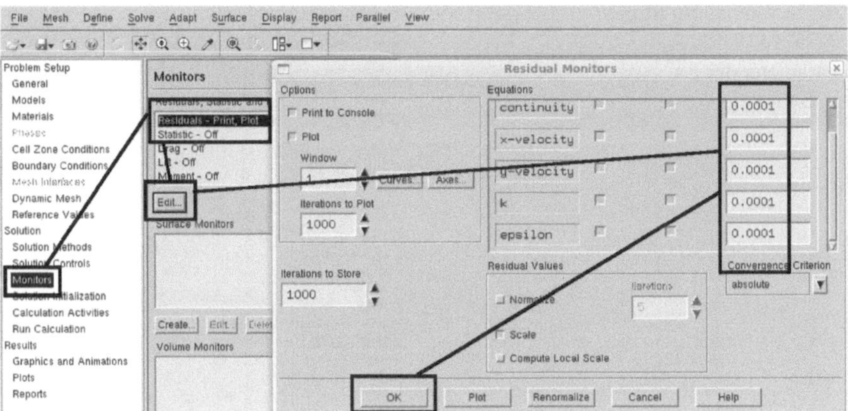

Abb. 6.25 Strömung um Strebe mit ANSYS FLUENT: Anpassung der Abbruchkriterien

Abb. 6.25 zu sehen bei allen Gleichungen ein Abbruchkriterium von 0,0001 (statt 0,001) für die jeweiligen Residuen vor.

8. Initialisieren Sie die Strömungs- und Turbulenzgrößen unter `Solution >` `Solution Initialisation`, übernehmen Sie dabei die Werte vom Ein-strömrand.

9. Berechnen Sie die transiente Lösung des Problems. Wählen Sie dabei eine Zeit-schrittweite Δt so, dass die transiente Rechnung eine Periode der Strömung mit mindestens 100 Zeitschritten auflöst. Führen Sie die transiente Berechnung für ei-ne hinreichend große Strömungszeit aus, so dass die Anfahreffekte in der Strömung abklingen können und sich die Karmansche Wirbelstraße ausbildet. In Abb. 6.26 sind beispielhaft Einstellungen für CFD-Simulationen angegeben, mit denen die unten gezeigten Ergebnisse ermittelt wurden. Mit den Einstellungen werden 15 s Strömungszeit berechnet, dieses Intervall entspricht etwa der zehnfachen nomina-len Durchströmzeit.

10. Um die statistischen Größen der Wirbelstraße zu analysieren, wählen Sie jetzt zum einen die Option `Data Sampling For Time Statistics` im Me-nü `Solution > Run Calculation`. Dadurch werden Mittelwerte der Strö-mungsgrößen im gesamten Gebiet bestimmt. Außerdem soll das transiente Verhal-ten der Wirbelstraße in der Nähe der Strebe untersucht werden. Dazu wird zuerst auf der Symmetrieachse des Kanals ein Stützpunkt $\underline{x} = (0{,}06, 0, 0{,}002)$ in einem Abstand von $\Delta x_P = 40$ mm stromab der Strebe gesetzt. Dieser Punkt kann über das Menü `Surface > Point ...` definiert werden, siehe Abb. 6.27, in diesem Beispiel wird der Punkt mit `point-6` bezeichnet.

11. Anschließend wird im Menü `Solution > Monitors > Surface` `Monitors` durch Anwahl des Schalters `Create` ein Monitor definiert. Mit dem Monitor wird in Punkt `point-6` das transiente Verhalten der Geschwin-

Abb. 6.26 Strömung um Strebe mit ANSYS FLUENT: Kontrollparameter der numerischen Simulation

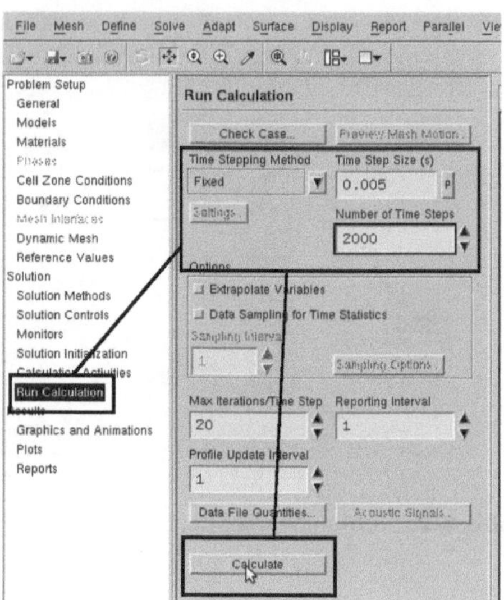

digkeitskomponente $\widetilde{u}_y\,(t)$ (`Field Variable > Velocity ... > Y Velocity`) aufgezeichnet. Diese Werte werden über das KV, in dem sich `point-6` befindet, gemittelt (`Report Type > Vertex Average`). Dazu sind, wie in Abb. 6.28 dargestellt, entsprechende Einstellungen im Fenster `Surface Monitor` vorzunehmen. Dabei wird auch eine Datei definiert, in der die Daten abgespeichert werden (`surf-mon-1.out`).

12. Berechnen Sie die transiente Strömung für ein weiteres, hinreichend großes Zeitintervall, zum Beispiel für weitere 20 s Strömungszeit.

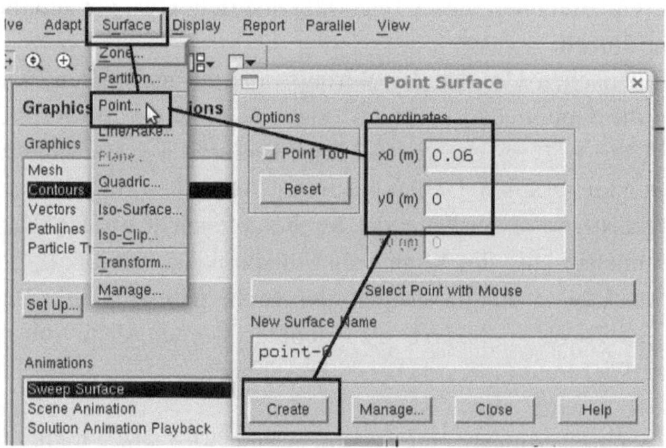

Abb. 6.27 Strömung um Strebe mit ANSYS FLUENT: Definition eines Monitor-Punkts

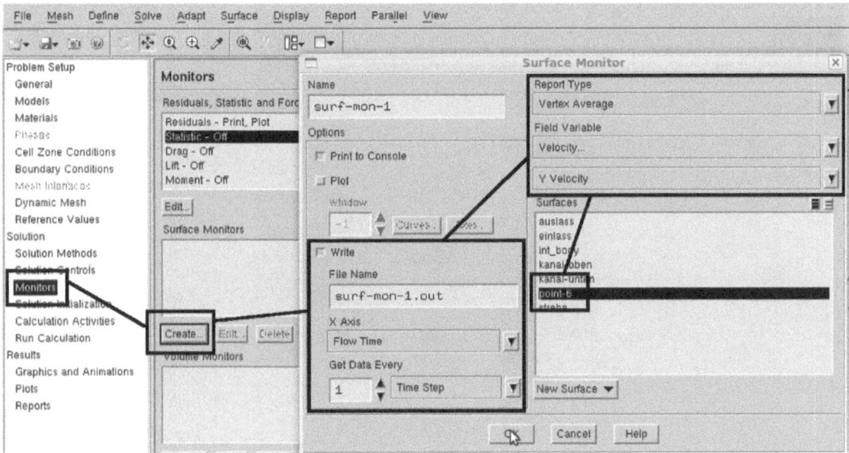

Abb. 6.28 Strömung um Strebe mit ANSYS FLUENT: Festlegung der im Monitor-Punkt aufzuzeichnender Informationen

13. Beantworten Sie anschließend folgende Fragen:
   - Wie sieht das instantane Strömungsfeld aus? Hinweis: In `paraFoam` wird die kohärent veränderliche Geschwindigkeit $\widetilde{u}\,(t)$ als `U` bezeichnet.
   - Wie sieht das mittlere Strömungsfeld $\overline{\widetilde{u}}$ aus?
   - Welche mittlere Ausdehnung Δx_T in Längsrichtung hat das Totwassergebiet hinter der Strebe?
   - Welche charakteristische Frequenz f_W wird in der Karmanschen Wirbelstraße beobachtet?

Diskussion

1. Im instantanen Strömungsfeld $|\widetilde{u}|$ ist die ausgebildete Wirbelstraße gut zu erkennen, Abb. 6.29. Aufgrund der in der Strömung vorliegenden Wirbel wechseln sich Gebiete hoher mit Gebieten niedriger Strömungsgeschwindigkeit ab.
2. Das langzeit-gemittelte Strömungsfeld $\overline{\widetilde{u}}$ kann über das Menü `Results > Graphics and Animation > Contours` mit `Contours of ... > Unsteady Statistics > Mean Velocity Magnitude` dargestellt werden, es sollte, wie in Abb. 6.30 zu sehen, eine spiegelsymmetrische Struktur besitzen.
3. Sie können die mittlere Länge Δx_T des Totwassers stromab der Strebe bestimmen, indem Sie die Grundlinie $x > 0{,}02$ m, $y = 0$ definieren und das Profil $\overline{\widetilde{u}}_x\,(x)$ entlang der Grundlinie auftragen. Anhand des Nulldurchgangs $\overline{\widetilde{u}}_x\,(\Delta x_T) = 0$ können Sie die Ausdehnung des Totwassers ermitteln, siehe Abb. 6.31. Falls Sie die Rechnung mit den Einstellungen aus Punkt 9 starten und fortsetzen, sollten Sie die Werte $\Delta x_T \simeq 105$ mm $\to \Delta x_T / D \simeq 2{,}6$ finden.

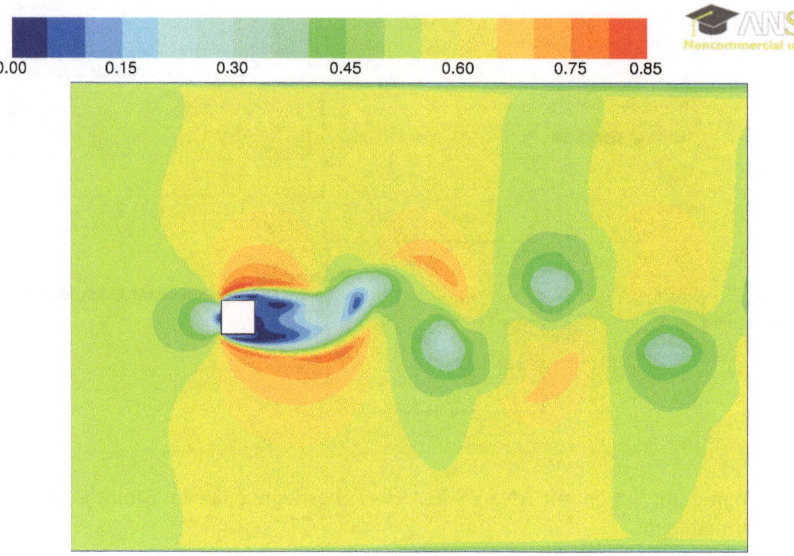

Abb. 6.29 Strömung um Strebe mit ANSYS FLUENT: Geschwindigkeitsfeld $|\widetilde{u}|$ nach $t = 35\,\mathrm{s}$, Angaben in m/s

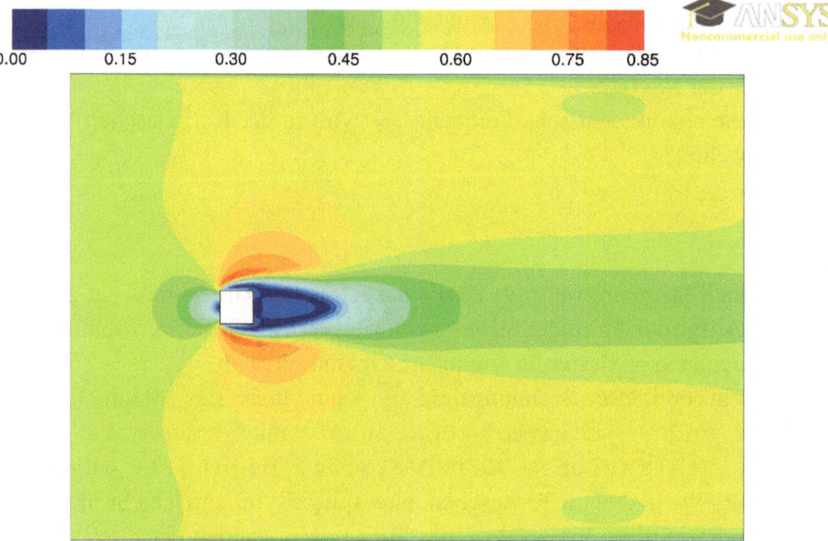

Abb. 6.30 Strömung um Strebe mit ANSYS FLUENT: Mittleres Geschwindigkeitsfeld $|\overline{\widetilde{u}}|$, Angaben in m/s

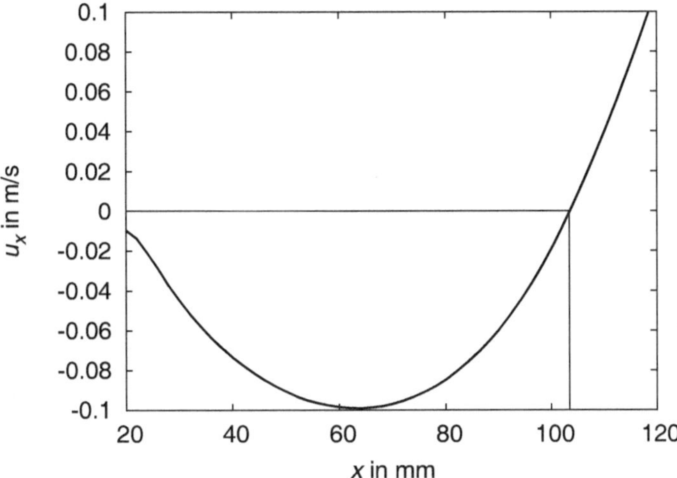

Abb. 6.31 Strömung um Strebe mit ANSYS FLUENT: Profil $\widetilde{u}_x(x,\, y = 0)$

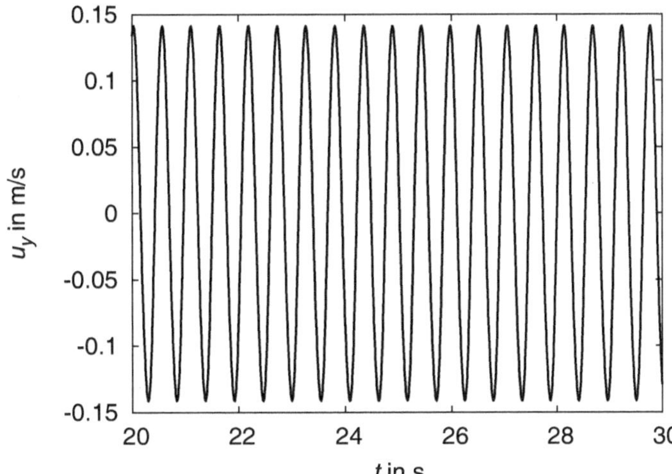

Abb. 6.32 Strömung um Strebe mit ANSYS FLUENT: Kohärente Oszillation der Quergeschwindigkeit $\widetilde{u}_y$

4. Sie können die dominierende Frequenz f_W der Karmanschen Wirbelstraße ermitteln, indem Sie die Zeitmitschrift von $\widetilde{u}_y\,(t)$ im Monitorpunkt auswerten. Sie sollte wie in Abb. 6.32 näherungsweise ein sinusförmiges Ozillieren von $\widetilde{u}_y$ zeigen. In diesem Fall lässt sich die Frequenz f_W der kohärenten Strömungsoszillation einfach ermitteln. Zählen Sie die Zahl N bestimmter Ereignisse (zum Beispiel die maximalen Ausschläge $\widetilde{u}_y\,(t) = \widetilde{u}_{y,\mathrm{max}}$) in einem bestimmten Zeitintervall $\Delta\tau$ und berechnen Sie

$f_W = N/\Delta\tau$. Falls Sie die Simulation mit den Einstellungen aus Punkt 9 starten und fortsetzen, sollten Sie die Werte $f_W \simeq 1{,}9\,\mathrm{Hz} \to \mathrm{St} \simeq 0{,}14$ finden.

6.9.3   Fazit

Die CFD-Simulation mit dem URANS-1-Modell zeigt im Ergebnis nur eine qualitative Ähnlichkeit mit den experimentellen Ergebnissen. Quantitativ wird die Länge des Rezirkulationsgebietes über-, die Frequenz der Wirbelablösung dagegen unterschätzt. Für diesen Strömungstyp sind Modelle auf Basis der URANS-1 also nur bedingt geeignet, siehe auch [17]. Da RANS-Simulationen aber häufig nicht konvergieren und LES mit einem wesentlich höheren numerischen Aufwand verbunden ist, werden URANS-1-Modelle trotzdem für ähnliche Strömungsprobleme genutzt.

Wie bereits in Kapitel 1 beschrieben, wird CFD heute nicht nur in den klassischen Forschungsfeldern der Strömungsmechanik, sondern auch in vielen anderen Fachgebieten der Natur- und Ingenieurwissenschaften eingesetzt. Die nachfolgenden Beispiele aus aktuellen Forschungs- und Entwicklungsprojekten des Autors sollen verdeutlichen, wie vielfältig die Einsatzgebiete für CFD heute sind. Der kleine Einblick in das breite Anwendungsspektrum soll den Leser motivieren, sich auch weiter intensiv mit CFD zu beschäftigen. Erst durch die selbständige Bearbeitung kleinerer und größerer Projekte wird die Routine gewonnen, die für den sicheren Umgang mit CFD erforderlich ist.

Strömungsmaschinen

Ein klassisches Anwendungsfeld von CFD sind die Strömungsmaschinen. Durch numerische Simulationen werden Daten bereitgestellt, auf deren Basis das Betriebsverhalten einer Maschine bereits im Entwurfsstadium analysiert werden kann.

CFD-Modelle für diese Maschinenart erfordern vor allem ein Konzept zur Kopplung der stehenden (zum Beispiel Ansaugstrecke, Diffusor, Gehäuse) und der drehenden (Laufrad) Maschinenteile. Mögliche Ansätze sind zum Beispiel Sliding Mesh oder Frozen Rotor. Bei Sliding Mesh werden die Teilgitter der drehenden Bauteile, wie etwa das in Abb. 7.1 dargestellte Laufrad-Gitter, gegenüber den Teilgittern der stehenden Bauteile verschoben. Bei Frozen Rotor sind dagegen alle Teilgitter festgehalten, die Modellgleichungen werden im Laufradgitter aber in einem rotierenden Bezugssystem formuliert und gelöst.

Die CFD-Simulationen liefern detaillierte Informationen vor allem über die Strömungsgrößen u, p und T in diesen Maschinen. In Abb. 7.2 ist beispielsweise das mit dem Frozen-Rotor-Ansatz berechnete Druckfeld im Verdichter eines Abgasturboladers dargestellt. Auf Basis dieser Daten können beispielsweise Kennlinien und Kennfelder für Maschinen im Entwurfsstadium ermittelt, optimierte Laufrad- und Diffusorgeometrien konzipiert oder neue Werkstoffkonzepte, etwa für das Laufrad, entwickelt werden.

R. Schwarze, *CFD-Modellierung*, DOI 10.1007/978-3-642-24378-3_7,
© Springer-Verlag Berlin Heidelberg 2013

Abb. 7.1 Rechengitter für das Verdichterlaufrad eines Abgasturboladers entsprechend Abb. 1.2b

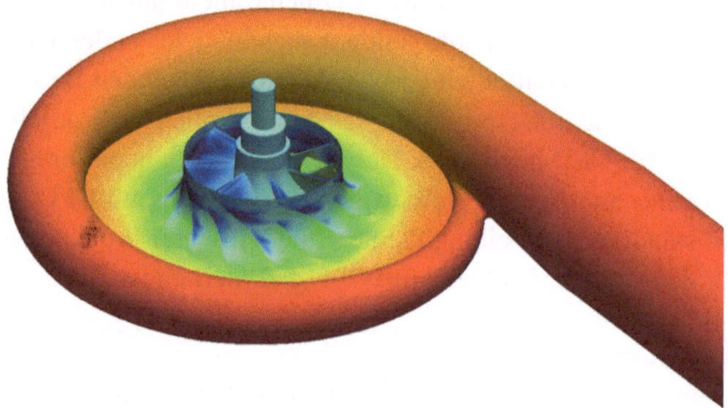

Abb. 7.2 Druckfeld im Verdichter eines Abgasturboladers

Werkstofftechnik

In den Werkstoffwissenschaften werden CFD-Modelle genutzt, um Herstellungsverfahren vor allem von metallischen Werkstoffen wie Stahl oder Aluminium zu analysieren, bei denen das Material in der flüssigen Phase verarbeitet wird. Anhand der CFD-Simulationen kann beispielsweise erforscht werden, welche Effekte die Herstellung eines Werkstoffs negativ beeinflussen und die Werkstoffqualität mindern. Ein wichtiger Prozess, der seit einigen Jahren intensiv mit CFD untersucht wird, ist das Stranggießen von Stahl. Im letzten Prozessschritt, dem kontinuierlichen Erstarren der Stahlschmelze in der sogenannten Kokille, kommt es immer wieder zur unerwünschten Emulgierung von Schlacke, die eigentlich auf dem flüssigen Stahl schwimmen soll. Die physikalische Modellierung der Mehrphasenströmung erfolgt hier üblicherweise mit der sogenannten Volume-of-Fluid-Methode. Abbildung 7.3 zeigt aktuelle Forschungsergebnisse, zu sehen ist die Phasengrenze zwischen Stahl und Schlacke in der Kokillenströmung, die mit einer

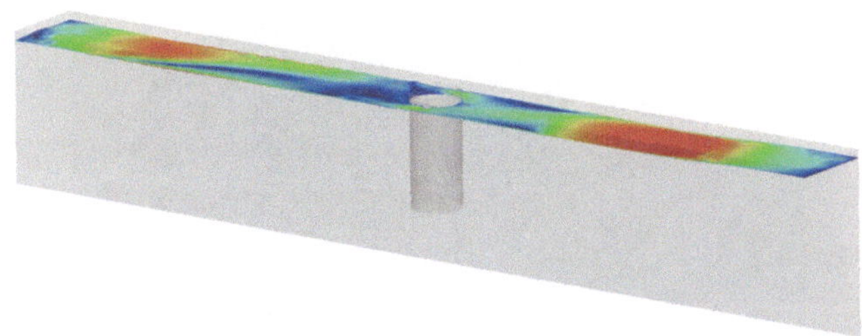

Abb. 7.3 Stahlströmung in einer Stranggießkokille, Bewegung der Stahl-Schlacke-Grenzfläche

CFD-Simulation aufgelöst wurde. Die Phasengrenze vollführt dabei wellenförmige Bewegungen, da die Stahlströmung kohärent-oszillierende Strömungsstrukturen aufweist. Die Farben auf der in Abb. 7.3 dargestellten Phasengrenze zeigen dabei an, wann es zur Emulgierung von Schlacketropfen in der Stahlschmelze kommen kann. Kritische Zustände sind rot eingefärbt, hier liegt eine besonders hohe tangentiale Geschwindigkeit entlang der Phasengrenze vor.

Neben der Erforschung etablierter Produktionsverfahren wird CFD auch zur Entwicklung von Herstellungsrouten für neue Werkstoffe, beispielsweise die gießtechnische Fertigung von Metall-Matrix-Verbundwerkstoffen, genutzt. Exemplarische Ergebnisse aus entsprechenden CFD-Simulationen sind in Abb. 7.4 und 7.5 dargestellt. In der Simulation wird die Herstellung von TRIP-Matrix-Composite, einem Verbundwerkstoff aus Stahl und Keramik, analysiert. Der Verbundwerkstoff wird dabei durch die Infiltration des Stahls in die offenporige keramische Schaumstruktur erzeugt. Die Vernetzung des Strömungsgebiets durch ein unstrukturiertes Gitter mit Hexaederzellen ist in Abb. 7.4 dargestellt, in der Nähe der einzelnen Stege der Schaumstruktur ist das Gitter verfeinert.

Die Simulationen geben detaillierte Informationen über die Strömungs- und Temperaturfelder bei der Infiltration. In Abb. 7.5 ist die Strömungsstruktur in einzelnen Poren der keramischen Schaumstruktur zu sehen, die durch Stromlinien sichtbar gemacht wird. Durch diese Darstellung ist es möglich, Totwassergebiete im Porenraum zu lokalisieren. Hier können zum Beispiel Gasbläschen eingefangen werden, die später eine makroskopische Fehlstelle im Verbundwerkstoff verursachen können.

Medizin

Das letzte Beispiel kommt aus der Medizin. Auch hier wird CFD in zunehmendem Maße eingesetzt, um bisher nicht verstandene strömungsinduzierte Phänomene aufzuklären. Dazu zählt auch die menschliche Stimmgebung, die ebenfalls bis heute nicht komplett verstanden ist. In CFD-Simulationen an vereinfachten Geometrien des menschlichen Vokaltrakts, vor allem des Kehlkopfs, wird deshalb die Dynamik der Strömungen hinter den sich bewegenden Stimmlippen erforscht. Aus den Strömungen können die akustischen Quellterme ermittelt werden, die die Grundlage der Stimmbildung bilden. Stromab der

Abb. 7.4 Rechengitter für Schaumstruktur

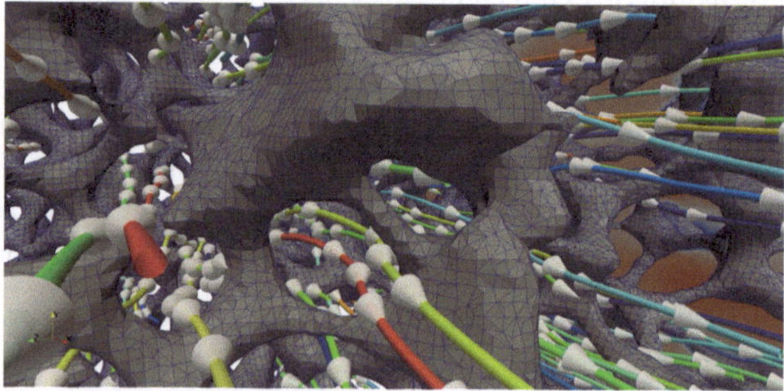

Abb. 7.5 Infiltration einer Schaumstruktur, Strömung in einzelnen Poren

Glottis bildet sich dabei ein Freistrahl aus, der aufgrund seiner näherungsweise ellipti-schen Querschnittsform ein sehr komplexes Verhalten zeigt.

In Abb. 7.6 ist die Struktur dieses Freistrahls zu sehen, der stark mit seiner Umgebung wechselwirkt. Es bilden sich eine Vielzahl von Wirbelstrukturen aus, die einen wesentli-chen Beitrag zu den akustischen Quellen der Strömung liefern.

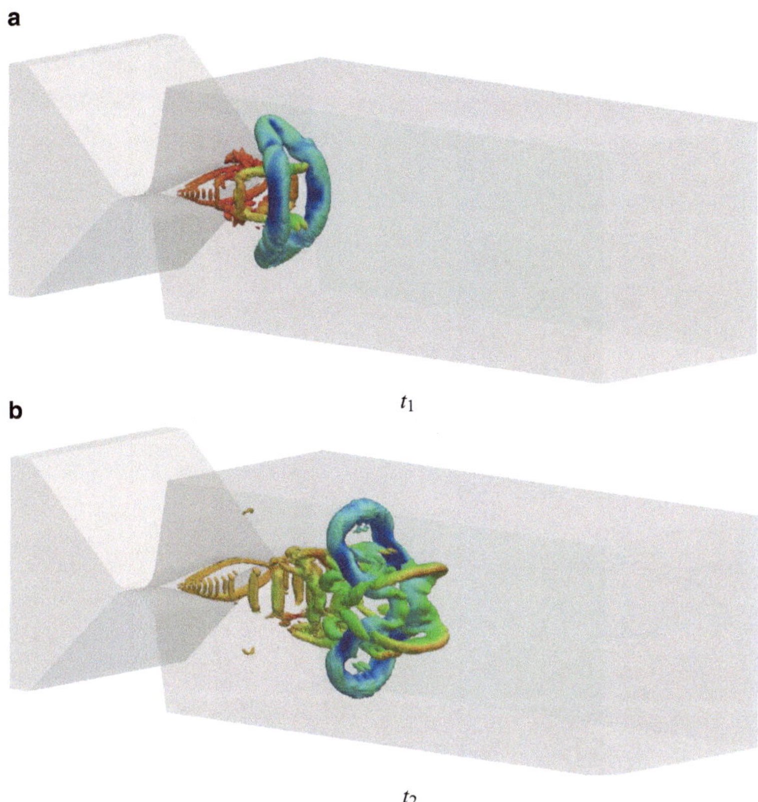

Abb. 7.6 Freistrahl stromab einer glottis-ähnlichen Blende

Literatur

1. Anderson WK, Bonhaus DL (1994) An Implicit Upwind Algorithm for Computing Turbulent Flows on Unstructured Grids. Comp Fluids 23:1–21

2. ANSYS, Inc http://www.ansys.com

3. Bardina JE, Huang PG, Coakley TJ (1997) Turbulence Modeling Validation, Testing, and Development. NASA Tech Mem 110446

4. Casey M, Wintergerste T (2000) Best Practice Guidelines: Industrial Computational Fluid Dynamics of Single-Phase Flows. ERCOFTAC Publication

5. Ceyrowsky T, Brücker C, Schwarze R (2009) Unsteady RANS Simulations of Flows around a simplified Car Body. In: Schober M, Löfdahl L, Navid Nayeri C (Hrsg) Proc Euromech Coll 509 Vehicle Aerodynamics, Berlin, 24.–25.03.2009

6. CFD Online http://www.cfd-_online.com/

7. Courant R, Friedrichs K, Lewy H (1928) Über die partiellen Differenzengleichungen der mathematischen Physik. Math Ann 100:32–74

8. Craft TJ, Gerasimov AV, Iacovides H, Launder BE (2002) Progress in the Generalization of Wall-Function Treatments. Int J Heat Fluid Flow 23:148–160

9. Crank J, Nicolson P (1947) A Practical Method for Numerical Evaluation of Solutions of Partial Differential Equations of the Heat Conduction Type. Proc Camb Phil Soc 43:50–67

10. Van Doormal JP, Raithby GD (1984) Enhancement of the SIMPLE Method for Predicting Incompressible Flows. Num Heat Trans 7:147–163

11. Drikakis D, Rider W (2005) High-Resolution Methods for Incompressible and Low-Speed Flows. Springer, Berlin

12. Durbin PA (1991) Near-Wall turbulence Closure Modeling without „Damping Functions". Theo Comp Fluid Dyn 3:1–13

13. Durbin PA (1995) Separated Flow Computations with the k-ε-v^2 Model. AIAA J 33:659–664

14. Durbin PA, Pettersson Reif BA (2001) Statistical Theory and Modeling for Turbulent Flows. Wiley, Chichester

15. Ferziger JH, Peric M (2008) Numerische Strömungsmechanik. Springer, Berlin

16. Fröhlich J (2006) Large Eddy Simulation turbulenter Strömungen. B. G. Teubner / GWV, Wiesbaden

17. Fröhlich J, von Terzi D (2008) Hybrid LES/RANS Methods for the Simulation of Turbulent Flows. Prog Aerospace Sci 44:349–377

R. Schwarze, *CFD-Modellierung*, DOI 10.1007/978-3-642-24378-3,
© Springer-Verlag Berlin Heidelberg 2013

18. Ghia U, Ghia KN, Shin CT (1982) High-Re Solutions for Incompressible Flow using the Navier-Stokes Equations and a Multigrid Method. J Comp Phys 48:387–411

19. Gnuplot http://www.gnuplot.info/

20. Harlow FH (2004) Fluid Dynamics in Group T-3 Los Alamos National Laboratory. J Comp Phys 195:414–433

21. Harten A (1983) High Resolution Schemes for Hyperbolic Conservation Laws. J Comp Phys 49:357–393

22. Hinze JO (1959) Turbulence. McGraw-Hill, New York

23. Hirsch C (2007) Numerical Computation of Internal and External Flows. 2. Aufl. Elsevier, Amsterdam

24. Hirschel EH, Krause E (2009) 100 Volumes of 'Notes on Numerical Fluid Dynamics'. Springer, Berlin

25. Hunt JCR, Savill, AM (2005) Guidelines and Criteria for the Use of Turbulence Models in Complex Flows. In: Hewitt GF, Vassilicos JC (Hrsg) Prediction of Turbulent Flows, Cambridge University Press, Cambridge

26. Hucho WH (2009) Der Luftwiderstand von Personenwagen. In: Hucho WH (Hrsg) Aerodynamik des Automobils, Vieweg-Teubner, Wiesbaden

27. Hucho WH (2009) Important Gaps in the Science of Car Aerodynamics. In: Schober M, Löfdahl L, Navid Nayeri C (Hrsg) Proc Euromech Coll 509 Vehicle Aerodynamics, Berlin, 24.–25.03.2009

28. Issa RI (1986) Solution of the Implicitly Discretized Fluid Flow Equation by Operator Splitting. J Comp Phys 62:40–65

29. Janert PK (2009) Gnuplot in Action. Manning, London

30. Johansen ST, Wu J, Shyy W (2004) Filter-Based Unsteady RANS Computations. I J Heat Fluid Flow 25:10-21

31. Jones WP, Launder BE (1972) Prediction of Laminarization with a Two-Equation Model of Turbulence. Int J Heat Mass Trans 15:301–314

32. Jovic S, Driver DM (1994) Backward-facing Step Measurements at low Reynolds Number $Re_h = 5000$. NASA Technical Memorandum 108807

33. Jovic S, Driver DM (1995) Reynolds Number Effects on the Skin Friction in Separated Flows Behind a Backward Facing Step. Exp Fluids 18:464–467

34. Launder BE (2005) RANS Modelling of Turbulent Flows Affected by Buoyancy or Stratification. In: Hewitt GF, Vassilicos JC (Hrsg) Prediction of Turbulent Flows, Cambridge University Press, Cambridge

35. Launder BE, Spalding DB (1974) The Numerical Computation of Turbulent Flows. Comp Meth Appl Mech Eng 3:269–289

36. Launder BE, Sharma BI (1974) Application of the Energy-Dissipation Model of Turbulence to the Calculation of Flow Near a Spinning Disc. Lett Heat Mass Trans 1:131–138

37. Launder BE, Reece GJ, Rodi W (1975) Progress in the Development of a Reynolds-Stress Turbulence Closure. J Fluid Mech 68:537–566

38. Le H, Moin P, Kim J (1997) Direct Numerical Simulation of Turbulent Flow over a Backward-Facing Step. J Fluid Mech 330:349–374

39. Leonard BP (1979) A Stable and Accurate Convective Modeling Procedure Based on Quadratic Upstream Interpolation. Comp Meth Appl Mech Engr 19:58–98

40. Lesieur M (2008) Turbulence in Fluids, 4. Aufl. Springer, Dordrecht

41. Lyn DA, Einav S, Rodi W, Park JH (1995) A Laser-Doppler Velocimetry Study of Ensemble-Averaged Characteristics of the Turbulent Near Wake of a Square Cylinder. J Fluid Mech 304:285–319

42. Menter FR (1994) Two-Equation Eddy-Viscosity Turbulence Models for Engineering Applications. AIAA J 32:1598–1605

43. Menter FR, Kuntz M, Langtry R (2003) Ten Years of Industrial Experience with the SST Turbulence Model. In: Hanjalic K, Nagano Y, Tummers M (Hrsg) Turbulence, Heat and Mass Transfer 4, Begell House, Redding

44. Menter FR, EgorovY (2010) The Scale-Adaptive Simulation Method for Unsteady Turbulent Flow Predictions. Part 1: Theory and Model Description. Flow Turb Comb 85:113–138

45. The OpenFOAM Foundation http://www.openfoam.org/

46. Orszag SA, Staroselsky I, Flannery WS, Zhang, Y (1996) Introduction to Renormalization Group Modeling of Turbulence. In: Gatski TB, Yousuff Hussaini M, Lumley JL (Hrsg) Simulation and Modling of Turbulent Flows, Oxford University Press, New York

47. ParaViewhttp://www.paraview.org/

48. Patankar SV (1980) Numerical Heat Transfer and Fluid Flow. Hemisphere Publishing Corp., Washington

49. Patankar SV, Spalding DB (1972) A Calculation Procedure for Heat, Mass and Momentum Transfer in Three-dimensional Parabolic Flows. I J Heat Mass Trans 15:1787–1806

50. Piquet J (2001) Turbulent Flows, 2. Aufl. Berlin, Springer

51. Pope SB (2000) Turbulent Flows. Cambridge University Press, Cambridge

52. Popovac M, Hanjalic K (2007) Compound Wall Treatment for RANS Computation of Complex Turbulent Flows and Heat Transfer. Flow Turb Comb 78:177–202

53. Reynolds O (1895) On the Dynamical Theory of Incompressible Viscous Fluids and the Determination of the Criterion. Phil Trans R. Soc London A 186:123–164

54. Richardson LF (1908) The Approximate Arithmetical Solution by Finite Differences of Physical Problems Involving Differential Equations with an Application to the Stresses in a Masonry Dam. Trans R Soc London Ser A, 210:307–57

55. Richardson LF (1922) Weather Prediction by Numerical Process. Cambridge University Press, Cambridge

56. Richardson LF (1927) The Deferred Approach to the Limit. Trans R Soc London Ser A 226:229–361

57. Roache PJ (1994) Perspective: A Method for Uniform Reporting of Grid Refinement Studies. J Fluids Eng 116:405–413

58. Roache PJ (1997) Quantification of Uncertainty in Computational Fluid Dynamics. Ann Rev Fluid Mech 29:123-160

59. Roy C J (2005) Review of Code and Solution Verification Procedures for Computational Simulation. J Comp Phys 205:131–156

60. Salas MD (1999) Modeling Complex Turbulent Flows. Kluwer Academic, Dordrecht

61. Schlichting H, Gersten K (2006) Grenzschicht-Theorie. 10. Aufl. Springer, Berlin

62. Schmitt FG (2007) About Boussinesq's Turbulent Viscosity Hypothesis: Historical Remarks and a Direct Evaluation of its Validity. C R Mec 335:617–627

63. Schönung B (1990) Numerische Strömungsmechanik. Springer, Berlin

64. Spurk JH, Aksel N (2006) Strömungslehre, 6. Aufl. Springer, Berlin

65. Shih TH, Liou WW, Shabbir A, Yang Z, Zhu J (1995) A New k-ε Eddy Viscosity Model for High Reynolds Number Turbulent Flows. Comp Fluid 24:227–238

66. Spalart P, Allmaras SA (1992) One-Equation Turbulence Model for Aerodynamic Flows. AIAA Paper AIAA-1992-439

67. Speziale CG, Y (1996) Modeling of Turbulent Transport Equations. In: Gatski TB, Yousuff Hussaini M, Lumley JL (Hrsg) Simulation and Modling of Turbulent Flows, Oxford University Press, New York

68. Sweby PK (1984) High Resolution Schemes Using Flux Limiters for Hyperbolic Conservation Laws. SIAM J Num Anal 21:995–1011

69. Versteeg HK, Malalasekera W (2007) An Introduction to Computational Fluid Dynamics: The Finite Volume Method, 2. Aufl. Pearson/Prentice Hall, Harlow

70. Wilcox DC (1988) Re-Assessment of the Scale-Determining Equation for Advanced Turbulence Models. AIAA J 26:1299–1310

71. Wilcox DC (1998) Turbulence Modeling for CFD, 2. Aufl. DCW Industries, La Canada, CA

72. Yakhot V, Orszag SA, Thangam S, Gatski TB, Speziale CG (1992) Development of Turbulence Models for Shear Flows by a Double Expansion Technique, Phys Fluids A 4:1510–1520

Sachverzeichnis